648

I0041647

JÉRUSALEM, CONSTANTINOPLE, ATHÈNES

ET ROME

Impressions

et Souvenirs

D'UN PÈLERIN

PAR

L'Abbé Victor-Jean-Ernest CASTANIER

CURÉ D'AMBERNAC

Se vend au profit d'une bonne œuvre.

LYON

LIBRAIRIE GÉNÉRALE CATHOLIQUE & CLASSIQUE

EMMANUEL VITTE DIRECTEUR

Imprimeur-Libraire de l'Archevêché et des Facultés catholiques

3, PLACE BELLECOUR, 3.

1900

2460

8° G
7799

JÉRUSALEM, CONSTANTINOPLE, ATHÈNES et ROME

IMPRESSIONS ET SOUVENIRS

LYON. — IMP. EMMANUEL VITTE, RUE DE LA QUARANTAINE, 18.

JÉRUSALEM, CONSTANTINOPLE, ATHÈNES
ET ROME

Impressions

et Souvenirs

D'UN PÈLERIN

PAR

L'Abbé Victor-Jean-Ernest CASTANIER

CURÉ D'AMBERNAC

Se vend au profit d'une bonne œuvre.

LYON
LIBRAIRIE GÉNÉRALE CATHOLIQUE & CLASSIQUE
EMMANUEL VITTE Directeur
Imprimeur-Libraire de l'Archevêché et des Facultés catholiques
3, PLACE BELLECOUR, 3.

1900

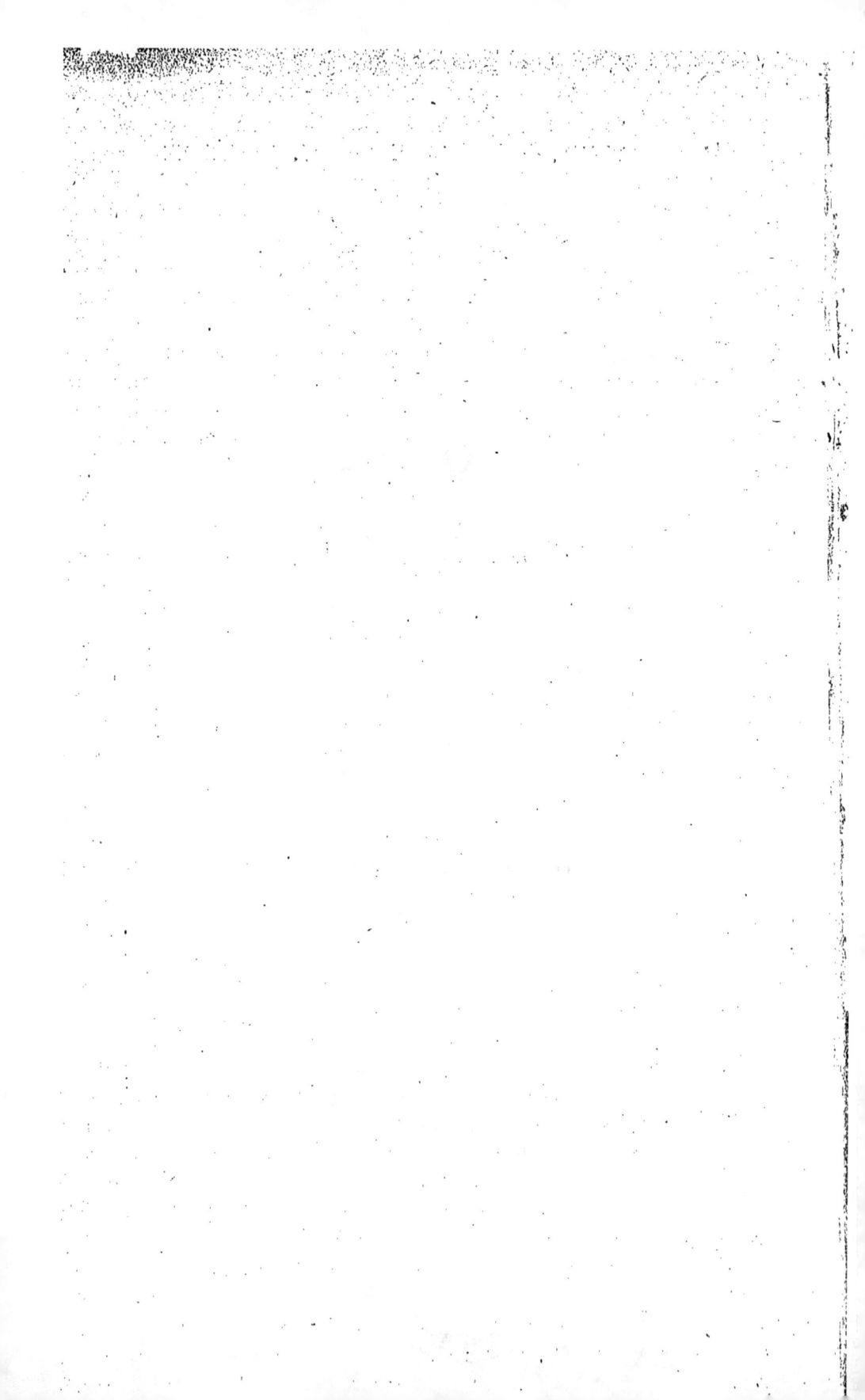

ÉVÊCHÉ

D'ANGOULÊME

ANGOULÊME, *le 2 Octobre,*
Fête des Saints Anges, 1900.

MONSIEUR LE CURÉ,

Le récit de votre pèlerinage en Terre Sainte me paraît pouvoir intéresser et édifier, je vous autorise donc à le livrer à l'impression.

Recevez, cher Monsieur le Curé, l'assurance de mon cordial dévouement.

J. NAUGLARD, *Vic. Cap.*

*

Bordeaux, le 17 Octobre 1900.

MONSIEUR LE CURÉ,

Son Eminence me charge de vous remercier de l'envoi que vous avez bien voulu lui faire de votre ouvrage : « Impressions et souvenirs d'un pèlerin. »

Ce livre sera lu avec intérêt par les pèlerins de l'année dernière et ravivera dans leurs cœurs de bien agréables souvenirs.

Vous avez rappelé la mémoire du si regretté Monseigneur Frérot et le bienveillant intérêt qu'il vous portait; Son Eminence est heureuse de bénir votre ouvrage, au nom du Vénéré et Saint Prélat ; Elle fait des vœux pour qu'il se répande et provoque des libéralités en faveur de votre église.

Son Eminence vous prie de recevoir sa modeste offrande.

Veuillez agréer, Monsieur le Curé, l'assurance de mes sentiments respectueux.

H. OLIVIER, *Sec. part.*

Le Puy, 7 Octobre 1900.

CHER MONSIEUR LE CURÉ,

Je ne puis que vous louer d'avoir cherché à fixer par la plume vos Impressions et Souvenirs d'un pèlerin, *et vous féliciter du très bon et très intéressant ouvrage que vous venez d'éditer.*

J'ai la confiance qu'il se répandra dans les Charentes et ailleurs. Vos lecteurs ne pourront que s'instruire, s'édifier, se pénétrer de sentiments chrétiens, en parcourant ces pages qui nous reportent aux grands mystères de l'Incarnation et de la Rédemption.

Avec vous, ils parcourront avec intérêt tant de lieux saints ou célèbres; ils partageront, dans une certaine mesure, vos pieuses émotions.

Daigne le Seigneur bénir l'auteur et l'ouvrage! Je le lui demande, en vous priant, cher Monsieur le Curé, de croire à mes sentiments dévoués.

† CONSTANT, *Ev. du Puy.*

Mon cher Curé,

Vous êtes vraiment bien aimable de m'avoir offert les prémices de vos Impressions et Souvenirs. *J'ai parcouru avec un vif intérêt ces pages encore toutes vibrantes des émotions que la visite des* Lieux Saints *a excitées dans votre âme sacerdotale. Sous votre plume alerte, j'ai retrouvé l'humour du montagnard Vellavien avec la foi vive et l'ardente piété de Notre-Dame du Puy.*

De tout cœur, cher Curé, je vous félicite, et, de tout cœur aussi, je souhaite et prédis plein succès à une publication inspirée par le désir de procurer à Notre-Seigneur un temple moins indigne de lui.

Que Dieu bénisse votre généreuse entreprise comme je vous bénis moi-même en son nom avec tout l'affectueux dévouement d'un compatriote et d'un ami.

† Gustave-Adolphe, *Ev. de Troyes.*

A Son Éminence le Cardinal LECOT,

ARCHEVÊQUE DE BORDEAUX

———

ÉMINENCE,

C'était le 12 septembre dernier : le vaisseau qui nous portait était secoué par une forte houle.

Après avoir traversé le détroit des Dardanelles, il se trouvait en face de Gallipoli, lorsque, malgré son abord difficile et dangereux, il fut accosté par le père Joseph, procureur général des missions de l'Assomption.

Les pèlerins firent au nouveau venu un accueil enthousiaste et chaleureux ; ils étaient si heureux d'avoir des nouvelles fraîches d'Europe, et de dépouiller un courrier si longtemps attendu et si vivement désiré.

Tandis que presque tous les visages s'épanouissaient devant les missives décachetées, un nuage

apparaissait sur le front des trois prêtres Charentais qui étaient à bord. Le courrier, hélas ! leur
apportait la mort de leur évêque vénéré, votre bon
et regretté suffragant, pour lequel vous aviez une
particulière prédilection.

Pour des motifs bien légitimes, je crois, cette
triste nouvelle m'atteignait davantage ; une sorte
d'angoisse m'étreignait le cœur. Ma pensée se
reportait en arrière, à deux ou trois mois au plus.
Je voyais encore plein de vie le premier pasteur
du diocèse : « Mon cher curé, me disait-il, je
sais quels ennuis et quelles peines vous avez
éprouvés dans votre campagne solitaire, au milieu
de votre population pauvre et flottante. A présent
que les obstacles sont surmontés et les difficultés
vaincues, j'ai l'intention de faire appel à votre
dévouement, et de vous donner un champ plus
vaste à cultiver. »

Après avoir remercié Sa Grandeur de ses bonnes
paroles, je lui fis part de la nécessité dans laquelle
je me trouvais, de décliner son offre gracieuse.
Parmi les motifs invoqués, je fis valoir la reconstruction de mon église. J'indiquai mes projets et
les démarches entreprises déjà. Aussitôt le vénéré
Monseigneur Frérot daigna m'approuver et m'encourager.

Quelques jours après, se trouvant à Ambernac
pour y donner le sacrement de confirmation, il se
rendait compte par lui-même de l'état des lieux
et de l'esprit de la population. Il se retirait enfin,
enchanté de l'accueil simple et respectueux, sym-

pathique et chaleureux, qu'on lui avait fait. Et depuis lors, mes paroissiens ont pieusement conservé dans leur cœur, l'image de leur évêque et de son affectueuse bonté.

Et voilà pourquoi, Eminence, ce retour sur le passé rendait ma peine plus vive et mes regrets plus douloureux. Je craignais pour mon œuvre surtout.

Au pied de l'autel seulement, j'ai compris que le protecteur que j'avais sur la terre était devenu plus puissant.

Du haut du ciel, son aide ne manquerait ni à ma paroisse, ni au diocèse d'Angoulême.

En voici la preuve : C'est lui, certainement, qui a inspiré le choix de son successeur, et qui veille encore sur les intérêts dont il avait la charge ici-bas.

L'élu de Dieu, fils de cette terre de Bretagne, si féconde en merveilles de patriotisme et de foi, ne pouvait que continuer et développer les œuvres de son prédécesseur de douce et sainte mémoire.

Mais hélas ! Au moment où Mgr Mando donnait à son diocèse les plus solides et les plus belles espérances, à l'heure même où ma brochure allait voir le jour et lui causer une surprise que j'espérais douce et agréable, il disparaît prématurément.

Devant les desseins insondables de la Providence, faut-il me laisser aller au découragement ? Non, certes, car je n'oublie pas que c'est alors qu'on veut faire le bien, que les obstacles se multiplient davantage. Avec deux protecteurs dans le ciel, je puis donc marcher de l'avant.

Voilà pourquoi, Eminence, en présence du veuvage de l'Eglise d'Angoulême, je prends l'extrême liberté de m'adresser au Métropolitain et de lui dédier ce modeste ouvrage.

Le haut patronage d'un prince de l'Eglise assurera le succès de mon entreprise, et ses puissantes bénédictions ne pourront que lui porter bonheur.

Daignez agréer les sentiments de respect et de vénération, avec lesquels j'ai l'honneur d'être, de votre Eminence, le très infime serviteur.

V.-J.-E. CASTANIER.

PRÉFACE

AMI lecteur, voici les deux motifs qui m'ont fait sortir de ma réserve et entreprendre le récit de mon pèlerinage aux saints Lieux :

1º J'étais à peine revenu dans ma paroisse en octobre dernier, que des demandes nombreuses m'étaient adressées par des ecclésiastiques voisins et amis. « Venez nous voir, me disaient-ils, autant que possible avant de quitter le port de la barbe, afin de conserver la couleur locale. Vous narrerez en chaire votre intéressant voyage à nos paroissiens, qui seront à la fois instruits et édifiés. »

Un prêtre zélé et dévoué souffre beaucoup lorsqu'il est obligé de refuser une pareille proposition. Mais, d'une part, j'étais fatigué et j'avais besoin de repos ; de l'autre, le ministère de ma paroisse, en souffrance depuis plus de quarante jours, me réclamait impérieusement.

Que faire ? Répondre par un refus à mon très

grand regret. J'étais tellement désolé qu'une idée a germé dans mon esprit : « Ce que je ne puis raconter, pourquoi ne pas le confier au papier, » me disais-je ? Par là en effet je puis atteindre le même but, instruire et édifier.

Je puis même obtenir un plus grand résultat et par suite un plus grand bien, en faisant un récit simple, facile et à la portée de toutes les intelligences, un ouvrage modeste, à la portée de toutes les bourses, et pouvant pénétrer partout.

2° Voilà le premier motif de mon travail. Le second, véritablement décisif, celui-là, c'est de faire une bonne œuvre et d'aider les autres à y contribuer :

En effet, les démarches pour la reconstruction de mon église sont déjà commencées, et cependant je suis dans un pays pauvre et sans ressources, au milieu d'une population de colons et de cultivateurs. J'aurai des meubles et des autels à acheter, sans compter les dépenses imprévues. Or, le bon Dieu m'a suggéré l'idée de vendre ma brochure au profit de la reconstruction de son temple.

De cette façon une église neuve et convenable pourra remplacer l'ancienne, une masure aux murs fendus et au plafond croulant.

Du reste, dans le cas où les ressources viendraient à dépasser mes espérances, j'ai déjà pris des mesures pour en affecter le surplus à d'autres bonnes œuvres.

En résumé, mon petit volume aura l'avantage

d'instruire, d'édifier et de faire participer au bien les âmes chrétiennes et charitables. Il pourra être distribué comme récompense aux enfants du caté-chisme, ou comme prix dans les établissements religieux.

Depuis quelques années les idées pieuses et surnaturelles commencent à disparaître : partout la propagande pour le mal affaiblit les caractères, amène le désordre dans les familles et désorganise la société. Dans certains pays, comme le nôtre surtout, les pratiques chrétiennes deviennent plus rares, ou n'existent qu'à l'état de routine et d'ha-bitude. Une sorte d'indifférence, plus dangereuse même que le mal, s'empare de l'âme du peuple.

Les récits bibliques, l'Evangile, la Terre sainte, Jérusalem, Bethléem, Nazareth n'apparaissent à l'esprit d'un grand nombre qu'à l'état de légendes. Eh bien ! J'écris mon livre pour essayer de dissi-per cette torpeur malsaine, pour réagir contre l'ignorance religieuse, ignorance qui se répand de plus en plus.

Narrer ce que l'on a touché, ce que l'on a vu, ce dont on a été le témoin, ne peut que réveiller la foi endormie, mettre en fuite le scepticisme et ressusciter les âmes engourdies par le matéria-lisme d'aujourd'hui.

Pour cela je vais consulter mes notes et mes souvenirs, faire appel à mes impressions, quoique sur le tard. Si je le trouve utile à ma cause, je ci-terai des extraits de « Barbier, de Coldre et de Christian » ; au besoin je puiserai dans les publications assomptionnistes les discours ou pièces de vers qui n'existeraient pas dans mes manuscrits, tout en regrettant de ne pas tous les citer (1).

Je n'ai pas, je le répète, l'intention de faire des descriptions historiques, scientifiques ou littéraires ; d'autres l'ont fait avec plus de compétence et d'autorité. Raconter mon voyage très simplement, pour être compris de tous, tel est le but que j'espère atteindre avec l'aide de Dieu, et qui me vaudra l'indulgence et la bienveillance du lecteur.

(1) D'avance je remercie tous mes co-pèlerins amateurs de photographie ; leurs clichés en me permettant d'illustrer mon récit, le rendront plus agréable et plus intéressant.

CHAPITRE PREMIER

1. Préparatifs. — 2. Marseille. — 3. La Nef-du-Salut.

I. PRÉPARATIFS

DEPUIS plusieurs années déjà j'avais le désir d'aller en Terre-Sainte. Pour cela il me fallait des ressources et de la santé. Les ressources je tâchais de me les procurer malgré le casuel bien réduit d'une paroisse pauvre. Quant à la santé, je l'avais grâce à Dieu, mais je redoutais les grandes chaleurs insupportables surtout en Orient, et cependant ce n'est que pendant les vacances que je pouvais avoir un peu de liberté.

Je dois dire aussi que j'appréhendais le voyage sur mer, bien à tort comme la suite le prouvera.

Un prêtre qui a charge d'âmes, dont le zèle et le dévouement n'est pas souvent compris ou approuvé, finit par tomber dans une sorte de marasme, je dirais presque de dégoût, si le mot était chrétien.

Au milieu d'une population ignorante, matérielle, superstitieuse et méchante quelquefois, son fardeau devient plus lourd ; sa vocation pour lui n'a plus l'attrait enchanteur du premier moment. Il a besoin alors, s'il veut se maintenir aussi pieux, aussi fidèle à ses engagements, dans la solitude de son presbytère, de faire appel à son esprit de foi, au sacerdoce dont il est revêtu, et à la grâce divine qui ne lui fait jamais défaut.

Cet appel l'aide aussitôt et le fait résister à l'espèce d'apathie qui vient le saisir soudain, et qui pourrait l'entraîner trop facilement en dehors de sa voie, de sa vie si utile et si nécessaire à l'Eglise et à la société.

Les consolations qui lui manquent, il faut qu'il sache les trouver en Dieu, son maître et souverain Seigneur.

Tel était un peu mon cas, je l'avoue humblement : voilà pourquoi je voulais visiter les endroits sanctifiés par les pas de Jésus, afin de me réconforter et de me retremper.

Une légitime curiosité sans doute pouvait être le prétexte de mon pèlerinage ; mais le véritable mobile, c'était de prier, de pleurer et de me réjouir en suivant les traces de mon Dieu, en parcourant la terre fécondée par sa naissance et sa vie, ses miracles et ses bienfaits, ses souffrances et sa mort.

Malgré les chaleurs extraordinaires du mois d'août dernier, je me décidai brusquement à réaliser un rêve si longtemps caressé. Le jour de la fête de l'Assomption, je prévins mes paroissiens ; en demandant le secours de leurs prières, je promis de ne pas les oublier à Jérusalem et à Rome.

Le lendemain je partais pour Marseille en passant par mon lieu de naissance, la ville du Puy-en-Velay. Je désirais m'y arrêter quelques heures, d'abord pour rassurer mes parents, et ensuite pour mettre les fatigues de mon voyage sous la maternelle protection de la Vierge d'Anis.

La basilique mineure, qui sert de cathédrale, renferme une statue miraculeuse de la Vierge noire. Elle a été témoin de bien des choses merveilleuses ; elle fut consacrée par les anges, et c'est l'un des sanctuaires les plus antiques et les plus vénérés du monde chrétien. De hauts et puissants personnages, papes, rois et empereurs, y sont venus en pèlerinage.

La ville du Puy s'étage en amphithéâtre autour de la montagne d'Anis ; elle est dominée par le sanctuaire de Notre-Dame et surmontée par un immense rocher, que l'on appelle le mont Corneille. Sur ce rocher est érigée la statue colossale de Notre-Dame de France de vingt et un mètres d'élévation ; les canons pris à Sébastopol en forment la matière.

De là, on domine tous les environs si pittoresques et si accidentés dans ce pays volcanique et rocailleux : On remarque surtout la vallée de la Loire ; le rocher de Saint-Michel en forme de pain de sucre, ayant une église à son sommet ; le rocher d'Espaly qui va être couronné par une statue grandiose de saint Joseph, et où s'arrêta Jeanne d'Arc avant de commencer sa campagne contre les Anglais.

2. MARSEILLE

Après m'être recommandé à la bonne Vierge qui vit naître et éclore ma vocation, je pris le train du Midi. Arrivé à Avignon, un fort mistral qui soufflait me fit craindre une mer agitée. A Marseille heureusement le vent était tombé. Je pouvais disposer de quelques heures ; je les mis à profit pour visiter un peu la ville fondée par les Phéniciens et colonisée par les Phocéens.

La troisième ville de France est surtout remarquable par son commerce, son industrie et son extrême animation. La principale rue qui conduit au port, la fameuse Cannebière renferme les plus beaux magasins et les plus riches constructions ; mais dans les rues importantes des autres grandes villes, il y a plus d'ordre, de richesse et de goût, sinon plus de vie et d'activité.

La cathédrale moderne de *la Major* est magnifique, son style bysantin flatte l'œil et en fait un monument élégant, riche et harmonieux.

Je parcours les allées du Prado, le chemin de la Corniche ; et, afin de jouir d'un coup d'œil unique au monde, je prends l'ascenseur incliné qui m'élève à Notre-Dame de la Garde. Sur ce rocher abrupt que surmonte une statue dorée de la Vierge (stella matutina), se trouve un superbe oratoire de style romano-byzantin, décoré de peintures et de mosaïques remarquables. De cette hauteur, on aperçoit la ville, les îles environnantes et fortifiées, la Méditerranée avec ses flots bleus, le vieux port pouvant contenir six cents navires, une partie seulement du nouveau port de la *Joliette* avec sa jetée de quinze cents mètres, le château du Pharo et le quai des Anglais où se balance majestueusement le joli et gracieux bateau qui doit nous porter.

Oh! le spectacle ravissant! la délicieuse vue! Comme l'immensité de ces flots d'azur fait penser à l'Infini et à la bonté du Créateur!

3. La Nef-de-Notre-Dame-du-Salut

Mais l'heure du départ approche, il me faut descendre pour rejoindre le navire qui nous attend, gracieusement pavoisé de la poupe à la proue. Une description sommaire pour vous le présenter.

La *Nef-de-Notre-Dame-du-Salut* est un bâtiment coquet qui appartient aux pères de l'Assomption. Ces bons religieux fondateurs et directeurs des pèlerinages en Terre sainte, s'en servent spécialement pour le transport des pèlerins. Aussi ce charmant vaisseau est-il merveilleusement aménagé et outillé pour cela !

Entre ses deux mâts, il n'a pas moins de cent sept mètres de longueur sur douze mètres de largeur. Il jauge deux mille huit cents tonneaux, et sa force motrice est de quatorze cents chevaux-vapeur; il a deux cylindres verticaux mis en mouvement par douze fourneaux. Le tunnel de l'arbre de couche traverse la moitié du bâtiment. La machine électrique n'a pas moins de trois cents lampes à alimenter.

Nous le visitons de la dunette à la cale, de l'arrière à l'avant : salons, salles à manger pour les trois classes, salles de bain, cabines à un, deux ou plusieurs cadres ; bœufs, moutons, veaux, poulets et pigeons nourris et encagés sur le devant ; chapelle très gracieusement ornée à l'arrière sur la dunette des premières ; rien n'y manque ni pour le spirituel, ni pour le temporel.

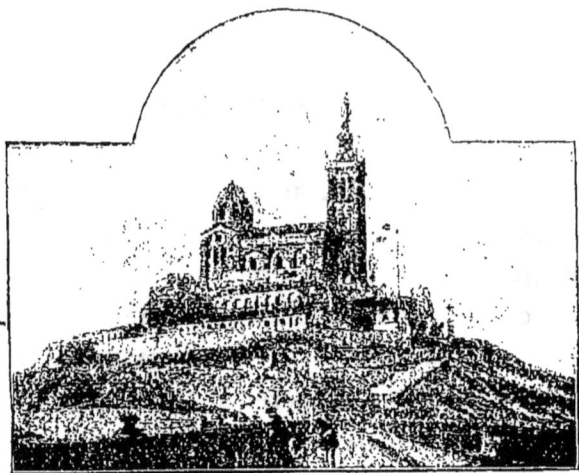

NOTRE-DAME DE LA GARDE
(Cliché de M. Poncet.)

Le pavillon flotte sur le mât d'artimon ; le grand mât est en arrière et le mât de misaine est en avant ; entre les deux la large cheminée porte les armes de Terre Sainte. Déjà les puissantes machines commencent à ronfler. De nombreux visiteurs et amis circulent à bord et nous entourent de leurs sympathies.

Des lignes de drapeaux multicolores courent d'un
bout à l'autre du bateau. A l'entrée de la passerelle
nous sommes importunés par les marchands de bino-
cles, de chaises pliantes, de toques, de jumelles et
autres objets. Sur le pont, c'est le va et vient du dernier moment.

CHAPITRE II

1. Bénédiction des Croix. — 2. Personnel du bateau. — 3. But du voyage. — 4. Départ.

Vendredi, 18 août.

1. Bénédiction des grandes croix et du navire

Mais vers les trois heures de l'après-midi, le silence s'établit. Mgr Robert, le très estimé et vénérable évêque de Marseille, paraît au milieu de nous. Il vient distribuer nos insignes, une croix de laine rouge; et en même temps bénir les deux grandes croix qui vont nous suivre jusqu'à notre retour. L'une est destinée à Notre-Dame de Rochefort dans le diocèse de Nîmes, l'autre aux Saintes-Maries de la Mer, dans l'archidiocèse d'Aix.

Voici en quels termes, Sa Grandeur, Mgr Gouthe-Soulard remerciait le T. R. P. Picard du choix de ce dernier sanctuaire :

« J'ai une raison toute provençale de bénir cette

année votre pèlerinage ; vous avez la bonté d'accorder à mon cher diocèse la croix de Jérusalem. Je vous remercie de toute mon âme de cet honneur et de cette faveur dont les amis des *habitants du petit Castel de Béthanie que Jésus aimait*, se montreront reconnaissants.

« Nous lui préparons un beau piédestal aux Saintes-Maries de la Mer où une tradition ininterrompue de plus de dix-huit cents ans fait aborder la pauvre barque désemparée où les Juifs avaient entassé violemment les témoins odieux de leur déicide, confiant à la tempête le soin de les engloutir ; mais le vieux bateau de pêcheur du lac de Génésareth était conduit par un pilote qui est le maître des tempêtes, et la colonie apostolique des expulsés, on dirait aujourd'hui des *laïcisés*, débarqua en bon port sur nos rivages privilégiés.

« Vous voyez, mon cher père, que c'est de l'histoire ancienne ; et que, persécuteurs et persécutés, nous avons toujours de part et d'autre les mêmes modèles ; ne perdons jamais ni confiance, ni patience. Le dernier mot reste toujours à l'éternel Vainqueur.

« Nous aimons nos Saintes-Maries de la Mer comme notre Béthanie méridionale ; il semble que par une disposition géographique et par le choix spécial de la bonne Providence, nous étions prédestinés à devenir l'*ostium fidei, la porte de la foi,* selon une parole des actes des apôtres.

« Notre Méditerranée est le chemin du monde entier, et surtout de l'Orient : les premiers envoyés de l'Evangile devaient aborder chez nous ; nous étions là, sur la rive, pour les recevoir, et nous les avons reçus à bras ouverts, nous ne les avons jamais persécutés. C'est aux *Saintes-Maries de la Mer* que la première croix plantée par les mains de Marthe, de Marie Madeleine, de Jacobé, de Salomé, de Trophime, de Maximin, a pris possession du sol français. C'est aux *Saintes-Maries de la Mer* que le divin Rédempteur a donné la première preuve qu'il est le Christ qui *aime les Francs*; il a tenu parole.

« Amenez-nous donc la sainte *Pèlerine* du Calvaire, nous l'accueillerons comme l'image de la *vraie Croix*, et quand les pèlerins viendront prier à ses pieds, ils croiront imiter nos *grandes saintes*, qui montèrent souvent sur le Golgotha, pour arroser de leurs larmes la terre qui avait bu le sang de Jésus-Christ. »

Le sanctuaire de Notre-Dame de Rochefort qui doit recevoir la seconde grande croix rappelle une victoire remportée sur les Turcs du temps de Charles Martel. Nous allons nous aussi remporter une victoire sur les mécréants qui gardent le Saint-Sépulcre, celle de l'influence catholique et française, de la prière et de la foi.

Avant la cérémonie de la bénédiction, l'évêque de la Méditerranée prend la parole pour nous féliciter et nous encourager. Il rappelle que nous obéissons aux ordres du Pape qui, avant la fin du siècle, veut consacrer le monde entier au Sacré-Cœur, afin d'obtenir sa grâce et ses faveurs pour le siècle nouveau. Nous faisons donc un acte de foi et comme chrétiens et comme Français. C'est dans le diocèse de Marseille que s'est propagée en France la dévotion au Sacré Cœur.

« Vous êtes donc les pèlerins de la pénitence et les pèlerins du Sacré-Cœur, a-t-il dit d'une voix émue en terminant, allez à Jérusalem et demandez au divin Rédempteur qui empourpra cette terre de son sang de convertir et de sauver la France. »

Aussitôt la cérémonie se déroule imposante, pendant le chant des litanies du Sacré-Cœur conduit par des prêtres marseillais de la suite de Sa Grandeur.

Le père Marie-Lépold, directeur du dix-neuvième pèlerinage de pénitence, remplaçait l'organisateur et le directeur des dix-huit autres, le R. P. Vincent de Paul Bailly, retenu en France par les évènements qui se déroulaient alors.

Après la bénédiction du navire et des croix, notre directeur remercie Sa Grandeur : « En quittant Marseille, Monseigneur, nous demeurons d'après le droit sous votre juridiction ; par le cœur nous serons vos fils ; les religieux et les cent cinquante prêtres qui m'entourent, prononçant chaque jour votre nom au divin sacrifice, prieront pour votre chère église de Marseille, et pour cette France pour laquelle ils offrent dès maintenant leurs peines, leurs fatigues, leurs souffrances et, s'il plaît à Dieu, leur vie. »

Après le départ de Mgr Robert qui est chaleureusement acclamé, la sirène, de son cri strident, avertit que les amarres sont retirées. Tandis que la foule s'écarte et que s'échangent les dernières effusions et les derniers adieux, je prends la liberté de vous présenter mes compagnes, compagnons et le personnel de la *Nef-du-Salut*.

Nous allons en effet vivre tous ensemble de la vie

de famille pendant plus de quarante jours ; on n'oublie jamais les connaissances faites en de telles circonstances. Pour unir intimement de véritables chrétiens, il n'y a pas de lien plus puissant que la religion.

2. Personnel du bateau

Jusqu'à présent le pèlerinage annuel se faisait au printemps ; la chaleur était moins forte et les fatigues plus supportables. L'an 1899 a vu deux voyages s'organiser pour Jérusalem. Le second, qui fait l'objet de ce récit, a été entrepris pendant les vacances, afin de favoriser les professeurs et généralement tous ceux qui ne peuvent pas s'absenter pendant le reste de l'année.

Nous sommes ici plus de 150 prêtres parmi lesquels des parisiens, des chanoines, professeurs et directeurs de grands et petits séminaires. Notre doyen d'âge, l'abbé Redon, soixante-quinze ans, prêtre retiré au Puy, est un pèlerin récidiviste plein de gaîté et d'entrain. Je le taquine souvent, mais *il n'a pas peur de casser sa pipe*, attendu qu'il en a plusieurs de rechange. Il fait de l'hydrothérapie toutes les nuits et sa santé a été excellente jusqu'à la fin. Avis aux amateurs du système Kneip !

Nous avons un prêtre polonais Russe, plusieurs Belges et Canadiens.

L'Italie, la Suisse, le Luxembourg, la Syrie, la Bulgarie, l'Equateur et le Brésil sont représentés.

Les autres pèlerins sont des laïques appartenant à toutes les classes de la société. Parmi les dames, la doyenne, une demoiselle de quatre-vingt-trois printemps, Th. de P., a plusieurs fois entrepris la traversée ; malgré les chutes et les accidents, elle nous a suivis vaillamment jusque dans nos plus pénibles excursions.

Parmi nous se trouve le Père Mélizan, un dominicain, et le R. Père Firmin, un capucin que j'avais connu à Saint-Laurent-de-Céris, paroisse voisine de la mienne, alors qu'il y donnait une mission avec beaucoup de succès.

Le diocèse d'Angoulême était représenté par trois ecclésiastiques : M. le chanoine Goumet, l'abbé Roux, curé de Brettes et votre serviteur. M. Roux, le plus jeune et par suite le plus actif, a été chargé d'écrire pour la *Semaine religieuse* une relation du pèlerinage. Son récit forcément succinct a été lu avec plaisir et très vivement goûté.

Le Père Directeur a le Père Théophile comme sous-directeur, et d'autres religieux pour l'aider ; nous en reparlerons en temps et lieu. Un mot seulement sur l'état-major, véritablement choisi. C'est le commandant Pillard, de Bordeaux, un marin consommé, aimable et complaisant. C'est le capitaine Suzzoni, vif, alerte, nerveux, ayant le don d'ubiquité, toujours prêt à rendre service soit à la manœuvre, soit aux passagers.

Voici le commissaire du bord, le lieutenant Bienaimé, fils du vaillant amiral, toujours serviable et affairé ; le distingué lieutenant Bellini ; le chef méca-

nicien Gilibert ; le docteur Cogrel toujours gai dans
ses causeries, et ce qui ne gâte rien, excellent musicien. Je m'arrête, car il faudrait nommer l'équipage
tout entier.

Beaucoup d'étudiants sont là : les facultés de lettres, de médecine et de droit sont représentées. Enfin
une fillette de douze ans, Mlle Augusta Lanthiome,
presque un bébé, venait après les deux mousses ;
accompagnée de sa mère, cette enfant du diocèse de
Lyon, faisait un voyage d'actions de grâces, après
avoir communié pour la première fois. Tout lui était
permis. Les matelots eux-mêmes subissaient volontiers ses caprices et ses petites fantaisies.

3. But du voyage

« Pour obéir au Souverain Pontife Léon XIII, dit
Christian dans les Echos, nous allions en Palestine,
offrir joyeusement, au lieu même de la Rédemption,
et à la fin du siècle, l'hommage solennel de l'action
de grâces et de la réparation. La consécration du
monde au Sacré-Cœur nous voulions la faire en
Orient et en Occident, sur terre et sur mer, à Rome
et à Jérusalem, dans la cité de la loi nouvelle et dans
la cité de l'ancien testament, afin que partout et toujours soit adoré et glorifié Jésus-Christ, Roi éternel
des siècles et Roi souverain et absolu des nations.

« Ce pèlerinage, le premier qui ait été fait pendant
les vacances, devait être celui des professeurs et des
étudiants. Sans rien perdre de la piété pénitente et

réparatrice qui en était la fin principale, beaucoup sont venus pour interroger sur place avec une avidité bien légitime, les grands souvenirs de l'histoire profane et sacrée.

« N'était-ce pas la vie du monde entier qui allait passer sous nos yeux, résumée par les quatre grandes cités qui se sont partagé la puissance religieuse, intellectuelle et militaire : Jérusalem, Athènes, Constantinople et Rome ? Plus encore que l'amour de la science, l'amour de l'Eglise vivait en nous : c'était pour tous une espérance doucement caressée d'aller, après avoir prié à Jérusalem, nous jeter à Rome aux pieds du Vicaire de Jésus-Christ.

« Nous sommes revenus enthousiasmés. On nous crie de toutes parts, comme à Marie-Madeleine revenant du sépulcre : « *Dic nobis, Maria, quid vidisti* « *in viâ ?* Dites-nous, qu'avez-vous vu dans votre « voyage ? »

« Au souvenir des cérémonies inoubliables de l'hommage solennel au Cénacle, au souvenir de la vue de Jésus-Christ toujours glorieux et toujours ressuscitant dans son Vicaire, nous répondons joyeusement comme Marie-Madeleine : « *Sepulcrum Christi viven-* « *tis, et gloriam vidi resurgentis.* J'ai vu le sépulcre du « Dieu vivant, et la gloire du Christ toujours ressus- « citant. »

Même en face des troubles de l'heure présente, notre espoir en Dieu reste invincible. Le Christ vit toujours ; son Eglise est immortelle.

Mais j'oublie qu'avant le départ on nous donne communication d'une dépêche adressée au Très

« LA NEF-DU-SALUT » AU DÉPART

Révérend Père Picard par le cardinal Rampolla au nom du Saint-Père.

« *Directeur pélerinage penitence; Rome 17 août;*
« *Saint Père envoie de grand cœur bénédiction apostolique aux pèlerins qui vont partir pour les Lieux saints.*   *Cardinal Rampolla.* »

Cette dépêche est la bienvenue. Le dernier mot qui nous est adressé avant de quitter la France nous vient du pape; c'est un vrai porte-bonheur.

4. Départ

Cependant l'ancre est levée; la *Nef* s'ébranle sous l'action des remorqueurs; elle s'avance lente et majestueuse, tandis que s'agitent les mouchoirs; les acclamations retentissent sur le quai; les derniers saluts s'échangent avec la terre, appuyés par les coups de canon.

Bientôt nous dépassons les quatre petites îles de Pomègue, de Ratonneau, du château d'If et des Pendus. Sentinelle toujours vigilante, Notre-Dame de la Garde se profile à l'horizon. *Ave maris stella.* C'est l'étoile de la mer qui veillera sur nous.

Plus loin là bas sur la gauche, au milieu de la nuit qui descend peu à peu, un feu rouge brille entouré de flammes électriques : ce sont les escales de Toulon. Bientôt comme un point noir perdu dans l'immensité, notre flottante demeure voguera entre le ciel et la mer à la grâce de Dieu.

A tout ce que nous quittons, salut !

Nous voyons déjà disparaître les îles d'Hyères, lorsque la cloche sonne le dîner. A table quelques vides se produisent dans les rangs, et probablement aussi dans les estomacs. C'est le saisissement de la première heure, la surprise du premier moment. Un navire en partance a toujours quelques soubresauts, quelques hésitations qui amènent un léger roulis, malgré le calme de la mer et la beauté du temps.

De là pour quelques-uns la triste nécessité de se trouver dans le trouble, le malaise et l'émotion. Afin de faire plus ample connaissance, il leur arrive d'avoir avec la mer quelques communications intimes sans doute, mais qui n'en sont pas moins doulou- reuses.

Demain heureusement il n'y paraîtra plus rien. Pour moi, j'étais aussi tranquille que dans mon presbytère ; ce qui ne m'a pas empêché de prendre un véritable bain de vapeur, tellement il faisait chaud. C'est bien en effet un voyage de pénitence.

Après le repas nous remontons sur le pont afin de prendre l'air et de nous récréer un peu ; quelques vides encore se produisent parmi nous.

> Un mal qui répand la terreur,
> Mal que la mer en sa fureur
> Inventa pour purger souvent tout un navire,
> Mais qui très peu nous fit éprouver son empire.

Après le salut du saint Sacrement, nous recevons les avis du directeur. Il nous indique l'ordre et le règlement de chaque journée. Il prévient les ecclésia- stiques que leur concours sera demandé soit pour la prédication, soit pour la présidence des cérémonies.

Il espère que ce concours ne sera pas refusé : Pas de fausse honte, ni de fausse modestie. Il faut y aller comme les apôtres, simplement et chrétiennement.

Puis, avant de nous retirer, nous redisons après lui l'invocation au Sacré-Cœur. Cette invocation, nous la répéterons tous les soirs avec un pieux recueillement et un enthousiasme pénétrant. « Loué soit le divin Cœur, qui nous a acquis le salut! A lui gloire et honneur dans tous les siècles des siècles! »

CHAPITRE III

1. Corse et Sardaigne. — 2. Détroit de Bonifacio.

Samedi, 19 août.

1. Corse et Sardaigne

Ah! Dieu! Qu'il faisait chaud dans les cabines! Plusieurs fois je me suis réveillé; j'étais en nage dans mon cadre. J'étouffais littéralement, et comme j'avais la chance de me trouver tout près d'un hublot, je l'entrouvrais souvent au risque d'être inondé. Mon but était, non de regarder les poissons, mais de prendre l'air et d'aspirer à pleins poumons les émanations salines et fortifiantes de la nuit.

Plusieurs, ne pouvant y tenir, montaient sur le pont avec leur matelas; d'autres, enveloppés dans leur couverture, dormaient à la belle étoile, malgré la défense du docteur.

De bonne heure, l'oratoire est envahi; par les soins du ministre des cultes et maître de chapelle, le sym-

3

pathique père Ismaël, vingt-cinq autels ont été dressés; pendant trois heures, les messes se succèdent; c'est à qui les servira.

A six heures et demie, messe du pèlerinage : nombreuses communions, beaux chants, car les artistes ne manquent pas; orgue, prières ferventes et cantiques pieux. Du reste, à chaque instant du jour, on trouve dans le sanctuaire des âmes contemplatives et pénitentes, de véritables adorateurs. Le but surnaturel du voyage n'est pas oublié; il en sera ainsi pendant toute la traversée.

C'est d'une façon très intéressante que les pères de l'Assomption ont distribué les heures de la journée ; on ne s'ennuie pas sous leur direction, et la *Nef-du-Salut* file tout de même sa moyenne de douze nœuds. La mer est d'*huile* et le temps est toujours beau.

On se promène de babord à tribord; on lit, on cause, on écrit, on fouille les environs avec des longue-vues. Les uns sont assis sur des banquettes, d'autres sur leurs pliants; chacun se met à l'aise et se regarde comme chez lui.

Après le petit déjeûner et la récitation de l'office par les religieux, il y a conférence sacerdotale; on y discute les questions de presse et d'apostolat.

Le grand déjeûner est avancé, car l'heure française est en retard. Il y a des estomacs paresseux. Les récalcitrants sont rappelés à l'ordre par M. Nicolas, l'aimable restaurateur qui veut, sans doute, nous faire apprécier la délicatesse et le bon goût de ses plats. Gare aux montres ! Elles vont tous les jours retarder de trois quarts d'heure environ, à mesure que nous avancerons du côté du soleil levant. Charitablement la sirène nous préviendra lorsqu'elle annoncera midi.

2. DÉTROIT DE BONIFACIO

Après un instant de récréation, le père Marie-Léopold nous fait une conférence sur la Corse et la Sardaigne; c'est une véritable leçon de choses : depuis plus de trois heures, en effet, nous côtoyons l'île de Corse. Nous apercevons ses montagnes; voici Pertusato ou Roches-Percées. Avec nos lunettes d'approche, nous distinguons quelques-unes de ses principales agglomérations.

Le conférencier a évoqué les souvenirs de Sénèque qui y fut relégué; de saint François d'Assise qui eut là une curieuse histoire avec le curé de Cartarana.

Nous arrivons bientôt au cap Phéno, à l'entrée du détroit. Voilà le sémaphore dont la tour se dresse devant nous; nous lançons la dépêche suivante qui, dans une heure, sera rendue à la *Croix* de Paris :
— « Tous les pèlerins sont en bonne santé. — Traversée très agréable. — Tout va bien ! »

Par le moyen de dix-huit pavillons multicolores, on peut causer sur mer; c'est un véritable alphabet international. Le canon tonne; nous crions : Vive la France ! En nous souhaitant bon voyage, on nous répond par des acclamations.

Nous naviguons entre des côtes sauvages : rochers monstrueux, stériles, ravagés, parsemés de buissons rabougris. Au loin, on entrevoit les fameux maquis dans les côteaux boisés qui terminent l'horizon. Avant de quitter les bouches de Bonifacio qui n'ont guère que douze kilomètres de largeur, nous nous trouvons en face de l'écueil de Lavezzi, un rocher de vastes dimensions ; il apparaît là, devant nous, sinistre et noir.

Aussitôt, tous les pèlerins chantent le *De Profundis*, car c'est là qu'en 1854 disparut la *Sémillante* qui portait un régiment en Crimée. Malgré l'avis de tous les marins consommés, les 800 soldats français durent s'embarquer par une mer démontée.

Les malheureux firent naufrage sur ces rives désolées, où la tempête les engloutit tous sans exception. Nous passons tout près du Cénotaphe noir et blanc qui leur sert d'ossuaire.

Ce drame terrible est rappelé par une colonne surmontée d'une flèche et flanquée de quatre petits monuments.

A côté, dans le cimetière rectangulaire aux murs blancs, à l'ombre d'une modeste chapelle au toit rouge, les naufragés reposent en paix. Notre prière pieuse et émue s'élève pour ces obscurs compatriotes morts pour la patrie.

Bientôt nous allons marcher sur un gouffre de 3.659 mètres de profondeur. Nous terminons la journée par le chapelet, le dîner, prières, avis et salut solennel. La chaleur nous accable de plus en plus ; la baignoire est sans cesse occupée. Nous allons essayer de dormir, car nous commençons à nous habituer au bruit de la machine électrique et aux trépidations de l'hélice.

3. La Croix de la Nef

A propos, ce soir, on nous a distribué le premier
numéro de la *Croix de la Nef*, journal quotidien et
illustré du bord. Il saura nous intéresser, malgré le
champ restreint de ses investigations. Vraiment, les
Assomptionnistes sont de plus en plus charmants.

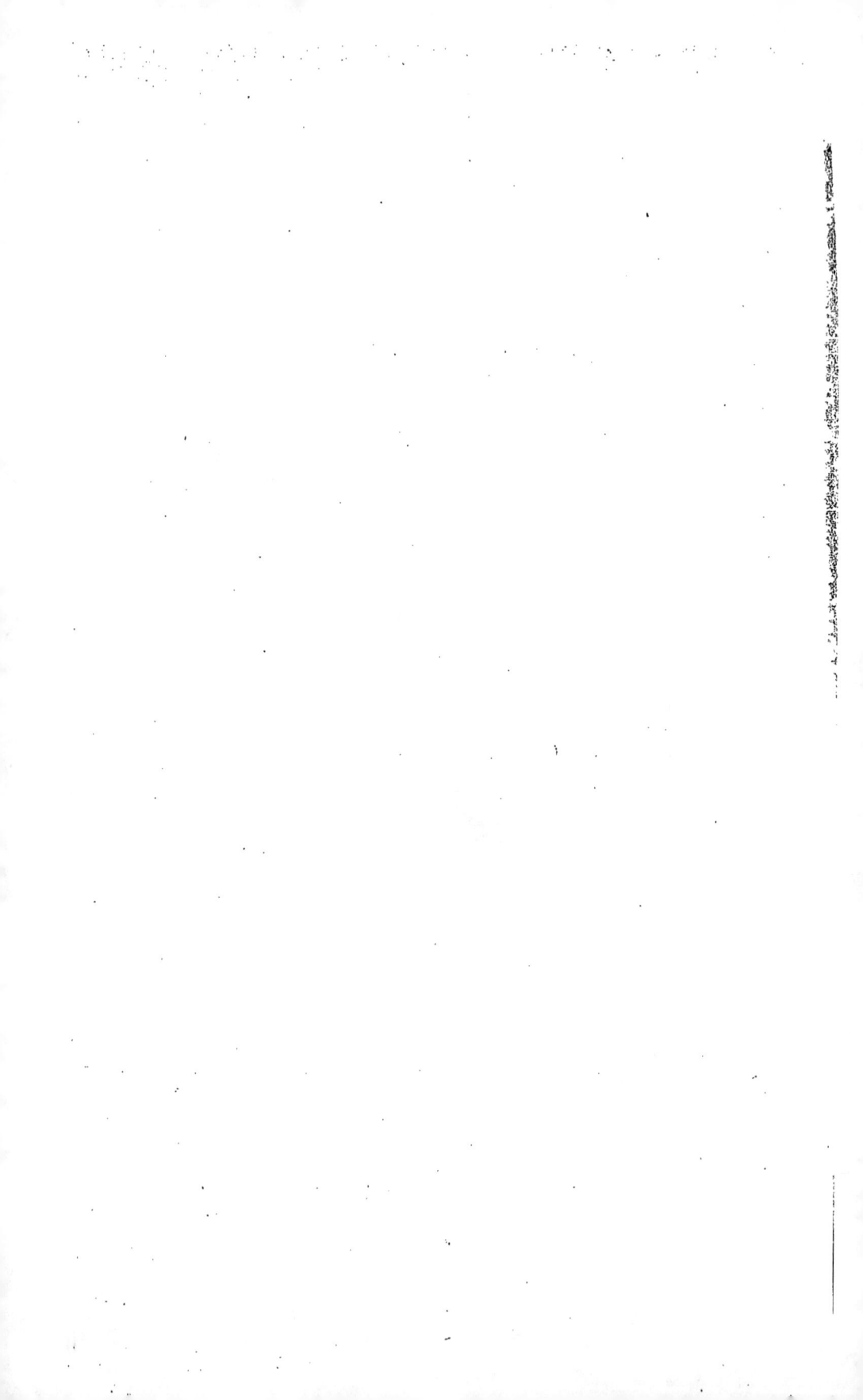

CHAPITRE IV

1. La saint Joachim. — 2. Le Stromboli. — 3. Le Détroit de Messine.

Dimanche, 20 août.

1. LA SAINT JOACHIM

'EST dimanche et de plus la fête de saint Joachim, patron de sa Sainteté le Pape Léon XIII. A huit heures et demie, la messe est chantée. L'équipage y assiste en tenue, ayant à sa tête le commandant; il ne manque que l'officier de quart et les marins nécessaires pour la marche du bateau.

Un prêtre breton a la charge de prendre la parole; il s'en acquitte merveilleusement en nous donnant de grandes leçons pour la traversée dont le terme est le ciel. « Tâchons d'amarrer un jour là-haut, et d'y jeter l'ancre solidement. »

A l'offertoire nous sommes régalés par l'orgue et le violoncelle, magistralement tenus par le père Eugène et le docteur. Notre directeur nous fait prier pour le

Pape, pour l'équipage et pour la France, et il termine
par la prière accoutumée que nous répétons après
lui : « Loué soit le divin Cœur! etc. »

A midi, le père Roussel de l'Oratoire nous fait une
conférence très documentée sur le Boudhisme, la religion Indoue, dont certains savants de contrebande
nous regardent comme les plagiaires. Il n'a pas de
peine à venger le christianisme et à réfuter leurs er-
reurs. Après lui, le père Marie-Léopold nous parle
brièvement des îles Lipari, et spécialement de la plus
petite, le Stromboli que nous allons contourner de
très près, par suite de la gracieuse complaisance du
commandant.

2. Le Stromboli

Les principales îles de ce modeste archipel sont :
Lipari la plus grande, Stromboli, Salina, Félicudi,
Alicudi, Panaria dans les cavernes de laquelle Eole
tenait les vents enfermés, célèbre par le naufrage
d'Ulysse, et Vulcano qui contenait les forges de l'in-
dustrieux Vulcain. Avis aux amateurs de mythologie !

Les professeurs ne peuvent s'empêcher d'évoquer
l'ombre de Virgile.

Un jour, un moine français, jeté par la tempête sur
la roche du Stromboli, fut recueilli par un saint ermite qui lui confia que le séjour du purgatoire était
au fond du rocher. « Chaque nuit, disait-il, j'entends

les âmes gémir, se plaindre et implorer les prières des chrétiens. »

De retour en France, le moine fit part de cette vision à l'abbé Odilon, de Cluny, qui, divinement inspiré, institua pour son ordre la fête des Trépassés. Elle se célèbre le 2 novembre, et s'est étendue dans tout le monde chrétien.

Nous sommes près de l'île qui a une superficie de vingt kilomètres carrés environ ; nous contournons le volcan avec une allure modérée; le cratère s'élève à 921 mètres de hauteur. Une détonation se fait entendre; un panache de fumée s'élève; les laves brûlantes coulent devant nous en longs et sinueux sillons; elles sont accompagnées de pierres grisâtres qui laissent une traînée de vapeur.

Nous suivons des yeux ce torrent de feu qui se prolonge jusque dans les eaux frissonnantes de la mer. Découverts et émus, nous chantons le *De profundis* en passant devant la chapelle élevée en souvenir de l'ermite. Plus loin, voici deux villages importants avec leurs terrasses et leurs maisons blanches; ils sont encadrés dans une verdoyante ceinture de vignes et de jardins.

Les 1500 habitants de San-Bartolo, le plus rapproché de nous; sortent de l'église après le chant des vêpres; ils entourent leur curé, nous aperçoivent et nous font des signes de sympathie. La sirène, le canon et nos cris de joie leur répondent, tandis que le sémaphore reçoit une nouvelle et dernière dépêche qui doit rassurer nos parents et nos amis. Les indigènes de ce pays sont isolés du reste du monde ; ils vivent de leurs quelques vignes et des ressources que leur procurent les pierres ponces et le soufre du volcan.

Entrefilets empruntés à la *Croix* du bord :

« *Stromboli*. — Un bon chanoine charmé du point de vue, a jeté sa barrette non par dessus les moulins, mais par-dessus bord afin d'avoir un prétexte de débarquement.

« Le Stromboli, îlot volcanique, sera accompagné de son panache ; en Italie, panaches, broderies et galons sont essentiellement couleur locale. Il communique par un souterrain avec Madagascar, d'où, conclusion facile, souterrain *Sakalave*!...

« *En cours de route*. — Rattrapé le *Guadiana* des Messageries, parti de Marseille à Constantinople une demi-heure avant nous. — Rencontré le *Sidon* de la même Compagnie, allant de Chypre à Marseille. — Croisé de très près un vaisseau anglais allant à Hull.— Aperçu, trois cachalots et un bouquet de roses. » —

A fond de cale, le journaliste a dû être seul à voir les cachalots. Nous apercevons souvent des marsouins qui luttent de vitesse avec nous et qui sautent comme des cabris ; à babord et à tribord, ils paraissent et disparaissent tour à tour.

Tom, un superbe terre-neuve qui fait le facteur et distribue le courrier, se démène furieusement quand il les voit, tandis que Finette sa compagne sommeille philosophiquement.

3. LE DÉTROIT DE MESSINE

Nous avons parcouru 257 milles; à midi le point était lat. 36⁰-54 *N.*, long. 15⁰-52 E. Après le salut, la prière et les avis, on s'oublie à contempler l'inoubliable spectacle du détroit de Messine; c'est féérique car l'Italie n'oublie pas de fêter la saint Joachim. Au cap Pharo et à notre droite du côté de Messine, du côté de Reggio plus modeste et de Scylla à notre gauche, sur la côte de Sicile comme sur celle d'Italie, ce ne sont que feux d'artifices, lignes de flammes, cordons électriques et gerbes de fusées. Nous contemplons, nous admirons et nous prions.

MESSINE

CHAPITRE V

*1. Les Trombes. — 2. Conférence. — 3. Séance récréative. —
4. — Poésies.*

Lundi, 21 août.

1. Les Trombes

DE bonne heure le matin, ceux qui dorment
sur le pont, sont dérangés par les matelots
qui l'arrosent tous les jours vigoureusement et consciencieusement. Ils frottent et astiquent
afin que tout soit propre et brillant. Aujourd'hui un
phénomène assez rare attire notre attention.

Ce sont des trombes qui se forment autour de nous;
notre maison flottante est fortement secouée ; c'est le
roulis avec ses graves inconvénients pour les estomacs délicats. Cela arrive presque toujours à l'entrée
de la mer Ionienne, à cause d'un fort courant qui
vient de l'Adriatique et que nous sommes obligés de
traverser.

« Les trombes, on le sait, sont des amas de vapeurs
épaisses, animées souvent d'un mouvement rapide de

rotation; elles forment un cône dont la base est en haut vers les nuages, tandis que le sommet est en bas vers le sol. Ces amas font entendre un bruit ressemblant à celui d'une charrette sur un chemin rocailleux. Sur terre, les trombes déracinent les arbres, les dépouillent, et les transportent à de grandes distances souvent. Sur mer, elles couvrent d'eau les grands navires et renversent les petits bateaux. Celles que nous apercevions à droite, à gauche et devant nous, semblaient aspirer l'eau de la mer qui formait un cône à son tour; par un effet singulier, la réunion, le choc des deux trombes faisait retomber le liquide comme les jets d'une immense fontaine.

« On a recours au canon pour rompre la trombe marine, et par mesure de précaution, le commandant avait donné des ordres pour que la pièce fût chargée. La précaution a été inutile heureusement; le passage s'étant toujours trouvé libre devant nous, l'artillerie n'a pas eu la peine de bombarder l'ennemi. »

Le roulis est toujours très fort puisqu'on parle de mettre les violons sur les tables. Cela m'amuse beaucoup, mais tous ne peuvent pas en dire autant. Il en est qui chancellent comme des hommes ivres ou qui cherchent en vain la porte de leur cabine, d'autres qui semblent attraper des mouches ou vouloir s'embrasser malgré eux. C'est excessivement drôle.

Les plus sensibles se retirent pâles et muets; ils vont dans un coin retiré pour avoir une conversation mystérieuse avec la mer; ils espèrent fléchir sa colère par leurs salutations empressées... et forcées... Ce qui ne les empêchera pas de mettre leur indisposition sur le compte de la salade, du lait concentré, du café tiède, de la couchette dure ou trop violemment secouée. Que voulez-vous ? L'amour-propre existe toujours un peu, même chez les pèlerins.

2. Conférence.

A midi, conférence très intéressante donnée par M. Le Fur, professeur de droit à la Faculté de Caen, qui nous parle de la situation du pape au point de vue international : science juridique, sentiments chrétiens, ampleur de vue et élévation de la pensée, telles furent les qualités déployées dans le développement de son sujet.

3. Séance récréative

Le soir après dîner, séance récréative : musique instrumentale et vocale ; artistes et chansons comiques ; poésies sur le pape, le directeur et l'état-major, rien ne manque pour charmer les oreilles et les cœurs. Le violoncelle du docteur guérit ceux que ses remèdes n'avaient pu soulager, car il manie l'archet aussi bien que le bistouri. A la lueur des lampes électriques, c'était ravissant et curieux à la fois.

En effet, la mer étant toujours moutonneuse et le roulis ne cessant pas, les spectateurs assis à tribord s'élevaient, tandis que descendaient ceux qui étaient à babord. Il y avait réciprocité. Ce spectacle me faisait songer aux balançoires improvisées sur les places publiques par les enfants. Après le salut et les avis, chacun reprend possession de son cadre, et s'endort mollement bercé par les flots sous la garde de Dieu.

Je crois agréable au lecteur de lui mettre sous les yeux quelques-unes des poésies chantées ou débitées pendant nos séances récréatives. Elles sont pleines d'actualité.

4. Poésies

VERS LA PALESTINE (Air : *Les Montagnards*)

1er

Adieu, rives de France
Je pars le cœur joyeux ;
Vierge notre espérance,
Conduis-nous aux saints lieux.
Fixé sur nous, ton œil regarde
Sois Notre-Dame de la Garde.

Refrain.

Chantons en chœur (*bis*)
Croisés sans peur (*bis*)
Chantons en chœur
La Vierge et le Sauveur.
Tra la la
Nous voilà (*ter*)
Tous les croisés sont là.
Nous voilà (*ter*)
Tous les croisés sont là.
Jérusalem, Jérusalem est là !

2e

Amis, soyez sans peine,
Nous atteindrons le but ;
Le vaisseau qui nous mène
Est la nef du salut.
Sur tes flots, quelle destinée,
Je vogue, ô Méditerranée.

3e

Corse, aux rochers sauvages,
J'aperçois tes coteaux,
Sicile aux doux rivages,
Nous glissons sur tes eaux,
Aux champs fleuris l'air se parfume
Le roi des monts, l'Etna fume !

4e

Ici, faisons-nous halte ?
Tressons-nous des lauriers
A Chypre, Rhodes, Malte,
A ses preux chevaliers ?
Le Stromboli lance des flammes,
Prions ! J'entends gémir des âmes !

5e

Des monts voici l'enceinte
A l'aspect solennel !
A genoux !... Terre sainte,
Salut, mont du Carmel,
Salut, ô montagne chérie
Qu'aime tant la Vierge Marie.

6e

Au nord s'étend immense,
La plaine d'Esdrelon.
Plus au midi s'avance,
Le pays d'Ascalon.
Là des palmiers la verte ombrelle,
Fleurs de Saron, Jaffa la belle !

7e

Et montagne et colline
Se dressent devant moi.
L'horizon s'illumine,
Jérusalem, c'est toi !
Le soleil d'or brûle les chaumes,
Mais il fait resplendir les dômes.

4

8ᵉ

Salut, terre bénie,
Salut, sainte Sion,
Cité de l'Agonie
Et de l'Ascension.
Glorieux sépulcre et Calvaire,
Le cœur ému, je vous révère.

9ᵉ

Là-bas, c'est Béthanie,
A l'ombre des figuiers ;
Plus près, cime bénie,
Le mont des Oliviers.
Au pied le jardin solitaire
Où Jésus faisait sa prière.

10ᵉ

Chantez, vertes campagnes,
Chantez *Alleluia*.
L'écho de ces montagnes,
Redit le *Gloria*.
O Bethléem, grotte adorée,
Je pleure sous ta roche sacrée.

11ᵉ

Quelle est cette colline ?
Joyeux, coulez mes pleurs,
Le soleil illumine
Nazareth et ses fleurs.
O Nazareth, cité chérie,
Je suis au pays de Marie.

12ᵉ

Croisés de pénitence,
Nous voilà réunis ;
Sous le drapeau de la France
Tous les cœurs sont unis,
Aussi chantons pleins d'espérance :
Vive Notre-Dame de France !

Au R. P. Bailly. Au R. P. Marie-Léopold.

Messieurs, je voudrais bien, en style poétique,
Rappeler un nom cher, par vous cent fois redit ;
Je voudrais bien aussi qu'un vivat sympathique
Fût envoyé par vous au bon père Bailly.

Nous voguons sur la *Nef*, à l'ombre de la croix,
La croix, c'est notre mât, notre porte-lumière ;
On voit à son sommet ces mots gravés : « Je crois »...
C'est tout un chant d'amour et c'est un cri de guerre.

Mais là-bas, à Paris, sur l'océan humain
Dont la houle mugit et s'élève avec rage,
Sur les grands flots grondant comme en un jour d'orage,
Une nef vogue aussi vers un but non moins saint.

Son enseigne est « la Croix », son moteur, la prière ;
Un vent du ciel enfle sa voix en la guidant ;
La vérité lui sert de phare et de lumière...
Jésus en est Pilote, et Bailly... commandant.

Dieu daigne à cette *Nef* accorder un voyage
Prospère, fructueux, autant que celui-ci !...
Puissent ses passagers, de tous rangs, de tout âge,
Mériter comme vous de Dieu le franc merci !

Dix-huit fois, sur ce bord ou sur un autre bord,
Bailly fut notre chef, et, s'il ne l'est encor,
C'est que là-bas, au loin, au cher pays de France
La tempête a soufflé, c'est que l'autre nef danse.

Il faut pour la guider sagement sur les mers,
Une main faite aux vents d'avant ou de travers,
Un œil perçant à qui les brumes de « l'affaire »
Ne puissent point cacher et le phare et la terre.

Mais Bailly se survit dans notre aimable Père,
Ce guide apprécié, ce fin causeur gaulois,
En qui Dieu sut placer, par un merveilleux choix,
L'autorité du père et le cœur de la mère.

P. Arthur

Salut au commandant Pillard.

J'ai vu la mer aux flots d'argent
Agiter sa superbe houle,
Et les vagues courir en foule
Pour voir passer le bâtiment.

Elles avaient mis pour l'instant,
Leur manteau bleu, frangé d'écume,
Mais d'un bleu si pur, et d'un blanc
Plus blanc que la plus blanche plume.

On eût dit, à les voir bondir,
Cent mille agneaux à blanche laine,
Qui dans les prés à perdre haleine,
Couraient sans jamais ralentir.

Amis, comme il me serait doux
De chanter la mer moutonneuse,
La mer immense... et gracieuse,
Celle que nous admirons tous !

Mais sur la mer, sur le bateau,
J'ai trouvé mieux, bien mieux que l'eau,
J'ai trouvé, je puis bien le dire,
Quelqu'un qui sait à tous sourire,

Quelqu'un que nomme chaque cœur
Et que redit chaque parole,
Du devoir sublime symbole,
Marin sans reproche et sans peur.

Vous l'avez tous nommé, j'espère,
Et pour parler sans plus de fard,
Nous acclamerons sans mystère
Notre cher commandant Pillard.

Quand de la poupe ou de la quille
Sa main guide le paquebot,
Quand son œil plonge au loin sur l'eau,
Ne craignez rien, dormez tranquille.

Ne vous avisez pas, pourtant,
De grimper à la passerelle ;
C'est son quartier, c'est sa chapelle ;
Là, Pillard est intransigeant.

Mais sitôt que le quart est fait,
Et sitôt que le devoir cesse,
Quand sur le pont il reparaît,
Quel bon cœur! quelle gentillesse!

Il en a pourtant fait du quart
Ce loup de mer, ce vrai Jean Bart!
Qui dira ce que pour la France
Sut tenter sa rude vaillance?

Cœur de Breton, âme d'acier,
Il ne lui manqua que de vivre
Aux jours où Bart voulait poursuivre
Les fils d'Albion jusqu'au dernier.

Il a vu de Madagascar
Le cher et meurtrier rivage,
Et, ma foi, c'est bien un hasard
Qu'il n'ait point lutté sur sa plage.

Quand l'Espagnol, l'Américain
Croisaient le fer dans la grande île,
Pillard en trouva le chemin
Forçant un blocus inutile.

A l'Espagnol dans la déroute,
Il rendit le pays natal;
Son âme alors se montra toute :
Il fut proclamé sans égal.

Quand il eut rejoint sa chaumière,
Le pioupiou ne l'oublia pas...
Quinze cents lettres au bon père
Le lui prouvèrent à Soulas.

Commandant, nous voulons aussi,
Nous, pèlerins de Terre Sainte,
A votre cœur dire un merci...
Il est franc, loyal et sans feinte.

Restez longtemps à votre bord,
Chef vigilant, pilote habile ;
Cent fois conduisez-nous encor
Vers Jérusalem, la grand'ville.

P. Arthur.

A BORD

(Vers libres. Air : *Des plongeurs à cheval*).

LE PÈRE DIRECTEUR

Y a d'abord le Père directeur,
Comme qui dirait l'ange conducteur. } bis.
Rien qu'en ouvrant la bouche
L'ange conducteur,
Le bon directeur,
Rien qu'en ouvrant la bouche
Il gagne tous les cœurs !

LE COMMANDANT

Y a z'ensuite M'sieur le commandant
Qui veille au grain et prend le vent. } bis.
Quand y s'met à sourire,
Je n'parle pas du vent,
Mais du commandant,
Quand y s'met à sourire,
Tout l'bateau est content.

L'ÉTAT-MAJOR

L'état-major est plein d'entrain
Et se fait aimer du marin. } bis.
Sous les couleurs de France,
Fier drapeau flottant,
Malgré flots et vent,
Sous les couleurs de France,
Il vogue de l'avant !

LE PÈRE ÉCONOME

L'père Ugène, faut pas l'oublier,
C'est lui qu'est un bon ouvrier, } bis.
Pourvoit à la cuisine,
C'est le grand fourrier,
Not'père nourricier,
Pourvoit à la cuisine,
Et dîne le dernier !

LE PÈRE MARCEL

Y a l'père Marcel, compositeur, } *bis.*
Conférencier, poète et sapeur ; }
Quand il conférencie,
Non pas le sapeur,
Mais l'compositeur,
Quand il conférencie,
C'est pour tous un bonheur.]

LES CONFÉRENCIERS

Y a des savants et des docteurs } *bis.*
Qui nous font r'passer nos auteurs ; }
Ils nous apprennent des choses !
(Non plus nos auteurs,
Mais ces bons docteurs),
Ils nous apprennent des choses !
Nous r'mettent à la hauteur.

LES FAISEURS DE CHANSONS

Nous avons des f'seurs de chansons } *bis.*
Qu'ont pour ça fouillé M'sieu Tronson; }
S'chansonnant l's uns les autres,
Pas M'sieu Tronson,
Les f'seurs de chansons,
S'chansonnant l's uns les autres,
Ils restent bons garçons.

LE DOCTEUR

V'là not'docteur, un homme charmant } *bis.*
Sucre les tisanes en les r'gardant. }
Rit, chante et sert sa drogue,
Joue de son instrument,
En nous guérissant,
Rit, chante et sert sa drogue,
Vrai ! il est étonnant !

LE MONDE ECCLÉSIASTIQUE

Les professeurs les plus cotés, } *bis.*
Les Pères, les Frères, les aumôniers, }
Même curés et vicaires,
J'espère que vous m'croirez,
Et qu'vous l'raconterez,
Même curés et vicaires,
On s'aime à s'embrasser !

LES PÈLERINES

Enfin, les dames, ça c'est certain,
Sont plus braves qu'les plus brav' pèlerins. } *bis.*
C'qui n'est pas sans mérite,
S'rencontrent le matin,
Sans causer un brin.
V'là nos vérités dites,
Et tout ça sans potin !

Abbé Sedillot, *curé d'Asnières.*

~~~~~~~

MA CABINE

Air breton : *Le Biniou.*

Sur ma couchette légère,
Où je cherche à reposer,
Le sommeil fuit ma paupière ;
Ah ! qu'il est mal avisé !
Pour tromper mon insomnie,
Je crayonne à la bougie
Le croquis de mon réduit,
Où j'étouffe et je cuis.

Refrain.

Oui, j'y cuis, mais qu'importe !
Tu connais mon sort,
Ange aux ailes d'or.
Au ciel doucement emporte
Sueurs et labeurs, mon cher trésor.

En entrant dans ma cabine
Je me sens tout suffoqué.
Je ne paye pas de mine ;
J'en suis comme estomaqué.
Tel un mort dans son suaire,
Enveloppé dans ma bière,
Je me demande en tremblant
Si j'en sortirai vivant.

Oui, vivant, mais qu'importe ! etc...

C'est la mort en perspective
Que ces petits loculi.
A la mode primitive,
On s'y trouve enseveli.
Numérotés par séries,
Rangés par catégories,
On s'y voit étiqueté.
Ah ! vive la liberté !

Liberté, mais qu'importe ! etc...

Lequel fait plus pénitence
De celui qui s'enfuit
Et se blottit en silence
Dans la ténébreuse nuit,
Ou de celui qui s'élance,
Avec un effort immense,
Vers le lumineux hublot,
Pour y voir le ciel et l'eau.

Ciel et l'eau, mais qu'importe ! etc...

Pour moi, timide acrobate,
Quand je veux prendre l'essor,
Sitôt se glace ma rate,
Et je fais naufrage au port.
Je m'accroche à la colonne,
La cruelle m'abandonne
Sur le plancher de sabord ;
Je retombe à tribord.

A tribord, mais qu'importe ! etc...

P. Théophile.

LA VICTIME DU MAL DE MER

Que fait-il là, le moine austère
Qui devrait toujours travailler ?
Est-ce bien vous, bon père Hilaire,
Que je vois ainsi sommeiller ?
Que de fois au matin dans l'ombre,
Par les cloîtres silencieux,
On vous vit, silhouette sombre,
Rendre les dormeurs soucieux.

Aujourd'hui le cruel malaise
Que rien ne saurait soulager
L'étend livide sur sa chaise :
Voyez son profil allongé !
Mais, contre l'élément liquide,
A-t-il bien lieu d'être irrité ?
Non, sa maigreur presque ascétique
Lui doit un regain de beauté.

Il dort, mais que font les novices
A sa houlette confiés ?
— Cet âge est sujet aux caprices,
Père, pourriez-vous l'oublier ?
— Ah ! cher ami, n'en ayez cure.
Tous mes novices sont charmants ;
Je puis compter sur leur droiture,
Ils sont si bons, si gais, si francs !

Dormez donc du sommeil des justes,
Que rien ne vienne vous troubler !
Toi, mer, aux caresses robustes,
Cesse de le faire trembler.
Hélas ! trop de sollicitudes
L'assailleront à son retour,
Quand il ira, plein d'inquiétudes,
Quêter le pain de chaque jour.

Extrait du journal du bord.

Quoi qu'en ait dit Molière, un expert médecin
Est personne sacrée et mérite créance ;
Mais quand l'homme de l'art se fait musicien,
Pour ses clients on dit : C'est chose rare en France.

Cela se voit à bord de la *Nef* d'espérance
Qui nous porte là-bas. Notre praticien
S'entend à rassurer l'estomac jeune, ancien,
Dont les émotions ne sont pas sans souffrance.

Or, de la même main qui verse la kola,
La cardiane, liqueur vraiment universelle,
De laquelle Hippocrate aurait dit : « Eurêka ! »

Il touche en frémissant son doux violoncelle,
Tantôt grave et dolent, tantôt joyeux et frais ;
Il répare le corps et remet l'âme en paix.

CHAPITRE VI

1. Madagascar. — 2. L'Ile de Crète. — 3. Notre-Dame de Lourdes en mer. — 4. Adoration nocturne.

Mardi, 22 août.

1. MADAGASCAR

AUJOURD'HUI mardi, c'est l'octave de l'Assomption, c'est le jour où nous devons tendre la main à nos frères réunis à Lourdes pour le pèlerinage national. Pour cela, nous supprimerons la mer elle-même s'il le faut.

Aussi la joie brille sur tous les fronts. C'est avec piété que nous récitons le chapelet et que nous faisons le chemin de la Croix, médités éloquemment par le père dominicain et par l'abbé Maury, un organiste distingué. Le soir, le père Marcel nous donne une séance de projections lumineuses. Il fait passer sous nos yeux des scènes de l'expédition de Madagascar.

Sa parole émue touche profondément les cœurs au récit vécu des souffrances de nos soldats qui mou-

raient non frappés par l'ennemi, mais par suite de la
mauvaise organisation. Au lieu de se plaindre, les
soldats souffraient et mouraient pour la patrie. Il a
dû leur faire beaucoup de bien lorsque la *Nef-du-
Salut* ramena les malades du corps expéditionnaire.
Ils étaient plus de 1500 à bord, et nous nous plai-
gnons !... Comment s'y était-on pris pour loger tout
ce monde par un temps d'atroce chaleur ?...

2. L'Ile de Crète

A partir de midi, nous longeons la Crète par le
sud ; c'est la plus étendue de toutes les îles grecques,
car elle n'a pas moins de soixante lieues de longueur
sur douze de largeur. La longue ligne de ses chaînes
de montagne est fièrement dominée par le mont
Ida.

La Candie compte 400.000 habitants environ : rivage lamentable, montagnes pelées, rochers abrupts
et désolés, tel nous apparaît tout le versant méridional, derrière lequel cependant se cachent bien des
souvenirs : légendes mythologiques de Jupiter, Sa-
turne et autres Olympiens ; aventures héroïques de
Thésée, du labyrinthe, du Minotaure et de Minos ;
récits bibliques des actes des apôtres avec saint Paul
et son disciple Tite ; exploits des croisés, etc. Tout
cela nous est déroulé d'une façon très intéressante par
le père Marie-Léopold.

Nous remarquons deux îlots rocheux : Paulo et
Kando ; sur l'un d'eux se trouve un phare. Quelle vie

de reclus doivent y mener les gardiens ! C'est là même qu'échoua saint Paul, lorsqu'on le conduisait de Jérusalem en Italie sur son appel à César.

Tandis que nous parcourons les côtes méridionales de la Crète, la mer s'est apaisée ; les flots sont toujours bleus, aussi azurés que le ciel d'Orient sous lequel nous nous trouvons déjà. Vaillamment secondé par le capitaine qui se multiplie plus que jamais, le père Ismaël est très affairé. Chacun lui apporte son concours, et les dames ne sont pas les moins empressées.

3. Notre-Dame de Lourdes en pleine mer

Il s'agit de trouver Lourdes ce soir en pleine Méditerranée. Entre le pèlerinage de la pénitence et le pèlerinage national, doit se faire l'union des âmes, des pensées, des prières et des souvenirs, des fatigues et des joies, des sacrifices et des acclamations. Une grotte jaillit au pied de la grande croix ; le carton devient rocher ; un habile pinceau y fait épanouir toute la flore des Pyrénées. Dans l'anfractuosité apparaît souriante l'Immaculée. L'églantine en fleur jette sa note joyeuse ; complète est l'illusion.

En haut, dit le journal de la *Nef*, la chapelle figure la basilique ; les escaliers et les entreponts rappellent les lacets ; les montagnes de la Crète, les Pyrénées ; et le Gave ? le voici... C'est la mer avec ses vagues écumeuses ; ne trouvez-vous pas qu'il soit assez large ?... Il ne manque plus que la procession aux flambeaux ; elle se fera ce soir après le salut. Nous serons vraiment unis à nos frères de là-bas qui acclament le saint Sacrement.

Pendant le dîner un prêtre zélé parle d'organiser l'adoration nocturne, afin que la nuit ne le cède en rien à la journée : chacun s'empresse de donner son heure et son nom. Pour contenter les dames, on leur permettra de continuer l'adoration dans la matinée.

A la chapelle, l'abbé Valadier du clergé de Paris donne un grand et éloquent sermon. Pendant ce temps le navire est inondé de lumières électriques : partout, au-dessus des bastingages, le long de la passerelle, courent des cordons de lanternes vénitiennes, de globes étincelants.

Nous avons tous un cierge à la main : par deux fois la procession se déroule en colonnes de feu de l'arrière à l'avant, sur tribord et sur babord, au chant de l'inoubliable *Ave Maria* de Lourdes... Les anges seuls nous voient, mais ce qu'ils doivent être contents !... A la grotte, après une vibrante allocution et les ardentes paroles de notre directeur, commencent les acclamations : « Vive Jésus-Christ ! — Vive Notre-Dame de Lourdes ! — Vive Notre-Dame de salut ! — Marie, sauvez la France ! — Notre-Dame de Lourdes, sauvez-nous ! etc., etc. »

Tandis que le *Magnificat* est chanté avec une enthousiaste émotion, des feux de bengale donnent à la grotte toutes les teintes de l'arc-en-ciel : les officiers sont à la dunette et l'équipage est sur les mâts. Les matelots lancent des bombes et des soleils qui retombent en pluie de fleurs enflammées, des fusées brillantes dont la chevelure étoilée vient disparaître dans les flots.

Le canon tonne, alternant avec les acclamations et les chants. C'était admirable et merveilleux, sur ce navire qui marchait, dans cette pleine mer qui brillait d'un éclat phosphorescent. C'était un véritable coin du ciel !...

4. ADORATION NOCTURNE

Après la Mère, le Fils : nous retournons à la chapelle, aux pieds de Jésus-Eucharistie. Pendant toute la nuit, nous allons nous succéder pour lui tenir compagnie. Oh ! comme les prières sont ferventes en présence de son Dieu !

CHAPITRE VII

1. Poésies.

Mercredi, 23 août.

1. Poésies

Ce matin, à partir de huit heures, les pèlerines gardent le saint Sacrement à leur tour, tandis que nous achevons de côtoyer l'île de Candie. A midi, l'aumônier de la grande Roquette nous fait une conférence sur les prisonniers et les causes de la criminalité dans notre pays. En nous parlant de ces types de l'humanité dégénérée, il a su nous attendrir plus d'une fois.

Le soir à la séance récréative, le père Bonaventure, aumônier des œuvres de mer, fait connaître à l'aide de projections, les rudes travaux des pêcheurs sur le banc de Terre-Neuve.

Il oublie de nous parler de son naufrage à bord du *Saint-Paul* : il visita malgré lui le fond de la mer ; une lame le rejeta sur la grève ; c'était la Providence qui veillait.

Sur le pont, il y a des concerts improvisés de violoncelle et de violon. Le père Marcel fait marcher le phonographe, et regrette le dommage causé à son cinématographe par la douane de Jaffa : les Turcs prenant cette invention pour quelque machine infernale, ont détérioré la lanterne et quelques autres pièces importantes. Nous le regrettons plus que lui, car nous en aurions profité pendant nos réunions du soir.

Voici encore quelques poésies :

ECHOS DE LA *NEF*

Refrain.

Qu'ils sont donc bien tous nos pèl'rins !
Sont-ils gentils, sont-ils bénins !
De tout c'brillant pèlerinage
C'est moi le plus rogue et l'plus sauvage.
Les dam's ont le suprême maintien,
Qu'ils sont donc bien tous nos pèl'rins !
Les dam's ont le suprême maintien,
Tous nos pèl'rins sont bien, très bien (*ter*).

I

Donc, nous voici de nouveau d'passage
Sur le *Notre-Dame-de-Salut,*
Pour le pieux pèlerinage
Dont Jérusalem est le but.
Nous r'trouvons — soit dit sans offense —
Des récidivistes r'solus,
Et déjà nous lions connaissance
Avec combien d'nouveaux élus !

Ah !... Qu'ils... etc.

II

A la tête du pèl'rinage
Le Père Gerbier vient comm' toujours,
Nous édifier davantage,
D'ses avis, d'ses plaisants discours.

Chaque jour pour nous est une fête,
Tout'fatigue, un'peine, agrément,
Et l'on voit plus d'un vrai poète
Nous t'nir sous l'charm' plus d'un moment.

    Ah !... Qu'ils... etc.

III

Dans les rangs de nos pèlerines
Sont dissimulés des trésors ;
Violettes de nos collines
S'estompant sous d'humbles essors ;
De même qu'Hélène, Eudoxie
Bravant les flots en souriant,
Comme Paula, comme Eustochie,
Elles s'en vont vers l'Orient.

    Ah !... Qu'ils... etc.

IV

Chers pèl'rins, si je suis votre frère
Bien dégénéré, sur ma foi,
Je vous demande une prière
Afin qu'il ait pitié de moi
Celui qui connaît ma faiblesse,
Qui sut pardonner à Longin,
Qui voit la Vierge, avec tendresse,
Réimplorer son Cœur divin.

    Ah !... Qu'ils... etc.

1895 — FLORAISON DE LA FRANCE

A Jérusalem.

Aux donjons en ruine, aux vieux murs crevassés,
Le temps laisse un épais ruban de mousse verte,
Le lierre se cramponne à l'embrasure ouverte ;
Les fleurs, comme sur les tombeaux des trépassés,
Naissent sur les débris croulants des jours passés.
Dans les champs de bataille ainsi le temps effeuille,
Quand le pied des chevaux n'affaisse plus le sol,
Vers le printemps, sa fleur ; à l'automne, sa feuille,
Ont fait grandir le cèdre au touffu parasol.

Depuis que Dieu fendit le rocher du Calvaire
Que de fois ont tremblé les Lieux Saints qu'on révère
Sous les pas du barbare ou du croisé chrétien,
Du fidèle opprimé défenseur et soutien..
C'est devant ces remparts que dressèrent leurs tentes,
Nos chevaliers de France, aussi vifs à l'effort
Que le bouillonnement de leur cœur était fort !
C'est là qu'ils élevaient leurs bannières flottantes,
C'est là que tant de maux divers les attendaient !
Tout s'est tu ; plus d'échos des machines de guerre
Qui renversaient les murs sur ceux qui les gardaient,
Plus de cris de ces preux que nous fêtions naguère,
Plus de ces hymnes fiers que les Turcs entendaient !
Mais sur le camp des Francs, chevaliers de courage,
Où nos héros versaient le plus pur de leur sang,
Une tige ignorée a défié l'orage :
Encor le grain jeté rend un germe puissant !
Nos maisons, nos couvents et nos tours que couronne
Notre flottant drapeau, ce sont des monuments
Elevés à ces morts glorieux qu'environne
La gloire au ciel ! Ici, gardons leurs ossements !
Au sommet du Gareb, le consulat domine :
C'est le cœur de la France aux Lieux Saints ! et plus bas,
L'hôpital Saint-Louis, où l'on prend bonne mine !
Notre-Dame de France, où, plus que les sabbats
Des Juifs, les jours sont beaux, puisque l'on nage
En des flots de bonheur au grand pèlerinage !
L'Eglise du Sauveur, non loin vers le coucher
Du soleil se colore avec son beau clocher.
L'humble Réparatrice intercède et répare !
Puis à côté le fils de La Salle se pare
De prière ou science, instruit les jeunes cœurs...
Et là-bas saint Etienne étend ses bras vainqueurs.
Mais Sion, le Carmel, sainte Anne et sainte Claire
Et saint Vincent de Paul, tel qu'une source claire
Où l'on va puiser la consolation ;
Filles de saint Benoît, sœurs de l'Apparition !...
    Voilà la France qui remplace
    Celle dont nous gardons la place.
Robe blanche ou froc noir, bure grise... voilà
Ce qui forme le cercle autour du consulat,
Arbres aux verts rameaux et couronne fleurie
Couvrant de nos aïeux la dépouille chérie !

Car il en est plusieurs qui dorment sous nos pas ;
Et, s'ils ont succombé, leur gloire ne meurt pas ;
Nos prières sur eux seront des fleurs écloses
Comme aux champs du combat par les siècles ornés.
Jamais pour notre amour leurs tombes ne sont closes ;
Près d'elles chaque jour des Français prosternés,
Moines anciens, nouveaux, filles contemplatives,
Demandent que le ciel bénisse le Lieu Saint,
Où de nos croisés dort un vigoureux essaim.
A nous leur camp, à nous ; et que des fleurs hâtives
L'ornent, que des rameaux l'ombragent ! A dessein
Je veux que des Français le gardent, et qu'un cortège
De nouveaux chevaliers accoure à leur tombeau
Déposer sa couronne et son fruit le plus beau...
Car le fruit de leur sang la France le protège !

                                        A. M.

CHAPITRE VIII

1. *Une messe selon le rite grec.* — 2. *Fièvre des bagages.* — 3. *Terre ! Jaffa.*

Jeudi, 24 août.

1. UNE MESSE GRECQUE

PARMI les pèlerins se trouve le père Isaïas, un prêtre grec–uni, apôtre très ardent de la réunion des églises, réunion si vivement désirée et poursuivie par Léon XIII. J'ai eu souvent l'occasion de causer avec lui sur la langue grecque surtout au sujet de la prononciation. Sous ce rapport, il y a une assez notable différence entre nos classiques et l'accent néo-grec.

Cet aimable et bon père qui exerce le saint ministère à Gallipoli, dans la Turquie, devait aujourd'hui célébrer solennellement la messe de communauté. Notre directeur nous avait expliqué déjà les beautés et les particularités du rite oriental. Un assomptionniste, le P. Chrysostôme, nom prédestiné, s'était chargé du chant et surtout des *Kyrie eleison* dont la mélopée monotone est si triste et si plaintive, et qui sont si nombreux dans la liturgie de l'Orient.

Tous savent que dans leurs cérémonies, les Grecs emploient non le latin qui est la langue de l'Eglise, mais celle de leur pays. Ceci me rappelle une assez plaisante histoire : Un sacristain ayant assisté à la messe d'un prêtre grec, disait naïvement en sortant : « C'est curieux, cet ecclésiastique étranger, pendant tout l'office, n'a dit et récité que deux *mots latins : Kyrie eleison.* »

Mais revenons au père Isaïas : Le voici qui apparaît grave et majestueux sous ses amples vêtements sacerdotaux, dont la forme rappelle les premiers siècles de l'Eglise ; sa chevelure très longue est flottante et déroulée. Il prépare d'abord sur la crédence la matière du sacrifice : un pain oblong et fermenté de deux livres environ se trouve devant lui. Après plusieurs signes en forme de croix, il fait une entaille dans le milieu, en extrait le petit morceau qui doit servir à la consécration. Le reste sera bénit et distribué à la fin de la messe à tous les assistants qui viendront lui baiser la main.

Une fois le vin préparé, la procession solennelle s'organise pour se rendre à l'autel. Puis, après avoir pris les deux manipules l'officiant commence et poursuit le saint sacrifice selon le rite grec. Pas de génuflexions, mais de profondes salutations au moment solennel de la consécration. La curiosité ne nous empêchait pas de prier.

Avant de terminer, laissez-moi reproduire un fait authentique et personnel dont notre prêtre grec fut le héros : Quand il était en Turquie, les musulmans vinrent lui crocheter son église comme de vulgaires sous-préfets au temps des expulsions. Il se mit devant le tabernacle : « Ici, c'est ton Dieu et le mien », dit-il au fils d'Allah. Celui-ci, plus respectueux de la liberté que nos prétendus libre-penseurs, et subjugué par la foi résolue du prêtre, transmit la réponse au vali de l'endroit, et la maison de Dieu fut respectée. Avis aux perquisitionneurs qui violent la loi et surtout l'égalité !

2. FIÈVRE DES BAGAGES

Mais voici la fièvre des bagages qui s'empare de tous, car on débarque demain, et il faut choisir les objets que l'on veut emporter à Jérusalem. A midi, aimable et délicieuse conférence par M. l'abbé Maillard sur la *télégraphie sans fil*, dont les expériences se font en Angleterre, mais dont l'origine, l'idée principale et l'invention doivent être attribuées à un Français. Parole claire et distinguée. Sujet très attrayant.

Après lui, M. le comte de Piellat, fondateur de l'hôpital Saint-Louis à Jérusalem, très dévoué aux pèlerinages, arrive sur l'estrade en couffié arabe, et armé d'un parasol. D'une façon très humoristique, il nous parle sur l'hygiène à observer au pays du soleil. Il nous donne des conseils très goûtés et très applaudis. Le père Marie-Léopold y ajoute les siens : si en ville on confie à un indigène un colis, il faut le suivre de près, sous peine, au détour d'une rue, de voir disparaître et le porteur et le colis.

Il faut habituer ses oreilles à entendre souvent pour ne pas dire toujours : Bakchiche, bakchiche ! ce qui veut dire : pourboire, pièces métalliques, monnaie arabe, et en général pièce d'argent française de 0 fr. 20. Quelques autres avis encore, et les bagages s'amoncellent sur le pont avec les étiquettes qui nous ont été distribuées par les soins du capitaine Suzzoni. Sous la surveillance des pères, ils passeront la douane, et, à dos de chameau, iront nous rejoindre à la gare. Nous les retrouverons à Jérusalem.

3. Terre ! Terre ! Jaffa.

« Il est cinq heures environ quand la vigie fait entendre le cri émouvant entre tous : terre ! terre ! Le canon tonne ; les pèlerins se sont portés à l'avant ; plusieurs, dont le père capucin, sont sur les vergues ; là, à genoux, en face de Jaffa qui se détache à peine dans les teintes vaporeuses du soir, on entonne le *lœtatus sum*. Avec quelle émotion on dit la strophe : *stantes erant pedes nostri, in atriis tuis, Jerusalem.*

C'est le terme du voyage, l'objet de tous les vœux ; cette terre est la terre sainte, c'est Jérusalem ! Au salut, on remercie le Seigneur des grâces de la traversée. L'ancre dérape et le vaisseau mouille en face de Jaffa. Là, tout près du navire qui se balance, agité ce soir par la houle, et qui chasse sur ses ancres, c'est la côte de la Palestine. Voici dans l'ombre les feux de la ville et la silhouette des monuments. »

La température est toujours très élevée ; les salles à manger sont des étuves ; les cabines des fours crématoires, des bains turcs capables de guérir à tout jamais les rhumatisés et les goutteux. Le pont ressemble à un champ de bataille jonché de cadavres quand on s'y promène la nuit.

Quelques ronflements sonores étouffent les roulements de l'hélice. Les fauteuils et les pliants sont occupés, car les propriétaires les cherchent, mais en vain. La *Croix de la Nef* qui nous a réconfortés et réjouis, va suspendre sa publication jusqu'à la traversée du retour. Son dernier article mérite d'être cité ; le voici :

« Ce soir, quand paraîtra cette feuille, la Palestine, Jaffa seront en vue. Il y aurait, avouez-le, ingratitude profonde à ne pas remercier Dieu dans toute la sincérité de l'âme, pour une aussi belle, pieuse, sainte, fructueuse croisade, joyeuse aussi, pleine d'entrain, bon esprit, ardeur.

« La piété conserve ses droits à la première place ; voix du ciel ! et l'on sent aux nombreuses correspondances qui se préparent sur les ponts et dans les salons, jusque sur le tillac d'arrière, que l'on pense aux absents, pèlerins de désir, amis ou parents, laissés en France, pour qui l'on souffre et prie ; avec qui se resserrent les liens de la plus franche charité.

« Sur la *Nef*, l'ensemble de bonne volonté est merveilleux. L'épître de ce matin en donne, ce nous semble, une description exacte ; chacun à sa place, à son

travail ; tous à la piété. *Cor unum et anima una.* Le
R. P. Marie-Léopold de son prie-Dieu à la chapelle,
de son regard plein de bonté ferme sur le vaisseau
qu'il visite paternellement, veille et dirige de façon
si aimable, qu'on en a failli oublier le R. P. Bailly...

« Ce soir, pèlerins, la Terre Sainte en vue ! Quel
rêve, quelles prières et quelle faveur du ciel ! Merci à
ceux qui ont été affligés par un impitoyable mal de
mer, puisque c'est à eux que nous devons d'être les
pèlerins de la pénitence. Vive Jérusalem ! Vive Jésus-
Christ Rédempteur ! »

La Rédaction. »

DÉBARQUEMENT A JAFFA

CHAPITRE IX

*1. Débarquement. — 2. En route pour Jérusalem. — 3. Arrivée. —
4. Entrée solennelle au saint Sépulcre.*

Vendredi, 26 août.

1. DÉBARQUEMENT.

Dès la première heure, comme d'habitude, les autels sont occupés; à la chapelle, on prie avec plus de ferveur que jamais.

L'antique Joppé, Jaffa la Belle, mérite bien son nom : elle se dresse devant nous avec ses clochers, ses terrasses, ses maisons blanches et ses minarets. Au point du jour, le R. P. Athanase, supérieur de Notre-Dame de France à Jérusalem, vient à bord : avec les jeunes novices et les autres pères, il nous accompagnera avec dévouement dans toutes nos excursions.

En même temps que lui, des barques viennent accoster le navire. Les Turcs qui les montent nous tendent la main; « *bakchiche* », c'est leur première parole, c'est le cri traditionnel dans ce pays pauvre où tout se vend. Ils s'ingénient pour nous faire passer différents fruits : pastèques, grenades, figues de Barbarie; pour un panier de jolis raisins d'En-gaddi, de 12 à 15 livres, ils demandent le plus possible, mais ils le laissent généralement pour un *demi-franc*.

Il n'y a pas de port à Jaffa; aux abords du rivage, il y a des roches dangereuses qui sont à fleur d'eau et qui rendent difficile le débarquement. De plus, les courants très forts qui viennent de la mer Rouge, de Suez et du continent africain, font déferler les vagues avec une violence inouïe. Aussi, la *Nef-du-Salut* a été secouée toute la nuit.

A huit heures, nous voyons arriver les barques qui doivent nous emmener; elles dansent comme des fétus de paille; il faut être très prudent et bien choisir son moment pour y mettre le pied. Mais Dieu nous protège; au bas de l'échelle, le capitaine nous donne la main. Nous partons, au chant de l'*Ave maris stella*, sans nous soucier beaucoup des exigences et des mouvements désordonnés de nos conducteurs. Nous passons, enfin, à travers les récifs aigus, et nous abordons la Terre-Sainte que nous baisons avec transport.

C'est la première de nos indulgences plénières; désormais, nous allons en gagner tous les jours. La douane nous laisse passer; mais la lanterne à pro-jections du père Marcel a été prise pour une machine diabolique; il a fallu la rapporter à bord toute démon-tée; on est gabelou turc ou on ne l'est pas.

Nous traversons la ville; c'est jour de marché.

Arabes, Syriens, Grecs, Italiens, gens de tous costumes
et de toutes couleurs; nombreux indigènes, pares-
seusement assis à la turque dans les rues et fumant le
narguileh; on voit un peu de tout. Des marchands de
citrons et d'eau glacée font résonner, l'une contre
l'autre, leurs timbales de cuivre.

Sur la place affluent ânes et chameaux, fruits amon-
celés; femmes voilées ou dont la figure est couverte de
pièces de cuivre ou d'argent; mendiants en guenilles
aussi graves et aussi majestueux que des sénateurs
romains.

Nous sommes divisés en plusieurs groupes sous la
conduite d'un religieux. Je vais d'abord visiter la
maison de Simon-le-Corroyeur; on sait que là saint
Pierre reçut l'hospitalité, ressuscita la charitable veuve
Tabitha; c'est là aussi qu'il eut une vision, lui enjoi-
gnant de ne faire aucune différence entre les juifs et
les gentils.

Mais nous sommes pressés pour nous rendre à la
gare où nous attendent deux trains spéciaux. Il y a
sept ans, les pèlerins étaient obligés de faire la route
à cheval à travers des gorges et des montagnes escarpées; le trajet était pénible et souvent dangereux;
aujourd'hui, la Palestine commence à suivre le progrès de la civilisation.

2. En Route pour Jérusalem

Pendant 85 kilomètres, nous allons parcourir la
première et unique voie ferrée du pays; la montée est

de 700 mètres environ, et nous mettrons quatre heures pour accomplir ce parcours. On voit que nous sommes en Turquie, car tous les hommes portent la toque rouge; ce bonnet national, nous le retrouverons dans toutes nos pérégrinations jusqu'après notre retour de Constantinople. Les Arabes et les bédouins portent le *turban* ou le *couffieh*, les juifs un petit chapeau rond.

Ces derniers sont faciles à reconnaître, à cause de la longue houppelande qui recouvre leur tunique, et surtout à cause de leurs cheveux qui retombent en tire-bouchons de chaque côté de la tête. Du reste, sans cela leur type se retrouverait à certains signes caractéristiques du visage; on retrouve partout la race d'Israël. Nous voilà dans le train; nous partons.

Nous admirons les jardins de Jaffa où se pressent les palmiers, les orangers, citronniers, mûriers et bananiers. Sur la ligne pas de garde-barrière pour grever le budget de la Compagnie, mais une haie naturelle de figuiers de Barbarie et de cactus; leurs épines acérées en rendent les abords infranchissables.

Voici la vaste plaine de Saron dont Isaïe vantait la luxuriante beauté; la voici avec ses villages arabes dont les maisons sont bâties avec de la terre séchée et de la paille hachée. C'est *Yousouf, Beith-Dejan* et *Safirieh*. C'est le moment des battages; l'aire aux grains est en plein air.

A la place de nos manèges à vapeur, l'Oriental, toujours primitif, se contente de monter sur un léger traîneau conduit par un cheval, un âne ou un bœuf, ou même il fait courir sur les gerbes toutes les bêtes de sa ferme. Avec cela, le grain est battu et la paille se trouve hachée.

Nous arrivons bientôt à la station de Lydda, la Diospolis des Romains, célèbre par la guérison du

LE MARCHÉ A JAFFA
(Cliché de M. Dauphin.)

paralytique Enée, et où nous invoquons saint Georges, le soldat martyr du ive siècle. Pendant le trajet, à travers les wagons que des plateformes relient entre eux, deux assomptionnistes font circuler des fruits et des raisins délicieux dont le suc rafraîchissant n'est pas à dédaigner.

Nous sommes rendus à Ramleh, l'ancienne Arimathie : la gare, sous les palmiers, s'élève parmi les aloès et les cactus ; terribles sont les piqûres faites par les dards aigus des nopals. Du reste, sous ce climat de feu, la plus légère blessure devient sérieuse, si elle est négligée. Ramleh est dominé par la tour des Quarante-Martyrs.

Au delà de Sejed, la ligne entre dans l'Ouadi-Sarar, l'ancienne vallée de Sorech, dont la fertilité, tant vantée dans les livres saints, a disparu. Le train s'engage entre des roches arides. Nous voici à Bittir, puis dans la vallée des Roses ; nous touchons aux premiers contreforts des monts de Judée.

Quelle aridité ! Partout un terrain inculte ; des pierres et des roches calcinées par le soleil. Nous traversons des gorges resserrées d'une sauvage beauté ; les chapelets, les prières, les cantiques ont cessé ; nous sommes tous debout.

Voici la plaine de Raphaïm : là-bas, c'est la tour des Russes, puis Notre-Dame de France, le dôme du Saint-Sépulcre, c'est Jérusalem ! Nous touchons au but tant désiré. Une émotion indicible nous saisit le cœur. Notre âme est dans nos yeux.

La tour de David est devant nous, car la gare terminus est à 5oo mètres en contre-bas sur la route de Bethléem. Le train s'arrête au chant du *Lætatus sum*.

La station est envahie par une foule bariolée : les importuns, — et il n'en manque pas, sont vigoureu-

sement cravachés par les policiers turcs ; c'est un
moyen nécessaire dans ce pays, paraît-il. Les représentants de son excellence le consul général, des révérends pères franciscains et des maisons religieuses de
la ville nous souhaitent la bienvenue.

3. Arrivée

Aussitôt, à travers un nuage de poussière, des voitures nous transportent à Notre-Dame de France.
Là, devant les chambres proprettes, les immenses galeries et les larges divans, devant l'accueil magnifique,
généreux et dévoué des pères de l'Assomption, nous
avons oublié un instant nos fatigues pour nous ins-
taller comme chez nous.

L'hôtellerie des pèlerins français est bâtie sur le
plateau de Gareb ; c'est, en dehors de l'enceinte de la
ville, l'emplacement du camp des anciens croisés ; on
l'appelle Notre-Dame de France. Cette vaste construction à quatre étages peut contenir trois à quatre
cents cellules ; c'est avec les offrandes des fidèles que
les pères de l'Assomption l'ont élevée. Elle est ouverte depuis une dizaine d'années.

Chaque nationalité avait sa résidence auparavant ;
mais les français descendaient à la Casa Nova, chez
les pères franciscains, presque tous italiens. Aujour-
d'hui nous sommes fiers d'avoir une hôtellerie à
nous, et surtout d'y trouver des religieux pour nous
servir et nous guider. Après un instant de repos, nous
allons prendre un repas bien nécessaire ; nous som-

mes tous parfaitement à l'aise dans un immense réfectoire voûté et frais; ce qui fait grand plaisir.

On nous distribue imprimé le programme détaillé de chacune de nos journées ; elles seront certes bien remplies. Nous trouverons malgré cela le temps de satisfaire nos dévotions particulières et surtout de multiplier nos visites dans les sanctuaires principaux.

Comme sur le bateau, la vie de famille va continuer pour nous, ce sera délicieux. Sur la *Nef*, bien des toasts avaient été portés : leur but était de nous rendre patients, de donner aux garçons de service le temps de s'éponger, de respirer et surtout de renouveler souvent les carafes d'une eau si nécessaire à nos gosiers altérés.

Ici, au dessert, les toasts ont un charme particulier: le premier nous a émus jusqu'aux larmes, car il nous rappelait la patrie absente. En guise de bienvenue et de bon accueil, les jeunes novices de l'établissement nous ont chanté des strophes exquises que je regrette de ne pouvoir vous mettre sous les yeux. Oh! les belles voix! oh! la ravissante harmonie rendue avec tant d'âme et tant de cœur, comme du reste tous les chants qui ont été exécutés en notre honneur !

Après les discours, notre directeur nous donne quelques avis : il nous prévient que l'hôpital français est à côté, à deux pas ; et que M. le comte de Piellat met toutes les religieuses à notre disposition. Prendre très souvent une infusion de camomille, c'est le seul moyen d'éviter la fatigue et la maladie. La camomille de Terre Sainte a, paraît-il, une vertu spéciale

pour renouveler le sang et entretenir la santé des pèlerins. Aussi nous allons user, et quelquefois même
abuser de ce breuvage délicieux.

A bord, c'était le café ; ici ce sera la camomille, le
soir surtout. La supérieure de l'hôpital Saint-Louis,
la sœur Joséphine circulait autour de nous, et faisait
connaissance avec ses compatriotes.

Aussitôt après le repas nous la suivons, afin de
prendre le liquide bienfaisant. Tous les jours et plusieurs fois le jour même, nous en trouvons de préparé.

La bonne sœur, toujours dévouée, nous accompagnera partout avec sa merveilleuse liqueur ; elle par-
tagera toutes nos fatigues, et prendra part à toutes
nos excursions. C'est sous le nom de *sœur Camomille*
qu'elle est connue par tous les pèlerins anciens et
nouveaux. Sa présence rassure les malades et les indisposés, car elle est très habile en médecine ; devant
son expérience le docteur Cogrel lui-même s'est
incliné.

4. Entrée solennelle au Saint-Sépulcre

Vers les quatre heures, une fois notre installation
terminée, branle-bas dans l'hôtellerie ; toutes les cloches nous appellent : c'est le moment de faire notre
entrée solennelle au Saint-Sépulcre. Nous nous réu-
nissons à la chapelle afin d'organiser la procession
qui va se dérouler à travers les rues de la sainte cité.

Le drapeau national ouvre la marche porté par nos

vaillants jeunes gens ; la bannière de l'hommage solennel (Cœur de Jésus, sauvez la France) est arborée.

En tête avec les pèlerines sont les orphelines des
sœurs de la Charité ; nous avons avec nous de nombreux français appartenant aux couvents religieux de
Jérusalem. Nous passons, non par la porte nouvellement ouverte en face de Notre-Dame de France,
mais par la porte de Jaffa, près de la vieille tour de
David. Nous traversons la principale rue de la ville en
ordre parfait, protégés par la police turque qui n'a
pas à intervenir.

La foule se presse curieuse sur notre passage ; il y
a du monde partout, au coin des rues, sur les terrasses, aux balcons. Tous les rites et toutes les reli-
gions sont représentés : Juifs au chapeau de feutre et
à la longue pelisse, musulmans au fez rouge ou turban;
bédouins avec leurs abbayés ou couffiehs en poils de
chameau ; les femmes sont en général drapées dans
un long voile blanc.

Nous rencontrons des chameaux accroupis qui allongent leur vilaine tête, des ânes qui, sous leur lourde
charge, vont se poussant et se heurtant. Nous avançons
lentement par des rues sombres et tortueuses, voûtées
quelquefois ; au milieu de bazars plus ou moins sordides, entre des murs vieux et étroits, sous des portes
basses et par des escaliers aux marches usées.

Nos hymnes et nos cantiques « Catholiques et français toujours ! — Je suis chrétien, — Nous voulons
Dieu », sont chantés avec entrain, religieusement
écoutés et font impression. Grecs unis ou non unis,
Juifs, Arméniens, musulmans nous témoignent du

respect ; on sent que la France est toujours regardée comme la protectrice de la religion catholique ; et on sent aussi que, par tradition, ce peuple a l'instinct de la prière. Aussi le protestantisme n'a pas de prise sur lui ; il est presque sans pratique et sans vie, trop froid.

Instinctivement nous pensons à notre pays où,

LA PROCESSION DANS LES MURS DE JÉRUSALEM
(Cliché de M. Dauphin.)

contre les catholiques seuls, règne l'intolérance et les lois d'exception. Pauvre France ! Que de crimes et d'absurdités on te fait commettre sous l'étiquette menteuse de liberté, d'égalité et de fraternité !

Ici je prends la liberté d'ouvrir une parenthèse qu'on voudra bien me pardonner : Pendant tout notre voyage, nous avons été libres de prier publiquement.

Et cependant, nous avons traversé plusieurs nations intolérantes par nature, comme la Turquie. Là, en effet, on a tout à redouter du fanatisme musulman ! Eh bien ! pas une insulte, pas un cri contre nous ! Des injures nous ont été adressées dans un seul endroit, c'est à Marseille à notre arrivée, là même où nous aurions dû recevoir le plus sympathique accueil. Aussi le rouge de la honte nous est monté au front ; alors seulement nous avons craint pour l'honneur de notre pays qui se prétend civilisé.

Mais j'oublie le tombeau du Christ sur lequel je vais poser mes lèvres ; j'oublie que je dois prier pour les miens et représenter la France des Croisés. Voici la basilique du Saint-Sépulcre où le R. Père custode nous attend : l'émotion s'empare de nous ; les yeux se mouillent quand nous entrons sous ces grandes murailles noircies par le temps et par les foules qui sont venues s'y prosterner. C'est là qu'est renfermé le tombeau trois fois saint du Sauveur.

En ce moment mes sensations ne peuvent être analysées, tellement elles sont vives et variées. Nous chantons le *Te Deum* à pleine voix. Aussitôt après, un des religieux franciscains, un Français, le R. P. François-Joseph nous adresse une émouvante allocution. Il parle de l'état misérable de l'édifice, causé par les dissensions des diverses nations.

Le Père Marie-Léopold répond avec tout son cœur en traduisant les sentiments des pèlerins à la vue de ce sanctuaire si vénéré. Nous tombons à genoux pour prier ; les nôtres ne sont pas oubliés en ce moment solennel. Une foule bigarrée nous a suivis ; elle oc-

cupe les couloirs, les galeries et le chœur des Grecs.
C'est un coup d'œil vraiment pittoresque.

A la hâte nous gravissons le Calvaire, et nous visitons les différents autels. Oh ! les douces impressions !
Oh ! les réconfortants souvenirs ! C'est là que le sol a
été imprégné du sang de Jésus, là qu'il a souffert,
qu'il a été crucifié et qu'il est mort ; c'est ici qu'il a
été embaumé, enseveli et qu'il est ressuscité. C'est là
aussi que Marie a pleuré, que son âme a été transpercée par un glaive de douleurs ; c'est ici que le roc
s'est entr'ouvert, que la terre a tremblé et que le voile
du temple s'est déchiré.

Les preuves sont là, fidèlement et traditionnellement conservées par un peuple dont les types diffèrent de coutumes, de mœurs et de religion. Les preuves sont visibles et palpables ; l'évangile à la main, on
suit pas à pas les traces du Christ et on comprend
alors le mystère de sa vie et de sa mort. Oh ! comme
il fait bon vivre ici ! On voudrait y mourir, car on s'y
trouve plus rapproché du ciel !

Mais il faut se hâter de retourner à Notre-Dame-de-France où mille attentions délicates nous sont prodiguées. Pendant le dîner on nous régale encore de
poésies et de chants. Après les grâces, les becs lumineux s'éteignent instantanément, et dans le fond du
réfectoire apparaît aussitôt une croix immense formée
de trois cents lampes électriques. C'est féerique : nous
chantons trois fois : *O crux ave !* Puis, la croix disparaît, les becs éclairent à nouveau ; enfin, comme sur
mer, la récréation et le salut du saint Sacrement terminent la soirée.

CHAPITRE X

1. Messe au Saint-Sépulcre. — 2. Sa description. — 3. Visites particulières, ancien temple et remparts. — 4. Mosquée d'Omar. — 5. Souterrains.

Samedi, 26 août.

1. MESSE AU SAINT-SÉPULCRE

LA Palestine est un pays singulier : bornée au sud par la Perse, au nord par la Méditerranée, à l'est par la Syrie et à l'ouest par l'Egypte à laquelle l'unissait autrefois l'isthme de Suez qui reliait ainsi l'Afrique à l'Asie, elle est aujourd'hui sous la dépendance du sultan de Constantinople, souverain de Turquie. Elle a subi bien des vicissitudes et a été le théâtre de bien des batailles depuis Moïse jusqu'à Napoléon Ier.

Aussi dans cette contrée on ne voit que ruines amoncelées, murailles éventrées, pierres tumulaires et forteresses écroulées. Partout des décombres, des vestiges attestant et sa décadence et son antique splendeur. Les croisades elles-mêmes ont laissé leur empreinte un peu partout. Mais ce serait dépasser le

but que je me propose que de refaire l'histoire de ce
sol sacré.

D'autres plus compétents s'en sont chargés avec
succès : il me suffit de dire que, pendant l'été, on ne
retrouve un peu de verdure que sur les bords de la
mer ou dans les vallons privilégiés, comme Nazareth
et Bethléem. Ailleurs, c'est triste et dénudé. Pendant
la belle saison les torrents sont desséchés ; l'eau manque, car depuis mars jusqu'en novembre il ne pleut
jamais. Le ciel est toujours pur ; le vent assez fort
soulève une poussière aveuglante ; et les quelques
maigres et rares oliviers que l'on rencontre çà et là
sont presque toujours poudrés à blanc.

Sur les hauteurs comme à Jérusalem, il fait une
chaleur torride ; pendant la nuit seulement, on a un
peu de fraîcheur, mais il faut s'en défier. La cité
sainte est entourée de murailles solides et crénelées
avec chemin de ronde autour ; elles ne résisteraient
pas aujourd'hui à notre artillerie moderne. Les forti-
fications actuelles datent du seizième siècle. L'enceinte
de la ville a été modifiée ; elle n'englobe plus le Cénacle et le mont Sion comme autrefois ; mais elle renferme le Calvaire tout entier.

Les constructions neuves les plus remarquables
sont presque toutes en dehors des remparts. Notre-
Dame-de-France où nous sommes hospitalisés domine
tous les environs : du haut de ses terrasses et de ses
deux tours blanches, on a un magnifique coup d'œil ;
pour être achevée il ne lui manque plus que la tou-
relle du milieu supportant la statue de la Vierge
bénie.

Après la demeure du sultan, c'est la seule qui soit éclairée à l'électricité dans toute la contrée. La chapelle gothique, située au-dessus du réfectoire, est superbe ; nous l'admirons au salut tous les soirs :

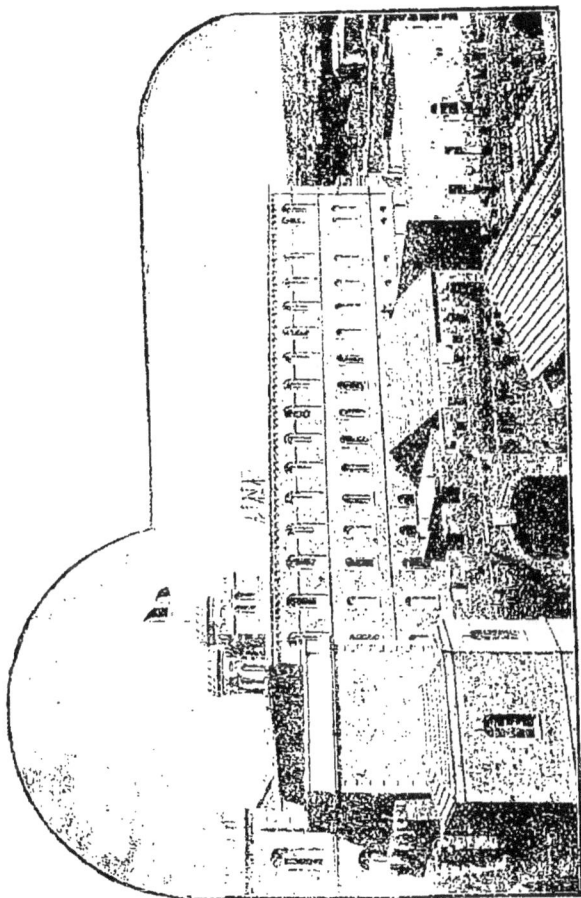

NOTRE-DAME DE FRANCE
(Cliché de M. Dauphin.)

au-dessus du maître-autel chargé de lumières, l'ogive est enserrée par un cordon électrique ; un peu plus haut, un autre cordon illumine la niche où, dans toute sa grâce, apparaît la statue de Notre-Dame du

Salut. Par un rescrit de 1895, le Pape a transféré a cette chapelle neuve toutes les indulgences attachées par ses prédécesseurs au tombeau de la Vierge Marie, détenu, hélas ! par les Grecs schismatiques ou non-unis.

Les remparts de la ville sont très solides ; leurs créneaux sont très bien conservés ; les portes sont artistement ornées et sculptées. On remarque celles de Sion au sud-ouest, de Jaffa à l'ouest près de la tour de David, de Damas au nord-ouest, et de Sitti-Mariam au nord-est.

La messe des pèlerins aujourd'hui devait être chantée au Saint-Sépulcre. Le lieu qui possède les plus grands souvenirs chrétiens méritait justement d'avoir les premiers honneurs de la part des descendants des Croisés. Le souvenir de nos ancêtres et de Godefroy de Bouillon planait sur nous. Tandis que la prière monte vers le ciel, je vais essayer de faire une description détaillée mais assez compliquée de la Basilique la plus sainte que les siècles nous aient conservée.

2. Sa Description

Elle occupe toute la colline du Calvaire ; c'est un assemblage de constructions sans ordre et sans unité sous un toit commun. En réalité, les trois églises du Saint-Sépulcre, du Calvaire et de l'Invention de la Sainte-Croix sont réunies ensemble et forment un plan irrégulier. Avec un peu d'attention cependant, on reconnaît la forme générale de la croix latine, et par suite le travail des Croisés, au moment où l'ogive se montrait à côté du plein cintre ; en voici la preuve :

Le monument possède deux absides circulaires, l'une à l'Orient et l'autre à l'Occident. Cette dernière renferme le saint tombeau abrité par un édicule en marbre, recouvert de la grande coupole et entouré de chapelles. L'abside orientale précédée de l'ancien chœur des chanoines du Saint-Sépulcre, et appelée *Catholicon* par les Grecs non-unis à qui elle appartient, s'ouvre par cinq arcades autour de l'autel appelé le saint des saints. Cette abside est accompagnée extérieurement d'un déambulatoire qui donne accès à trois petites chapelles circulaires.

Le chœur des Grecs dont le milieu est occupé par un globe appelé « le nombril de la terre », qu'on peut visiter moyennant finances, est surmonté d'une coupole dont le centre, à leurs yeux, passe pour être celui de l'univers. Cette croyance est très ancienne en Orient : sans nous attarder à discuter la valeur matérielle de cette affirmation, nous concédons volontiers qu'on puisse y attacher un sens mystique et moral.

« Le Calvaire en effet est le point où sont fixés les regards de tous : là, s'est opéré le salut du genre humain. La croix est le terme de l'ancien monde et le point de départ d'un monde nouveau. Toutes les confessions chrétiennes y sont représentées et s'en disputent un lambeau. Grecs unis et non unis, Russes orthodoxes, Latins, Arméniens, Abyssins, Cophtes, protestants, Allemands et Français se pressent pour avoir une chapelle, un édicule, un couvent sur le terrain sacré.

« Tous veulent être avec Jésus, c'est-à-dire avec la vérité ; tous, quels qu'ils soient, veulent posséder ce tombeau divin dont la gloire rayonne sur le monde entier. »

Non loin de la porte principale qui s'ouvre au Midi, se trouvent les degrés qui mènent au Calvaire. Cette seconde église touche le côté méridional du chœur des Grecs ; elle est à deux étages. Le rez-de-chaussée forme la chapelle d'Adam, et renfermait avant le funeste incendie de 1808, les tombeaux de quelques chevaliers chrétiens, notamment ceux de Godefroy de Bouillon et de son frère Baudouin.

Ces monuments ont été détruits par les schismatiques grecs, dont l'habituelle mauvaise foi s'est exercée en Palestine si souvent contre les catholiques, et qui, à la faveur des troubles et des guerres, nous ont enlevé la possession de certains sanctuaires vénérés. D'eux surtout sont arrivées les principales difficultés et les plus vives divisions entre chrétiens.

D'après les Juifs, dit saint Basile, le Calvaire appelé *Cranion* (ou le lieu de crâne) est l'endroit où Adam fut enseveli. Le sang du Christ, ajoute saint Epiphane, coula sur le tombeau du premier homme, pour lui procurer, ainsi qu'à toute sa race, l'espérance de la vie éternelle.

Douze à dix-huit marches escarpées, quelques-unes usées sous les genoux des pèlerins, conduisent sur la plateforme où Jésus fut crucifié. On peut y accéder de l'autre côté par l'escalier dit : des Grecs. La

plateforme du Calvaire a quinze mètres carrés environ.
Deux chapelles la divisent en deux parties ; l'une où
Jésus fut attaché à la croix, et l'autre où la croix fut
plantée.

Tout à côté et un peu en dehors est la chapelle de
Notre-Dame des Douleurs : c'est là que, pendant le
crucifiement, se tenait la très sainte Vierge en compagnie des saintes femmes et de saint Jean. Près de
l'excavation pratiquée dans le rocher pour recevoir le
pied de la croix, commence une fissure large et profonde qui se continue jusqu'au rez-de-chaussée, que
l'on peut voir et toucher. C'est l'un des rochers qui
se fendirent à la mort de Jésus-Christ, suivant la
tradition.

Ce déchirement extraordinaire, la science n'a pu le
démentir, encore moins le démontrer. Addison ra-
conte qu'un grand savant, naturaliste anglais et pro-
testant, tournait en ridicule les récits des prêtres
catholiques, tandis qu'il cheminait vers l'Eglise du
Saint-Sépulcre. Mais à l'aspect des ruptures du rocher qui croisent les veines, au lieu de suivre le lit
de la pierre, comme cela a lieu dans les tremblements
de terre, il s'écria : « Je commence à être chrétien. »

A l'exception de deux ou trois points, le Golgotha
est recouvert en entier de marbres précieux; par ce
moyen, on le protège contre la ferveur inconsidérée
des pèlerins qui, à force d'en ôter des parcelles, auraient fini par le faire disparaître tout entier.

Derrière l'abside orientale, le déambulatoire nous
conduit entre deux autels à la porte de l'église Sainte-
Hélène : il faut descendre vingt-huit marches, toujours

dans la direction de l'Est, pour arriver à la grotte de l'invention de la sainte Croix. Tous les caractères d'une architecture très ancienne y sont très apparents.

Passons à l'occident, du côté opposé : à quarante pas environ du Calvaire, au milieu de la grande coupole, se trouve le sépulcre divin recouvert d'un édicule indépendant en marbre jaune et blanc. Ce petit édifice est intérieurement divisé en deux parties : le vestibule ou chapelle de l'ange et la chambre sépulcrale. La première partie a trois mètres carrés environ ; au milieu une colonne supporte une partie de la meule roulante qui, selon la coutume juive, fermait le lieu où le corps reposait.

C'est là que se tenait l'ange qui annonça aux saintes femmes la résurrection du Sauveur.

Au delà du vestibule, il faut courber la tête pour entrer dans la chambre proprement dite. A droite le tombeau apparaît recouvert de marbre blanc ainsi que la voûte et les parois. Si le roc ayant servi de couche était à découvert, on apercevrait encore dans tous ses contours et mêlées aux aromates les traces du sang divin. Dans cette étroite enceinte, quatre personnes seulement peuvent se tenir à genoux.

L'édicule tout entier n'a rien de bien artistique ; il forme une chapelle allongée de huit mètres sur cinq. Le dôme sphéroïde qui le surmonte, donne à tout l'ensemble un aspect lourd et écrasé. Mais j'oublie de suivre mes compagnons de pèlerinage ; j'aurai plus tard l'occasion de détailler davantage la description sommaire que je viens d'ébaucher du sanctuaire le plus vénéré de l'univers.

Comment reproduire les impressions que j'éprou-
vais en baisant la place où avait, pendant trois jours,
reposé le corps de mon Dieu, et d'où il se releva res-

ÉDICULE DU SAINT-SÉPULCRE

suscité et glorieux? Avec quelle émotion ainsi que
les autres pèlerins, je demandais au Christ, vainqueur
du péché, de l'enfer et de la mort, de briser les chaînes

de l'indifférence et du respect humain qui retiennent captives les âmes de tant de fidèles, de tant d'amis et de parents, et aussi, pourquoi ne pas le dire? d'un si grand nombre de mes paroissiens bien-aimés!

« O Seigneur, daignez briser les pierres du sépulcre qui recouvre tant d'âmes chrétiennes par le baptême, mais mortes à la vie de la grâce, surtout dans ce noble et généreux pays de France, votre nation privilégiée. »

3. Visites particulières

En sortant du Saint-Sépulcre, nous sommes allés au Patriarcat latin. Sa Béatitude Mgr Piavi, un italien de l'ordre des franciscains, nous a adressé de paternelle paroles et nous a donné ses meilleures bénédictions. Son palais, construction récente, abrite les séminaristes et les chanoines. A côté, nous entrons dans la cathédrale de style gothique, mais dont l'ornementation italienne est déplacée sous des voûtes ogivales.

Un peu plus loin, nous faisons une station chez les frères des écoles chrétiennes, dont l'influence est si grande, et qui font tant aimer notre beau pays. Le directeur, le frère Evagre, un vieillard à longue barbe blanche, nous accueille avec la plus grande cordialité. Nous parcourons l'établissement, sans oublier la chapelle, les terrasses et le jardin.

Une visite très intéressante, même au point de vue religieux, devait occuper notre soirée : nous devions nous rendre à la mosquée d'Omar. Le matin, c'est la loi nouvelle, le soir, c'est l'ancienne loi qui doit nous occuper.

Dans le temple Israëlite, en effet, Marie fut admise parmi les Vierges consacrées au Seigneur, Jésus fut présenté et retrouvé parmi les docteurs ; là, il chassa les marchands et les changeurs, pardonna à la femme coupable et enseigna sa doctrine. Il serait trop long d'entreprendre l'histoire de ce temple fameux, si célèbre, si riche et si précieux ; temple désiré par David, construit par Salomon, réédifié par Zorobabel après la captivité de Babylone, embelli par Hérode et détruit par Titus. Je laisserai aussi de côté les sacrilèges essais de sa restauration entrepris inutilement par les juifs et Julien l'Apostat.

4° Mosquées d'Omar et d'El-Aksa

L'esplanade du temple, appelée *Haram-ech-chérif*, c'est-à-dire noble sanctuaire, par les musulmans, n'était guère abordable avant la guerre de Crimée. Les Turcs auraient infailliblement massacré l'infidèle ou *ghiaour* (chien) qui aurait eu l'audace de s'y présenter. Aujourd'hui, la prohibition n'existe plus : moyennant la forte somme et une permission du *pacha*, on peut y pénétrer en se soumettant à certaines exigences absurdes ou grotesques.

Le fils de Mahomet regarde bien un peu de travers ; il demande souvent : « *Bakchiche* » ; mais on n'y fait aucune attention. Quelquefois, pour plus de sécurité, les *cawas* ou gendarmes d'honneur du consulat nous précèdent : à la main, une longue canne à pomme d'argent ; au côté, un large cimeterre à fourreau ciselé ; leur veste, à manches flottantes, comme celle des anciens janissaires, de couleur rouge et bleue soutachée d'or, leur donne un air imposant et majestueux.

Par la porte occidentale, dite des *Maugrabins*, nous entrons sur l'immense esplanade, toujours conduits et guidés par les intrépides petits frères de l'Assomption. Le mont Moriah est une sorte de quadrilatère de 1.600 mètres de contour, 500 mètres de long sur 300 mètres de large. Tout près des deux principaux édifices, les mosquées El-Aksa et d'Omar, s'élèvent de petites chapelles, des collèges de derviches, de gracieux portiques, et des tombeaux de *santons* ou moines mahométans.

A notre gauche apparaît la haute tour Antonia qui sert d'observatoire aux soldats du Croissant, et qui commande toute la vallée de Josaphat. Pour arriver au monument, on monte de quatre côtés par un bel escalier de marbre qui conduit à une plate-forme précédée d'un portique avec arcades sveltes et gracieuses.

A l'est, là où se trouvait l'autel des holocaustes, dix–sept colonnades supportent un petit édifice à dix pans.

C'est de cette terrasse, où on lui avait édifié une chapelle, que fut précipité du temple, et assommé par un foulon, saint Jacques le Mineur, premier évêque de Jérusalem. Avant d'entrer dans le temple, nous sommes obligés d'ôter notre chaussure ; les disciples du Coran le veulent ainsi. Comme les Juifs, ils restent

couverts, mais ils vont prier pieds nus. Seules les babouches sont permises; ils en mettent à notre disposition, moyennant *Bakchiche*, bien entendu. J'avais
heureusement pris la précaution d'en acheter et de
les avoir aux pieds; je m'en suis bien trouvé.

LA MOSQUÉE D'OMAR.
(Cliché de Mlle Lafon).

Je ne parle pas du père Capucin; en cette occurence,
ses sandales étaient pour lui un véritable passe-par-
tout. La plupart des nôtres qui avaient emprunté et
loué les pantoufles éculées et malpropres qu'on leur

offrait, portaient leurs souliers à la main, n'osant, et pour cause, les confier à la garde de ces cerbères rapaces et sournois. Il était très curieux, pendant cette visite, de voir nos pèlerins, et surtout nos pèlerines, chargés de ces gants d'un nouveau genre, lesquels, il est vrai, devaient se trouver très honorés d'avoir changé de contenu, et d'être montés d'un degré dans le code de la civilité.

La mosquée d'Omar, ou *coupole de la Roche*, la plus vénérée après celles de la Mecque et de Médine, forme un octogone régulier, de style bysantin. Elle est entourée d'une plate-forme élégante, sur laquelle quatre portes magistrales s'ouvrent orientées aux quatre points cardinaux. Chaque portail de marbre et de porphyre est orné de moulures et encadré par six colonnes avec assises et chapiteaux.

A l'extérieur, les murs sont recouverts de carreaux de faïence ou de porcelaine émaillée, peints de différentes couleurs et ornés d'arabesques ou de diverses inscriptions tirées du Coran. L'intérieur est très singulier pour des européens. La grande coupole, de 14 mètres de diamètre environ, repose sur quatre piliers et douze colonnes antiques et d'ordre corinthien, qui forment l'enceinte circulaire centrale.

Une seconde rangée de colonnes et de piliers forme une nef assez étendue; enfin, une troisième nef existe entre ces piliers et la muraille, toujours disposée selon la forme octogonale.

A l'intérieur, la seule décoration consiste en une quantité de lampes, en arabesques de couleurs variées, et en textes du Coran écrits en lettres d'or.

En résumé, ce grandiose et superbe monument est formé de trois enceintes concentriques, dans lesquelles règne un jour mystérieux produit par des vitraux excessivement curieux. Ceux-ci, d'une facture spéciale, forment des dessins arabes vraiment fantastiques; leurs feux multicolores tamisent d'une façon merveilleuse l'éclatante lumière de l'Orient.

Près de la porte de l'Occident, il y a une grande pierre en marbre noir, percée de vingt-trois trous. Il semble qu'autrefois il y ait eu des clous dorés dans ces ouvertures, comme de fait il en reste encore deux. Quand ces derniers auront disparu, ou seront usés, disent les musulmans, ce sera la fin du monde. Une grille artistique laissée par les croisés, car c'est un travail achevé de ferronnerie française du douzième siècle, entoure la roche vénérée ou *Sakhrah*.

Cette dernière est un grand bloc de pierre calcaire. Une tradition très ancienne en fait l'autel du sacrifice d'Abraham, tandis qu'une autre le met au Calvaire. Au dessous de la roche est une grotte; là, les mahométans nous montrent certains souvenirs, d'après eux très religieux, mais qui ne sont que des légendes plus ou moins absurdes. Ainsi, la *Sakhrah* suivait au ciel Mahomet, lorsque celui-ci lui ordonna de retourner sur la terre.

Alors, sans appui, à quelques pieds au-dessus du sol, elle resta suspendue en l'air. Pour ne pas effrayer les femmes, on dut l'appuyer sur un pilier. En remontant, on nous montre sur la pierre l'étendard de Mahomet et le drapeau d'Omar. Les autels et les statues des Croisés ont disparu; Mahomet défend la

représentation de la figure humaine et le culte public ;
les mosquées ne sont que des salles de prière.

Dans celle-ci, il y a des dessins dont les lignes, les
combinaisons et les tons sont variés à l'infini. La décoration en mosaïque est admirable, et l'aspect génér-
ral très imposant. Au sommet de la coupole, la croix
de cuivre doré est remplacée par le Croissant.

Nous ne nous attardons pas à la colonne de Salomon, au puits des âmes, au pont de Sirath et autres
absurdités.

En sortant, nous allons sur la partie méridionale
de l'esplanade visiter la mosquée El-Aksa (l'éloignée).
De toutes, c'est, en effet, celle qui est le plus au Nord.
Nous passons près d'une belle chaire en marbre
blanc : c'est là que les imans prêchent en plein air
chaque vendredi du rhamadan. Cette seconde mosquée est l'ancienne Eglise de la Présentation de
Marie. La façade est très remarquable. Le porche
voûté, avec sept ogives correspondant à sept portes
nous rappelle une église gothique. L'édifice a, du
nord au midi, 85 mètres de longueur sur 55 mètres
de largeur.

A l'intérieur s'allongent sept nefs séparées par plusieurs piliers et quarante colonnes arrachées à des
monuments antiques. Les trois nefs centrales appar-
tenaient à l'ancienne basilique chrétienne. C'est sur
cet emplacement de l'ancien temple juif que la Vierge
a vécu et a consacré à Dieu les premières années de
sa vie. Le transept est surmonté d'une coupole en
plomb moins élevée que sa voisine.

Dans les temples musulmans le sol est recouvert de

nattes ou de tapis. Comme emblème religieux, il y a une tribune (*member*) pour la lecture du Coran, et une espèce de niche tournée vers la Mecque ; c'est le *mihrab* ou saint des saints, devant lequel les fils de l'Islam font leurs dévotions. A côté de cette niche, nous admirons un chef-d'œuvre du xiiᵉ siècle, une magnifique chaire en bois sculpté avec incrustations de nacre et d'ivoire.

Derrière on montre l'empreinte d'un pied de Jésus, détachée, dit-on, de la roche du mont des Oliviers. Nous voyons un iman qui explique le Coran à quelques auditeurs assis les jambes croisées dans la nef. Pas de femmes : on sait qu'en Turquie, elles sont considérées comme des esclaves, soumises aux caprices d'un maître, et assujetties aux travaux les plus durs. Pour elles, le paradis n'existe pas. La compagne de l'homme avait bien besoin du christianisme pour l'affranchir, l'élever au rang qu'elle mérite et la délivrer d'un joug odieux.

5. Visite des souterrains ou Ecuries de Salomon

Nous nous retirons enfin, quelques-uns très heureux de quitter les énormes savates ou les fameux escarpins. Bientôt nous descendons dans un immense souterrain situé au-dessous de l'esplanade, dont les colonnes forment des voûtes à plein cintre. Avant d'arriver au bas, on nous montre une sorte de large coquille en pierre, surmontée d'un baldaquin. Elle aurait servi de berceau à l'enfant Jésus, après sa présentation au temple.

Notre petite Augusta ne manque pas l'occasion de s'y étendre sous prétexte de se reposer. Elle est heureuse de voir que nos sourires approbatifs lui donnent raison. Le souterrain forme d'immenses galeries dites *Ecuries de Salomon*. Revenus au soleil, nous prenons le chemin de ronde du sud au nord, en longeant le rempart oriental qui surplombe le torrent de Cédron.

Là, on jouit du panorama des vallées du Hinnon et de Josaphat; cette dernière communiquait avec la plateforme du temple par la fameuse *porte dorée* que les Turcs ont murée à l'extérieur. Ils sont persuadés que par cette porte célèbre, les chrétiens rentreront un jour en vainqueurs, et ils croient avoir conjuré le danger.

Du temps des latins, ce portique dont les détails architectoniques sont fort riches ne s'ouvrait que deux fois : le dimanche des Rameaux et la fête de l'exaltation de la sainte croix. C'est là que Joachim apprit d'un ange la fin de la stérilité de son épouse. C'est par là, que le Sauveur entra royalement à Jérusalem, et qu'en 628, l'empereur Heraclius rapporta un morceau de la vraie croix enlevée aux Perses.

Mais voilà une journée bien employée : il s est temps de rentrer. Quoique fatigués nous passons par le Saint-Sépulcre pour y saluer la victoire de Jésus sur la mort. Au dîner, c'est un vraï concert : orgue, violoncelle, violon, chants, célèbrent le centenaire de la prise de Jérusalem.

CHAPITRE XI

1. Saint-Etienne. — 2. Tombeau des rois. — 3. Description détaillée de la basilique du Saint-Sépulcre. — 4. Couvents. — 5. Considérations générales.

Dimanche, 27 août.

1. Saint-Etienne

QUATRE HEURES du matin, au brusque lever du soleil, car on sait qu'en Orient l'aurore et le crépuscule ne sont pas connus, nous entendons du bruit à la porte de notre hôtellerie. C'est un tapage assourdissant : bêtes et gens s'entendent pour nous réveiller, et tous les jours il en sera ainsi. Des voitures, des chevaux, des ânes sont là depuis longtemps déjà ; leurs conducteurs se disputent, crient et deviennent importuns à notre sortie.

Heureusement les courbaches de nos gardiens ne sont pas éloignées ; les marchés entrepris avec nous sont respectés, et notre liberté n'en est pas moins sauvegardée.

La messe des pèlerins se célèbre aujourd'hui à

Saint-Etienne, là où fut lapidé le premier martyr.
La basilique n'est pas encore achevée ; il y a des écha-
faudages à l'intérieur ; mais c'est dans une nef latérale que nous nous placerons.

Nous descendons la pente raide qui y conduit :
nous longeons les remparts à notre droite, tandis
que de l'autre côté se dresse le mont Scopus, où
Alexandre le Grand fut salué par le grand'prêtre
Jaddus. Après avoir dépassé la porte de Damas, plus
belle et plus fortifiée que les autres, nous tournons à
gauche pour monter à la résidence des R. P. dominicains.

Aborder une terre française surtout à l'étranger, est
un plaisir qu'on goûte avec ravissement. Aussi M. Auzépy, consul général de France assiste à la cérémonie. Saint-Etienne s'annonce comme l'un des plus
beaux monuments religieux de Jérusalem, bien digne
de l'église antique dont on voit encore les mosaïques
nouvellement découvertes. C'est pendant les fouilles
qu'on a trouvé les fondations de la basilique Eu-
doxienne.

Ce monument très élevé a trois nefs ; d'élégants
contreforts ne nuisent pas à la beauté du plan ; ses
matériaux sont très riches ; ce sera le monument moderne le plus grandiose et le plus magnifique de la
cité. Après la cérémonie, la bibliothèque ou plutôt le
musée du couvent, transformé en réfectoire, reçoit les
pèlerins ; on leur offre abondant et généreux le déjeûner du matin.

Le R. P. Le Vigoureux, prieur, nous adresse d'éloquentes paroles ; il nous salue fraternellement et res-

pectueusement, ainsi que le consul qui, depuis notre
arrivée, prend pour la première fois contact avec nous.
Dans sa réponse le père Marie-Léopold remercie, et
offre au représentant de la France le témoignage respectueux de sa reconnaissance pour les services qu'il
rend à la cause catholique.

2. Tombeau des rois

Après avoir contemplé des ruines, des colonnes et
chapiteaux, nous suivons une ancienne voie romaine
étroite et mal entretenue sur la route de Naplouse,
afin de visiter une propriété française, le *tombeau des
rois*.

Entre deux murailles rocheuses, nous trouvons un
escalier de vingt-deux degrés qui aboutit à une vaste
cour carrée. Au-dessus d'un large vestibule, on voit
sur le rocher, une frise délicatement sculptée, ayant
en relief des fruits, du feuillage et une grappe de
raisins, l'emblème de la terre promise.

Les cryptes sont derrière : on s'y rend par un soupi-
rail précédant une antichambre carrée. C'est le premier
caveau suivi par sept autres plus petits. Dans chacun
d'eux sont formées vingt-quatre tombes en forme de
niches avec banquettes pour recevoir les cercueils.
Les fours sont creusés dans le roc vif et sont fermés
par une meule à moulin. Nous savons que les rois de
Juda n'ont pas été déposés là, car les tombeaux de
David et de sa dynastie sont sur le mont Sion. Cette

nécropole somptueuse a dû être occupée surtout par
les rois Asmonéens et Assyriens.

3. Etude détaillée de la basilique du Saint-Sépulcre

Le soir nous faisons à la basilique du Saint-Sépulcre
une visite détaillée sous la conduite du père Germer.
J'ai déjà fait une description générale de ce lieu trois
fois saint ; je crois utile et instructif d'en faire une
étude approfondie. Au nord se trouve la chapelle des
Latins avec une sacristie, et un petit couvent où résident quelques franciscains préposés à la garde du
monument. Au Midi est un couvent Grec près de la
tour ou clocher; voilà pour l'ensemble.

Après le fatal incendie de 1808, les différentes
nations ont adopté une architecture de mauvais goût
pour réparer le bâtiment primitif. On arrive d'abord
sur le parvis, place carrée de 20 mètres environ ; de
larges dalles lui servent de pavé.

Entre des socles de colonnes qui jadis supportaient
des églises se tiennent de nombreux marchands d'objets de piété. Des constructions bâtardes et parasites
enserrent la façade principale située au sud, dont
l'ornementation et l'architecture laissent à désirer.
Il est vrai que ce sont des émotions presque célestes
et le passage de Dieu sur la terre que nous sommes
venus chercher surtout.

Près du clocher moyen-âge qui est à gauche et que
les Sarrazins ont à moitié démoli, afin qu'il ne pût

pas dominer la mosquée voisine, on rencontre une porte en fer qui est l'unique entrée de cet assemblage d'édifices ; l'un des côtés a été muré par les Musulmans ; l'autre par où l'on pénètre à l'intérieur est situé à l'endroit même où passa le cortège conduisant au Calvaire le divin Sauveur. Nous entrons.

A gauche, au delà du seuil, dorment ou fument quelques Turcs assis sur un divan ; ce sont les gardiens. Ils appartiennent à deux familles mahométanes dont l'une garde la clef, et l'autre a pour mission d'ouvrir et de fermer la porte ; ce privilège existe dans les deux mêmes familles depuis le calife Omar. Il faut se soumettre aux caprices de ces étranges portiers d'un temple chrétien qui prévèlent un droit et vivent de ce revenu. D'après les traités, l'accès doit être libre pour les grandes solennités seulement.

Immédiatement en face de soi, le regard est arrêté, non par des arcades ou des nefs, mais par un mur couvert de tableaux byzantins, ce qui paraît étrange ; c'est le côté méridional de l'ancien chœur des chanoines, l'église Grecque aujourd'hui, dont l'entrée d'honneur est dans le chœur des Latins en face le tombeau du Seigneur.

Un peu en avant de ce mur est placée la *pierre de l'Onction*, un mètre de large sur deux mètres de long, on la baise avec respect à l'entrée et à la sortie. C'est là sur cette partie plus aplanie du rocher que fut déposé le corps de Jésus. Nicodème et Joseph d'Arimathie l'enveloppèrent de linceuls, après l'avoir détaché de la croix. En 1808, les schismatiques ont remplacé la belle mosaïque ou le marbre noir qui couvrait et conservait cette pierre par une table rectangulaire de marbre rouge.

En arrière et à droite de cette pierre sont les deux escaliers de dix-huit marches qui conduisent au Calvaire. J'ai déjà dit que la grotte située sous le lieu de la plantation de la croix, est la *chapelle d'Adam.* C'est là qu'on peut remarquer la fente du rocher coupant transversalement les veines de la pierre, et ondulant de l'est à l'ouest, contrairement à toutes les lois physiques et naturelles.

C'est un miracle permanent. Au calvaire, à cinq mètres au-dessus, sur le Golgotha, nous sommes remués jusqu'au fond des entrailles par le souvenir qui nous étreint. Ce rocher était une légère éminence située dans un jardin. Le sommet a été aplani, et transformé en chapelle divisée par deux lourds pilastres.

A gauche, c'est le lieu de la plantation de la Croix, qui appartient aux Grecs, lesquels en ont dépossédé les Géorgiens. A droite, c'est le lieu de la Crucifixion qui appartient aux Latins. Sur le pavé se trouve un carré long en mosaïque, il indique l'endroit même où la Victime sainte et résignée s'étendit sur l'arbre de la Croix, En ce moment nous répandons des larmes, des prières et des baisers pour nous et pour tous ceux qui nous sont chers.

Dans le fond sont dressés trois autels. Sur notre droite s'ouvre une petite fenêtre grillée qui donne dans la chapelle extérieure de Notre-Dame-des-sept-douleurs dont je parlerai plus tard ; c'était là que, pendant le crucifiement, se tenait la Vierge martyre.

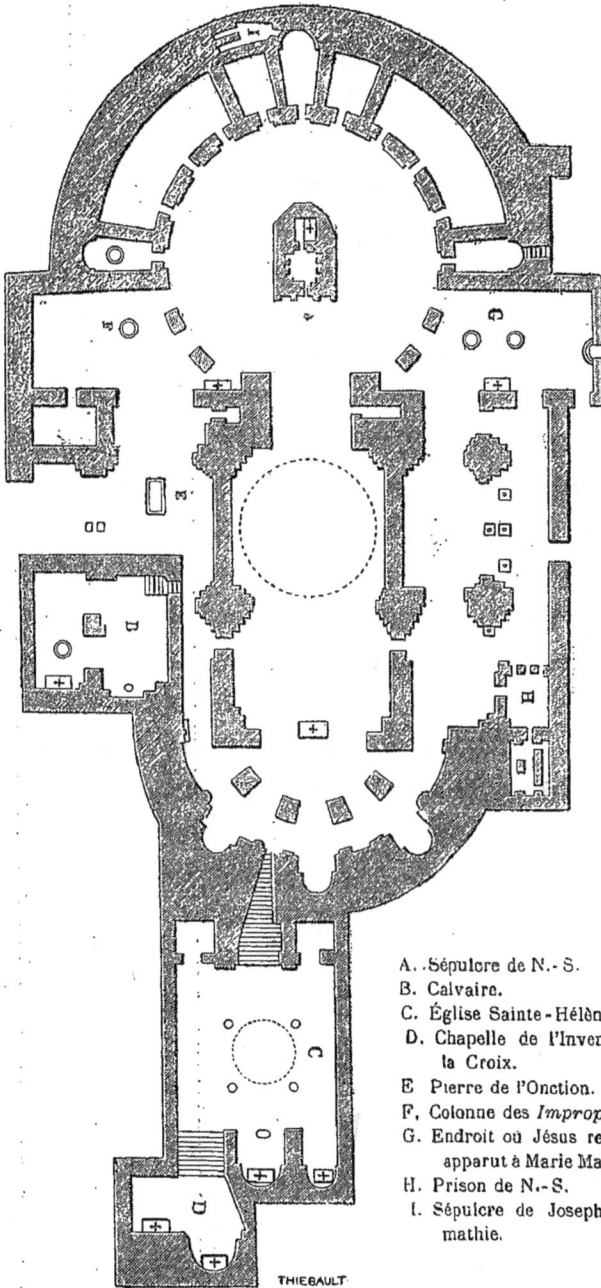

A. Sépulcre de N.-S.
B. Calvaire.
C. Église Sainte-Hélène.
D. Chapelle de l'Invention de
la Croix.
E Pierre de l'Onction.
F, Colonne des *Impropères*.
G. Endroit où Jésus ressuscité
apparut à Marie Madeleine.
H. Prison de N.-S.
I. Sépulcre de Joseph d'Ari-
mathie.

THIEBAULT

PLAN DU SAINT-SÉPULCRE

Avançons et visitons les autels commémoratifs :
à côté de celui du crucifiement, sous l'arcade voisine,
se trouve le petit autel de la *Pitié* ou du *Stabat*; c'est
là que Marie reçut le corps inanimé de Jésus. Deux
pas plus loin, à gauche, une table de marbre s'étend
au-dessus du trou creusé pour recevoir la croix.

Le pèlerin est heureux de plonger sa main dans
cette cavité ; il palpe le rocher, ce qui procure à son
âme une délicieuse et réconfortante sensation. A droite
du trou, on remarque le sommet de la fente miraculeuse que nous avons observée en bas. Derrière l'autel,
un magnifique crucifix se dresse entre une *mater dolorosa* et un saint Jean : ces images de grandeur naturelle sont richement peintes sur bois, et laissent chez
le visiteur une indéfinissable impression; on croit
assister au dernier soupir de Jésus crucifié.

Sans doute nous préférerions voir la roche naturelle
au lieu de toutes ces lampes, de toutes ces mosaïques
et de tous ces marbres importuns, mais ce lieu béni
n'en parle pas moins à notre cœur et à notre foi ; nous
sommes remués par une intraduisible émotion.

A la descente du Calvaire par l'escalier opposé, nous
arrivons au déambulatoire qui contourne la droite du
chœur de l'Eglise Grecque. Nous rencontrons dans
le fond la chapelle des *Outrages* ou des *Impropères* :
là est conservé un fragment de la colonne sur laquelle
le Sauveur fut assis et couvert d'un manteau d'écar-
late, après la flagellation.

Un peu plus loin s'ouvre l'escalier de vingt-huit
marches qui conduit à la chapelle de sainte Hélène.
Cette église souterraine taillée dans le rocher sur le

versant oriental de la colline, appartient aux Abyssins.
Cette antique construction de style bysantin a été peu
changée depuis le septième siècle.

Deux autels en occupent le fond : l'un est dédié à
sainte Hélène, et l'autre au bon larron. Sur la droite
on descend un escalier de treize marches qui conduit
à une citerne très irrégulière. C'est là que, pour obéir
à la loi, les juifs jetèrent les croix et tous les instru-
ments de la passion; c'est dans cette citerne comblée
que la pieuse impératrice découvrit miraculeusement
l'instrument du salut. Les parois de la roche portent
encore les traces des outils des ouvriers. Les Latins
ont fait de ce lieu la chapelle de l'*Invention de la Sainte-
Croix*.

Une fois remontés dans la basilique, nous suivons
le déambulatoire du côté opposé, c'est-à dire sur la
gauche de l'abside Grecque. Nous passons devant la
chapelle (de la division des vêtements). C'est là que
les bourreaux, conformément à la loi Mosaïque, se par-
tagèrent les habits de leur victime : la chemise ou
tunique sans couture tissée par les mains virginales
de Marie, un habit plus long, et enfin un grand manteau.

Ce dernier fut envoyé à la cathédrale de Trèves, et
l'habit inconsutile au monastère d'Argenteuil. Un peu
plus loin est la chapelle de saint Longin ; on sait que
le soldat qui transperça avec sa lance le côté du Christ,
fut guéri de la perte d'un œil par l'effusion du sang
divin. Longin converti fut martyrisé à Césarée.

Nous continuons toujours le parcours de la galerie,
lorsque, sur notre droite, se rencontre un sombre

réduit taillé dans le roc et désigné sous le nom de
(prison du Christ). L'Evangile est muet là-dessus,
mais nous sommes au pays de la tradition. Tandis
que se préparaient et se terminaient les apprêts du
supplice sur le Calvaire, le Sauveur fut enfermé pendant quelques instants dans cette sorte de caveau.

Avant d'arriver au bout du corridor, nous laissons
à droite une colonnade d'une largeur de 20 mètres
appelée (les sept arceaux de la Vierge). Bientôt nous
sommes à l'extrémité du déambulatoire, et nous
pénétrons sous la grande coupole, dans la chapelle
latine. A notre droite est un autel, à l'endroit où (le
divin Ressuscité apparut à Madeleine éplorée). Nous
voici dans la rotonde : la coupole qui la couvre n'est
plus celle qui avait été élevée par les Grecs en 1808.

Cinquante ans après, la Turquie, la France et la
Russie la remplaçaient par un dôme en fonte de
gigantesque dimension, orné de peintures artistiques
à l'intérieur, mais sans aucun emblème religieux.
L'effet est pitoyable, et déjà des parcelles s'en détachent ; cela fait pitié dans un pareil lieu. Les Turcs
ont permis que le dôme fût surmonté par une croix
dorée.

Sous la coupole, autour de la rotonde dont le diamètre est de 20 mètres environ, règnent trois vastes
galeries superposées, d'où l'on peut voir se dérouler
les processions. Elles sont supportées ainsi que le
dôme par 18 gros pilastres.

Au centre de cette vaste rotonde, comme une pierre
précieuse enchâssée, se dresse le tombeau de Notre-
Seigneur, tourné vers l'occident. J'ai déjà dit un mot

de cette partie la plus vénérable du sanctuaire ; je vais brièvement en achever la description. Cet édicule isolé forme une chapelle allongée, divisée en deux parties : sur le devant, à l'est, la forme est carrée ; elle est pentagonale à l'ouest. La hauteur est de cinq mètres environ. L'édicule recouvert d'une grossière maçonnerie, est orné de 16 pilastres en marbre rougeâtre, et surmonté d'une balustrade à colonnettes massives ; les archéologues ne peuvent pas mettre en doute son authenticité.

Seuls les protestants modernes l'ont osé : il faut qu'ils s'attaquent à tout ce qui est irréfutable, à tout ce qui condamne leur méthode, à tout ce qui gêne leur morale facile, à tout ce qui est une preuve de vérité, à tout ce qui est au-dessus de l'homme et de la prétendue infaillibilité de sa raison.

De chaque côté de l'entrée du mausolée divin sont de hauts chandeliers dont on allume les cierges énormes pour les cérémonies des Latins, des Grecs et des Arméniens. Après avoir traversé la (chapelle de l'ange) nous courbons la tête pour tomber à genoux dans le (saint des saints), là où a reposé le Sauveur. Le lieu de la sépulture et de la résurrection s'élève à 0^m60 au-dessus du pavé ; il ressemble à un coffre long de deux mètres sur 0^m90 de largeur.

Le sépulcre est recouvert de marbre blanc sans inscription ni bas-relief. Si la tombe des parents doit être sacrée, que doit être pour un catholique le tombeau de son Dieu ?

« Les lecteurs chrétiens demanderont peut-être, dit Chateaubriand, quels furent les sentiments que

j'éprouvai dans ce lieu redoutable. Je ne puis réellement le dire. Tant de choses se présentaient à la fois à
mon esprit que je ne m'arrêtais à aucune idée particu-
culière. Je restai près d'une demi-heure à genoux, les
regards attachés sur la pierre, sans pouvoir les en
arracher. »

Dans ce sanctuaire bien-aimé brûlent constamment
43 petites lampes d'or et d'argent. Au-dessus de la
porte d'entrée il y a une place non revêtue de marbre;
on peut toucher le rocher qui est à nu. En dehors et au
chevet de l'édicule sépulcral est adossée une très pauvre chapelle qui appartient aux Cophtes. Vis-à-vis,
toujours à l'occident, entre les deux colonnes qui font
face, est la petite chapelle des Syriens, sur le côté
méridional de laquelle se trouve, dans un caveau, le
tombeau dit de (Joseph d'Arimathie).

On sait que le noble décurion l'avait fait creuser
dans son jardin, un peu plus à l'ouest, après avoir
cédé le sien à son Dieu.

Revenons sur le devant du petit édifice : en face
s'ouvre la vaste église que les croisés avaient destinée
aux chanoines, et qui est occupée par les disciples de
Photius. Elle est formée d'une grande nef que surmonte un dôme élevé, et que termine à l'orient une
abside couverte d'une coupole. C'est un édifice complet qui forme le centre de cet étrange assemblage de
monuments juxtaposés.

Selon l'usage grec, le sanctuaire est séparé de la
nef par une cloison appelée (Iconostase), couverte de
tableaux assez riches et de sculptures en bois doré,
Mais l'œil est blessé par cette décoration byzantine.

et surtout par les nombreuses lampes et par les gros
œufs d'autruche suspendus à la voûte. J'ai déjà parlé

FAÇADE DU SAINT-SÉPULCRE

de l'hémisphère indiquant le centre de la terre, et posé
sur un vase de marbre blanc.

Il est juste de dire un mot de l'église latine dite

(Sainte-Marie de l'Apparition) : Au nord de la basilique à la droite du St-Sépulcre et du chœur des Grecs se
trouve avec la sacristie un petit couvent où habitent les
franciscains chargés du service religieux. D'après la
tradition toute cette partie septentrionale était occupée
par la villa que Joseph d'Arimathie possédait dans
son jardin. Marie s'y était réfugiée après le drame du
calvaire, et ce fut là probablement qu'elle fut fa-
vorisée par la première apparition du Sauveur après
sa résurrection. Cette apparition précédant toutes les
autres, s'explique par la piété, la tendresse filiale de
Jésus pour sa mère. La chapelle latine, petite et
obscure, ressemble à un oratoire : Elle est garnie
de stalles en chêne sculpté, au-dessus desquelles on
admire des tapisseries des Gobelins, données par les
rois très chrétiens. Au fond sont trois autels.

Sur celui qui est auprès de la porte d'entrée, on voit
dans une niche grillée, une partie considérable de la
(colonne de la flagellation), distincte du piédouche
ou borne en marbre noir veiné de blanc, qu'on vénère
à Rome dans l'église Sainte-Praxède depuis 1223.
D'après saint Jean-Chrysostome et la tradition orientale Notre-Seigneur avait subi deux fois le supplice de
la flagellation, chez le grand prêtre Caïphe d'abord,
et puis au palais de Pilate ; de là, ces deux colonnes :
celle de Rome, haute de 0^m70 et sans socle provient
de chez le grand'prêtre, tandis que celle de Jérusalem
sort du prétoire.

Maintenant traversons la grande rotonde; dirigeons-
nous au sud, du côté opposé. Avant d'arriver à la
porte d'entrée, à notre droite, prenons l'escalier qui

passe au-dessus du divan des portiers turcs. Nous arrivons dans une partie de la galerie supérieure occupée par la modeste (chapelle des Arméniens).

Au bas de l'escalier qui y conduit, une pierre circulaire est surmontée par une cage de fer : c'est l'endroit où se tenaient les saintes femmes, pendant que Nicodème et Joseph d'Arimathie embaumaient le corps de Jésus sur la (pierre de l'onction.)

Sortons enfin et revenons sur le parvis ; à droite de la basilique et faisant saillie sur la place, on remarque une petite chapelle ogivale qu'on appelle (la chapelle des Francs) : c'est Notre-Dame des Sept-Douleurs. Elle fut construite en l'honneur de la Vierge par les croisés. La fenêtre de gauche de ce touchant sanctuaire donne sur le Calvaire comme nous l'avons dit; celle de droite s'ouvrant sur la place, est garnie de beaux vitraux.

Voilà dans tout son ensemble la description de la basilique de la résurrection. On peut trouver sans doute des temples, des églises plus riches, plus artistiques et mieux ornées ; mais les impressions de la grâce divine ne touchent l'âme nulle part mieux qu'ici.

4. Couvents

Avant de nous retirer, les Grecs nous ont gracieusement ouvert leur couvent de Saint-Abraham. On y remarque une grande citerne de trente mètres de long sur dix de large et vingt-six de profondeur ; elle

est établie dans les fossés qui séparaient jadis le Calvaire des remparts de la ville.

Jérusalem n'est alimentée que par la source de
Siloé ; voilà pourquoi dans ce pays les citernes sont
nécessaires pour conserver l'eau des pluies. Le réfectoire de l'établissement a des peintures bysantines
très intéressantes.

Le couvent des Abyssins (ancien cloître des chanoines réguliers), nous épouvante par sa pauvreté :
« Les cellules, dit Christian, ressemblent à des gour-
bis de bédouins. Dans l'hôtellerie russe, on nous
montre les propylées de l'ancienne basilique constantinienne. La bibliothèque du patriarcat grec possède
un millier de manuscrits provenant de l'ancien monastère du Saint-Sépulcre. Ces richesses nous sont mon-
trées par un diacre orthodoxe. »

« Nous feuilletons le célèbre (Didaché) ou doctrine
des apôtres : c'est un livre qui remonte au onzième
siècle ; c'est le plus ancien après les Evangiles ; il est
orné d'enluminures ravissantes. Voici des palimp-
sestes, des volumina... Mais le temps nous presse :
après avoir pris des confitures et du café, bien qu'un
peu neufs sur l'étiquette, nous remercions, dames et
messieurs, avec l'expression consacrée : *Eucharisto!* »

Une fois sur le parvis, je jette un regard sur la
façade de la basilique : les portes dont l'une est actuellement murée ainsi que je l'ai dit, sont en ogive et
ornées d'archivoltes délicatement travaillées. Deux
fenêtres à plein cintre sont décorées de colonnettes,
de feuillages et de moulures nombreuses. Le linteau
sert de champ à un bas relief finement sculpté, où,

malgré quelques mutilations, on aperçoit l'entrée triomphale de Jésus-Christ à Jérusalem, au milieu de la multitude tenant des palmes à la main.

5. Considérations générales

Nous prêtres, nous éprouvions un grand embarras tous les matins pour ne pas manquer un point du programme et pour satisfaire en même temps notre dévotion. Ainsi célébrer la sainte messe même au Saint-Sépulcre ou à la crèche de Bethléem était un surcroît de fatigues énormes pour nous, à cause des difficultés qui se présentaient. D'abord il fallait se faire inscrire à l'avance par suite de l'affluence des ecclésiastiques pèlerins ; ensuite il était nécessaire de passer la nuit dans la basilique ou dans le couvent lui-même, afin de ne pas manquer l'heure fixée par les règlements.

La peine, la souffrance, la maladie, tout était surmonté lorsque cette immense satisfaction nous était réservée.

Tous les cultes dissidents ayant le droit de jouir des principaux sanctuaires de Jérusalem, six nations se pressent autour du saint Tombeau pour chanter les gloires du Christ. Ce sont les Latins, les Arméniens, les Grecs, les Cophtes, les Abyssins et les Syriens ; les quatre premières ont un couvent enclavé dans les constructions. Il suit de là que l'unique porte d'entrée étant close pendant la nuit et quelquefois la journée entière par les gardiens Turcs, tous

ces moines deviennent prisonniers du Saint-Sépulcre.
On leur fait passer leur nourriture par un guichet
pratiqué dans la porte de fer.

Ainsi les différentes communions, tout en se servant de leurs églises ou de leurs chapelles respectives,
célèbrent à tour de rôle l'office divin sur la Tombe
sacrée. Les cérémonies se faisant presqu'à la même
heure, tous ces rites variés, tous ces tons dissembla-
bles amènent une étrange cacophonie.

L'emploi immodéré des cloches des Grecs, le cri
dur et strident du marteau sur les longues planches
de chêne ou les larges plaques de fer par les Arméniens, le tapage assourdissant occasionné par le sans-
gêne des Orientaux, le bruit inconvenant et peu
digne de leurs cris ou de leurs chants, empêchent le
recueillement.

Cet affreux carillon est bien douloureux pour des
oreilles catholiques. De tout cela il résulte que les
Latins ont quotidiennement le droit de chanter la
grand'messe une fois seulement devant la sépulture du
Sauveur, après les offices grecs et arméniens. De plus,
ils peuvent en avoir la jouissance pendant une heure
et demie de très bonne heure, le matin.

Voilà pourquoi les deux ou trois prêtres appelés à
y célébrer les saints mystères, sont obligés de s'y
rendre avant six heures du soir et de s'y laisser enfer-
mer. La porte de fer du gothique portail une fois
cadenassée, ils ont alors le temps de se livrer à la
prière et à la méditation. Ils sont reçus et hébergés
au couvent latin par douze religieux franciscains,
prêtres et frères lais qui, sentinelles vigilantes, mon-

tent la garde autour du Golgotha. Ces derniers se lèvent à minuit, quittent leurs cellules noires et humides pour aller chanter matines. A quatre heures, ils entendent deux ou trois messes basses, puis la grand'messe. Le soir, ils font la procession aux douze sanctuaires. Après trois mois, épuisés et fatigués par une telle vie, ils retournent au couvent de Saint-Sauveur pour réparer leurs forces, tandis que douze autres de leurs frères vont les remplacer.

L'ecclésiastique favorisé pour célébrer la sainte messe sur la pierre tombale du Christ, entend au milieu de la nuit les chants des rites divers ; l'écho de ces voix de l'Orient et de l'Occident, c'est la louange perpétuelle de toute créature vers le ciel.

Le matin vers quatre heures, après les Arméniens, il se prépare pendant qu'un religieux pose un autel mobile sur la corniche au-dessus du Tombeau sacré. Par un privilège spécial et perpétuel, il dit alors la messe votive de la Résurrection avec *Gloria* et *Credo*.

Oh ! Quelle douceur et quelle joie de ramener Jésus-Christ par les paroles de la consécration, dans l'endroit même où il dormit du sommeil de la mort, et de l'ensevelir dans le linceul des apparences eucharistiques ! Il semble alors que le cadavre meurtri du Sauveur est encore là, étendu sur la rude pierre qu'une dalle de marbre dérobe à tous les regards ; on adore ce corps sans mouvement et sans vie que n'a point quitté cependant la divinité. Et pendant l'action de grâces, quelles impressions !

« Elles ne s'écrivent point, s'écrie Lamartine dans son (voyage en Orient), elles s'exhalent avec la fumée

des lampes pieuses, avec les parfums des encensoirs,
avec le murmure vague et confus des soupirs ; les impressions tombent avec les larmes qui viennent aux
yeux, au souvenir des premiers noms que nous avons
balbutiés dans notre enfance, du père et de la mère
qui nous les ont enseignés, des frères, des sœurs, des
amis avec lesquels nous les avons murmurés. Toutes
les impressions pieuses qui ont remué notre âme à
toutes les époques de la vie, toutes les prières qui
sont sorties de notre cœur et de nos lèvres au nom de
Celui qui nous apprit à prier son Père et le nôtre, se
réveillent au fond de l'âme et produisent par leur re-
tentissement, par leur confusion, cet éblouissement
de l'intelligence, cet attendrissement du cœur, qui ne
cherchent point de paroles, mais qui se résolvent
dans des yeux mouillés, dans une poitrine oppressée,
dans un front qui s'incline, et dans une bouche qui
se colle silencieusement sur la pierre du Sépulcre. Je
restai longtemps ainsi, priant le Père céleste. »

FEMMES DE JÉRUSALEM

CHAPITRE XII

1. Bethléem. — 2. La Basilique de la Nativité de N. S. J. C. — 3. La Grotte. — 4. Grottes des Saints, chapelles souterraines. — 5. Une messe à la grotte de la Nativité. — 6. Environs de Bethléem. — 7. Vasques de Salomon. — 8. Visite des remparts. — 9. Vallée de Josaphat.

Lundi, 28 août.

1. BETHLÉEM

J'AVAIS le désir ardent de célébrer la messe de minuit auprès de la crèche à Bethléem; c'est pourquoi dès le dimanche soir, je partis pour cette charmante petite ville en compagnie de plusieurs pèlerins. Le lendemain lundi, à cinq heures du matin, mes autres compagnons devaient y venir en voiture ou à cheval. De cette façon, je faisais une visite plus longue et plus détaillée, et, avec une fatigue de plus, j'avais l'avantage de ne pas m'écarter du programme tracé au début.

Bethléem a une altitude de 777 mètres, et se trouve à deux lieues environ de Jérusalem. La route est relativement bonne, du moins pour un pays comme celui-ci, où les ponts et chaussées ainsi que les cantonniers sont inconnus. Après avoir traversé la plaine de (Raphaïm ou des géants), on gravit une colline dominée par le couvent schismatique de Saint-Elie.

De là, on aperçoit dans un nid de verdure l'église de Bethléem où Jésus est né, le dôme du Saint-Sépulcre où il a souffert, le sommet de la montagne des Oliviers, d'où il est monté au ciel. Le commencement et la fin de la vie publique du Sauveur se déroulaient devant nous.

L'horizon est borné par les montagnes de Judée. Déjà le terrain a changé d'aspect : nous avons laissé la ville des ruines, de l'aridité et de la désolation, à mesure que nous approchons, les oliviers et les figuiers paraissent plus vigoureux ; des vignes bien entretenues garnissent le penchant des côteaux. Voici le puits des *Mages*, le *champ des pois chiches* ; c'est là que l'Etoile réapparut aux Rois dans l'anxiété.

Plus loin, au milieu d'autres constructions en ruines, on voit un dôme toujours blanc, c'est le tombeau de Rachel élevé par Jacob : les juifs y viennent lire la *Genèse* en se balançant et en poussant des gémissements.

Enfin voici Bethléem avec ses terrasses plates et ses blanches maisons. La cité de David s'étage en amphithéâtre sur deux collines pierreuses. C'est comme une fleur perdue au milieu des sables du désert. Des Bethléémites nous attendent, nous offrent

leurs services et nous saluent très gracieusement. Ils
connaissent la France, nous parlent de Paris et se
montrent d'une exquise amabilité. Ce sont des marchands d'articles religieux.

« *Moi, fabricant Bethléem!* » C'est ici en effet que
pour toute la Palestine se fabriquent les objets de
piété. J'ai pénétré dans un atelier où l'on travaillait
la nacre et le bois d'olivier : médailles, croix, chapelets, étaient assez rapidement exécutés sous mes yeux.
Ces ouvrages ne manquent pas d'un certain charme :
ils sont très finis quelquefois, mais jamais artistiques,
car dans ce pays l'art est primitif, et possède la naïveté des antiques traditions.

Par la route d'Hebron qui contourne la ville, nous
arrivons bientôt sur la grande place, en face de l'église
de la Nativité, dans laquelle on entre par une petite
porte. Les pères franciscains nous font un accueil
charmant; ils doivent nous hospitaliser pour la nuit.
Malgré l'heure tardive, notre première visite est pour
la crèche de l'Enfant-Dieu. « Si, au saint Sépulcre les
impressions sont austères comme le Golgotha, ici le
bonheur que l'on goûte est suave comme un nouveau-
né dans son berceau. »

Mais, avant de parler de cette immense joie dont
j'ai été inondé pendant cette nuit bénie, je crois utile
de donner la description des monuments; bien des
lecteurs en seront à la fois instruits et édifiés. Jérusalem, Bethléem, Nazareth nous touchent de trop
près, pour que les moindres détails puissent nous
laisser indifférents.

2. La Basilique de la Nativité de Notre-Seigneur Jésus-Christ

La Basilique de la Nativité est située à l'extrémité orientale de la cité. Les divers couvents qui l'entourent lui donnent l'apparence d'une forteresse massive. Au-dessus de la grotte, sainte Hélène fit construire en 327 une église admirable dont l'ensemble s'est conservé jusqu'à nos jours. De tous les monuments de la Palestine, c'est le seul qui ait été respecté par les hommes et par le temps.

De l'ancien *atrium* ou cour carrée, il ne reste que de rares débris ; pour éviter les incursions des cavaliers arabes, on a maçonné le grand portail. « Il faut courber la tête pour entrer, car la porte est très basse ; on est heureux de s'humilier dans ce lieu où, pour racheter l'humanité, le Fils de Dieu a bien voulu s'abaisser jusque dans le sein d'une Vierge. »

Nous voici dans le vestibule ou *narthex* : de là partent cinq nefs larges de 27 mètres et longues de plus de 57. Elles sont séparées en onze travées par quarante quatre colonnes monolithes en calcaire ou marbre jaunâtre veiné de rouge et de blanc. Ces colonnes placées sur quatre rangs par quatre pilastres engagés dans le mur, ont une hauteur de six mètres et des chapiteaux d'ordre Corinthien.

Les revêtements de marbre et de mosaïque laissés sur les murailles par les Croisés, ont disparu. Mais dans la nef principale, au-dessus des colonnes, on voit encore des inscriptions grecques avec de curieux fragments de mosaïque sur fond d'or. Cette riche décoration est en partie détruite et couverte de badigeon.

Le plan général de l'édifice est la forme de la croix latine ; l'abside ou chœur ainsi que les bras du transept, moins étendus que la nef comme dans les basiliques Romaines, se terminent en hémicycle. Après avoir dépouillé les Latins, dans ce pays où règne la mauvaise foi et la cupidité, les schismatiques soutenus trop souvent, hélas ! par l'or de la Russie, ont commis un acte de vandalisme, ce que les Turcs n'avaient jamais osé faire.

Ils ont séparé par une indigne cloison, *une clôture en pierre*, le transept et le chœur de la superbe nef. Cette dernière, profanée par tous les passants, sert souvent de bazar et de bivouac. A la place de la voûte, une charpente de sapin faite à Venise au quinzième siècle, s'élance en dôme au-dessus des trois monastères voisins : les franciscains, les Arméniens et les Grecs.

Une telle charpente est précieuse, car la Judée fut toujours pauvre en bois de construction. Un si vaste bâtiment occupe l'emplacement du *Khan* ou caravansérail où la sainte famille ne put trouver un gîte ; selon l'usage constant de ce pays, la grotte était l'étable publique de cette hôtellerie de passage.

3. La Grotte

Nous allons y descendre : Au centre du transept et à l'entrée du chœur de la basilique Constantinienne, sous un exhaussement de quatre degrés, se trouve l'entrée actuelle du souterrain vénéré. On s'y rend par deux escaliers tournants qui convergent l'un vers l'autre. En descendant seize marches, nous arrivons dans une espèce de crypte de forme irrégulière.

Les murs creusés dans le rocher sont ainsi que le pavé revêtus de marbres précieux. Privé de la lumière du jour, ce sanctuaire est éclairé faiblement par trente-deux lampes d'argent données par les princes catholiques. La clarté est douce et mystérieuse. Au levant, se trouve un enfoncement demi-circulaire dans lequel on peut avancer de quelques mètres.

Dans le coin gauche de cette excavation, deux colonnes supportent une table de marbre formant autel; par dessous, au milieu d'une mosaïque de jaspe et de porphyre, est incrustée une étoile d'argent portant cette inscription : « *Hic de Virgine Mariâ, Jesus-Christus natus est.* Ici, de la Vierge Marie, Jésus-Christ est né. »

« Ici, dit le chanoine Barbier, comme le soleil donne sa lumière et la fleur son parfum, Marie mit au monde le Fils du Père, sans rien perdre de sa virginité, car en Elle seule, le fruit n'a pas détruit la fleur. »

En face, c'est-à-dire dans le coin droit de l'excavation, existe une cavité de trois mètres de longueur sur deux mètres de largeur : c'est là qu'était le ratelier, la crèche proprement dite qui, enfermée avec une partie des langes dans un riche reliquaire d'argent, est montrée actuellement à Rome, dans la basilique de sainte Marie-Majeure. C'est là qu'après sa naissance, le 25 décembre de l'an 4004 du monde, fut couché et adoré l'Enfant-Dieu, réchauffé par l'âne qui avait servi de monture à la Vierge Marie, et par le bœuf, compagnon ordinaire des travaux de saint Joseph.

A gauche et au fond de l'excavation, presqu'en face, par conséquent, de l'emplacement de la crèche, on a dressé un autel, dit *des Trois-Rois*. Le premier autel,

A BETHLÉEM
(Cliché de M. Maillard.)

celui de la naissance, appartient aux Grecs; nous ne pouvons que baiser l'étoile commémorative qui porte le millésime de 1717. Le second est aux Latins, mais ils ne peuvent y célébrer que deux messes par jour.

C'est sur celui-là que je vais dire bientôt la messe de la Nativité : *Puer natus est nobis...* Un enfant nous est né... Oh! l'ineffable joie! oh! le suave bonheur! Comment pouvoir les exprimer?

Des tapisseries de soie, venant de Lyon, garnissent

les parois de l'enfoncement et de l'escalier. Le reste de la grotte s'étend en une sorte de nef oblongue qui mesure onze mètres de long sur quatre mètres de large et trois mètres de hauteur. Les murs sont cachés par de riches tapisseries que le consul de France a posées officiellement en 1874.

Au bas de l'escalier méridional, deux factionnaires turcs sont sous les armes, afin d'empêcher les scandales et les déprédations des schismatiques qui veulent toujours tout accaparer. Il y a deux ou trois ans à peine, le jour de Noël, je crois, un religieux franciscain y fut encore assassiné. Voilà pourquoi la police veille nuit et jour pour assurer la liberté des règlements et le culte de chaque confession.

4. GROTTES DES SAINTS. — CHAPELLES SOUTERRAINES

A l'ouest de la petite nef, un passage étroit et sinueux pratiqué, vers le onzième siècle, dans la roche elle-même, nous conduit à diverses cavités qui sont la propriété exclusive des Latins. Là, ils peuvent prier sans être troublés par les offices toujours bruyants de leurs voisins. C'était l'entrée de la grotte au moment de la naissance de Jésus. Saint Joseph s'y tenait en sentinelle, tandis que la Vierge immaculée s'était retirée dans la partie la plus secrète de la caverne, là où le mystère s'accomplit.

On a dû fermer cette entrée par un mur, afin de la protéger contre les envahisseurs. Dans ce souterrain irrégulier, plusieurs enfoncements ont été transformés en chapelles : c'est d'abord celle de *Saint-Joseph;* cinq marches plus bas, celle des *Saints-Innocents;* il paraît que quelques femmes s'étaient réfugiées là pour soustraire leurs enfants à la barbarie d'Hérode; les soldats vinrent les massacrer entre leurs bras, et on voit sous l'autel de petits ossements.

Un autre corridor s'étend sous la grande nef et forme des grottes où furent ensevelis des moines fervents et austères mis au nombre des saints. C'est d'abord le tombeau de saint Eusèbe, disciple et successeur de saint Jérôme; puis, plus loin, taillé à vif dans le roc, celui de saint Jérôme lui-même, mort en 420, le rude ascète qui avait fondé et gouverné le monastère de Bethléem.

Quelques pas encore : voici une salle carrée, où saint Jérôme passa les 38 dernières années de sa vie, fit sa traduction de la Bible sous le nom de *Vulgate,* et écrivit ses ouvrages immortels; ce qui ne l'empêchait pas de trouver le temps nécessaire pour instruire les enfants du pays. Son corps a été transporté à Rome.

En face de sa tombe est celle de sainte Paule et de sa fille Eustochie, deux matrones romaines, qui vinrent se réfugier à Bethléem, après la prise de Rome par Alaric. Dans ce souterrain, nos prêtres pèlerins pourront célébrer demain les saints mystères, car six autels seront préparés pour eux.

Nous entrons bientôt dans l'église Sainte-Catherine qui appartient aux Franciscains et qui, je crois, touche le côté occidental de la basilique; c'est la paroisse catholique; là, selon l'usage oriental, les fidèles se tiennent déchaussés, agenouillés ou accroupis sur les nattes, les hommes d'un côté et les femmes de l'autre; ils prient avec ferveur, ce qui nous console du laisser-aller bruyant des Grecs non-unis.

Cet édifice, béni en 1884, est tout nouveau; de style byzantin, il a trois nefs; une sonnerie complète orne son élégant clocher.

5. Une Messe a la Grotte de la Nativité

Après quelques instants de repos, je suis prévenu par un religieux; sans bruit et avec une douce émotion, je me prépare à la grande action pour laquelle je suis venu. Je revêts les ornements sacerdotaux dans la sacristie des Pères franciscains; puis, j'attends l'heure et le moment fixé.

Mon servant, un jeune homme de quinze à seize ans, me rappelle le temps du Sauveur; il est revêtu d'une tunique bariolée, comme l'étaient ses ancêtres il y a 1900 ans. Tout prête à l'illusion dans mon esprit et dans mon cœur.

Bientôt, je sors, je traverse le fond de l'église Sainte-Catherine, et, longeant un couloir, j'entre dans la basilique des Grecs par l'un des côtés, par le transept de gauche.

Les moines schismatiques sont là; ils chantent ou plutôt ils psalmodient sur un ton lamentable, uniforme, monotone et nasillard; l'encensoir à la main, leur diacre circule partout; le bruit des chaînes qu'il agite sans cesse, scande désagréablement les paroles de ses coreligionnaires; ce bruit a été incessant toute la nuit, et il durera jusqu'au jour.

N'importe! Je passe au milieu d'eux, recueilli et singulièrement ému. Précédé de mon clerc, je descends les marches glissantes qui conduisent à la grotte; au bas, je passe devant les soldats turcs, et je tourne à gauche pour arriver à l'autel des Rois-Mages. Là, des co-pèlerins et des religieux prosternés m'entourent. La cérémonie se déroule comme à l'ordinaire, mais avec quelle ferveur?... Le monde n'existait plus pour moi.

Au moment de la consécration, tandis que la sainte Hostie, s'élevait et touchait presque la roche nue, témoin muet du mystère de la Nativité, je versais des larmes de bonheur. Mon Dieu, ce Dieu que la Vierge immaculée avait autrefois mis au monde en ce lieu, je venais de l'enfanter sur l'autel.

Il était encore là, sous les voiles du mystère sans doute ; mais il me semblait entendre ses vagissements, voir ses lèvres gazouiller; il me semblait apercevoir le sourire de son visage divin. A mon oreille arrivaient les paroles angéliques d'autrefois : « *Gloria in altissimis Deo... et in terra pax hominibus...* Gloire à Dieu dans le ciel, et sur la terre paix aux hommes de bonne volonté. »

Bientôt, les bergers avec leurs modestes présents, puis les rois Mages avec leurs richesses, apparaissaient dans mon esprit...

O Beata nox !... oh! l'inénarrable et ineffable nuit!.. Nous sommes heureux de prier pour les nôtres, pour

la France, pour l'Eglise, d'autant plus heureux que
nous sommes presque certains d'être exaucés. Nous
répétons sans cesse les paroles de saint Paul : « Salut,
ô Bethléem, tu es vraiment la maison du pain, puisque
tu as donné à la terre le pain descendu du ciel ! »

Après la sainte messe, je reviendrai encore pour
prier ; c'est si bon et si doux en cet endroit béni ! On
a tant de choses à recommander au divin Enfant,
tant de grâces à obtenir !

Mon servant comme du reste tous ceux que nous
avons eus en Terre-Sainte, après le *bakchiche* traditionnel, a remercié selon la coutume orientale, en me
baisant la main et en la déposant sur son front et sur
son cœur, en signe d'obéissance et de fidélité.

Mon action de grâces s'est prolongée jusqu'à l'arrivée de mes compagnons ; pendant la messe célébrée
dans l'église des franciscains, on a chanté de vieux
Noëls et entendu une touchante allocution du R. P.
Arthur. Cette nuit a été ravissante pour moi.

6. Environs de Bethléem

Après un déjeûner substantiel à la Casa-Nova, nous
employons les quelques heures disponibles à visiter
les environs.

La grande place est couverte de monde : c'est le
marché : bêtes et gens sont animés et se livrent à leur
petit trafic. Le type Bethléemite mérite d'être étudié.
On voit que dans cette ville de plus de 3,000 habitants, les chrétiens sont en majorité. Les hommes

sont expansifs et hospitaliers; ils ont des habitudes douces et polies.

Les femmes jouissent d'une plus grande liberté qu'ailleurs. Sur une robe bleue, elles portent une tunique rouge et un long voile blanc sur la tête, ce qui fait songer à la Vierge Marie. Les plus riches ont une robe d'un vert profond; par-dessus s'étend une longue casaque de couleur vive, ornée de riches broderies sur les larges manches et sur les parements.

Leur bonnet est un cône de feutre rouge, cerclé de pièces d'or et d'argent qui représentent la dot. Il ressemble à une toque très élevée, dont la forme est ronde pour les jeunes filles et carrée pour les femmes mariées. Sur le tout retombe un voile flottant qui encadre modestement leurs figures rêveuses.

Comme type, il y a une grande analogie entre les Bethléemites et les Nazaréens : les traits sont purs et assez beaux. Mais les premiers sont réfléchis et prévoyants, tandis que les seconds sont plus vifs et plus insouciants de la vie ; les premiers sont calmes et graves, tandis que les autres sont plus facilement portés au rire et à la gaîté.

Nous tâchons de nous débarrasser des demandes de *bakchiche* et des importuns, pour nous diriger au sud à quelques mètres plus haut. On y trouve la grotte *du lait* ou de l'allaitement dans laquelle plusieurs autels sont dressés. Au moment du départ pour l'Egypte, l'Enfant Dieu, dit-on, y aurait été allaité par sa divine Mère. Nous voici bientôt arrivés au sommet de l'esplanade dominant la ville d'un côté, et de l'autre la longue vallée qui s'étend vers Hébron.

A quelques mètres plus bas, dans la direction du sud-est, on montre les ruines d'une maison que saint Joseph aurait eue en héritage. La descente est rapide et glissante à travers un sentier rocailleux. A deux kilomètres environ de Bethléem, nous rencontrons une plaine fertile : c'est l'ancien champ de Booz, encore cultivé par les petites nièces de Ruth.

Un peu plus loin, voici la *grotte des pasteurs,* près d'un carré d'oliviers ; c'est là, que se trouvaient les bergers, lorsque les anges leur annoncèrent la naissance du Messie. De l'ancienne église construite en cet endroit, il ne reste plus que la crypte dont les Grecs se sont emparé.

Au retour, on passe par Beïth-Saour, *maison des pasteurs* : C'est un village de 600 âmes encore habité par des bergers qui s'empressent de demander *Bakchiche,* lorsqu'ils nous voient. — Revenus à Bethléem, nous visitons quelques-uns des établissements français qui font tant de bien à la France et à la religion : frères des écoles chrétiennes, pères de Bétharram, pères Salésiens ; et sur les hauteurs environnantes, sœurs de Saint-Joseph, religieuses Carmélites et sœurs de la Charité. Les orphelins sont en vacances ; voilà pourquoi nous n'avons pas eu la musique de Dom Belloni.

7. Vasques de Salomon

Après quelques achats et un dernier regard jeté sur ce vallon si fertile, sur ces côteaux si verdoyants, nous remontons enfin en voiture ou à cheval pour arriver à

Notre-Dame de France vers midi. Mais auparavant nous devons passer par les *Vasques* ou réservoirs de Salomon. Tout près du *puits de David*, nous rencontrons une longue file de chameaux ; sur une seule ligne, reliés les uns aux autres par une corde qui leur étreint le muffle, ces animaux difformes et lourds, ces *navires du désert*, selon l'expression arabe, sont de véritables trésors, vu leur résistance et leur sobriété.

Leur marche ressemble au roulis et au tangage combinés qui secouent les passagers sur un vaisseau. Leur pas lent, long et ondulant imprime à celui qui les monte un mouvement de rotation et de balancement tellement désagréables, que les plus intrépides marins ont l'estomac à l'envers et souffrent du mal de mer. Nous sommes très heureux de pouvoir nous en passer ; ils ne nous serviront que pour le port des bagages, des tentes et des comestibles.

De chaque côté de la route, il y a de belles vignes ainsi que des arbres à fruits ; orangers, citronniers, figuiers, grenadiers et palmiers. Voici la *montagne des Francs* et enfin les fameux réservoirs qui occupent tout le penchant d'une montagne.

Ce sont des ouvrages de géant : Trois grandes citernes creusées par la main de l'homme dans le roc vif sont disposées de telle sorte que les eaux du bassin supérieur se déversent dans le second et du second dans le troisième. Ces piscines alimentées par des rigoles amenant l'eau du ciel, étaient très utiles dans un pays où règne la sècheresse pendant l'été. Un aqueduc dont on voit encore des restes considérables conduisait les eaux jusqu'à Jérusalem.

Les croisés mourant de soif étaient chaque jour obligés d'envoyer chercher de l'eau de ces réservoirs. Le bassin supérieur a 134 mètres de long, le second 188 et le troisième 206 sur une largeur de 84 mètres et une profondeur de 10 à 15 mètres. Les trois ensemble pouvaient contenir 42,230,000 litres d'eau.

A deux cents mètres, au Nord de la piscine supérieure est la fontaine scellée, *fons signatus*, nommée dans le Cantique des Cantiques : on y descend par un escalier de douze degrés après lesquels on pénètre dans deux grottes voûtées dont les arceaux sont d'une extrême antiquité. Trois sources s'en échappent pour tomber dans l'un des bassins au moyen d'un canal, et de là pour être dirigées vers la ville sainte à l'aide d'un aqueduc.

A un kilomètre de là, à travers les roches nues et calcinées, on est surpris de voir des anciens murs crénelés, et au delà une riante vallée entourée de hautes montagnes. C'est la place de l'ancien palais de Salomon ; c'est le *jardin fermé, hortus conclusus*. On y voit des fleurs, des plantes très vigoureuses et des fruits ; on y recueille des légumes, du blé et du riz. Ce vallon fortuné a deux kilomètres de longueur.

Sur la colline voisine, des ruines et des grottes rappellent la cité d'Etham et le souvenir de Samson qui, avec une mâchoire d'âne, tua mille philistins. Dans cette contrée, la voirie est inconnue : des odeurs pestilentielles nous incommodent parfois ; ce sont des cadavres de chiens, d'ânes ou de chameaux abandonnés à deux pas de la route et sur lesquels planent les vautours.

A notre arrivée en ville, nous allons visiter les religieuses Clarisses qui prient pour la France et pour la réunion des Eglises. Enfin, après avoir pris des rafraîchissements, nous pouvons nous reposer dans notre hôtellerie, avant d'entreprendre la rude corvée du soir.

8. VISITE DES REMPARTS

La ville de Jérusalem est très curieuse à parcourir : à l'intérieur, les rues sont malpropres, étroites, mal tenues, formées par des maisons irrégulières à portes basses et à balcons grillés. Les habitants cosmopolites pour la plupart, ont des costumes orientaux très variés, selon leur fortune, leur religion ou leurs mœurs.

Il y a des passages étroits et voûtés surtout du côté des bazars : ceux-ci très nombreux, sombres et petits, répandent une odeur nauséabonde. Le soleil n'y pénètre pas souvent : ce sont de vrais casse-cous avec des escaliers glissants et gluants. Dans une cité aussi mal éclairée, il serait dangereux de s'y aventurer la nuit.

Mais j'entends du bruit à la porte de notre demeure ; que se passe-t-il ? Le moment de l'excursion est arrivé ; nous devons contourner les remparts et la vallée de Josaphat. Les plus intrépides sont à pied ; quant aux autres qui craignent la fatigue et la chaleur à travers les sentiers caillouteux et rocheux, ils vont se munir d'une monture.

Pour cela, on a mobilisé tous les Aliborons du pays, ce sont eux qui, à la porte, causent bruyam-

ment avec leurs *moukres* ou conducteurs. Dieu! quel
tapage! quelle musique! je n'avais jamais autant vu
d'oreilles et de fanfarons!

On tâche de s'entendre enfin; les indigènes finis-
sent par trouver des clientes et des clients. Oh! l'inénarrable cavalcade! En Europe on rirait bien si on
nous voyait avec nos vêtements curieux, nos coiffures
drôles, originales, excentriques quelquefois, juchés
sur un trotte-menu que son conducteur poursuit à
coups de bâton, et qui, au détriment de nos jambes,
va se frotter sur le flanc de ses congénères, cherchant
à les suivre ou à les dépasser.

Ici on ne s'étonne de rien, tout est permis. C'est
même nécessaire souvent. Nos barbes qui s'allongent
nous rendent méconnaissables, et nous font ressem-
bler à des bédouins féroces; mais elles nous attirent le
respect. Au pays du soleil l'imberbe est méprisé
comme la femme stérile autrefois. De plus la barbe
garantit nos figures contre les morsures terribles du
roi des astres. Quelques-uns de nos cavaliers dont la
course rapide ou le vent avait dérangé le voile, et qui
par suite, laissaient quelques instants leur tête expo-
sée à des rayons ardents, ont vu se crevasser la peau
du visage, principalement celle du nez. Il en est qui
ont attrapé des insolations. Voilà ce que c'est que
d'avoir l'épiderme délicat.

Parmi nous, nos deux religieux pèlerins attirent
mon attention et provoquent mon sourire : le fils de
saint Dominique a le milieu de son habit blanc couvert de plaques jaunâtres ou rougeâtres; c'est un
effet de la transpiration. Sa tête est couverte d'un cha-

peau de paille qui certainement ne s'était jamais trouvé à pareille fête.

Quant au fils de saint François, je l'aperçois toujours gai, le chef couvert d'une casquette blanche supportant un couvre-nuque. Cette coiffure lui donne un aspect ravissant et distingué.

Enfin nous voici partis sous la conduite de nos aimables et savants assomptionnistes. Nous descendons la côte, à gauche de la ville; nous allons suivre le rempart nord jusqu'au bas, puis nous tournerons à droite, autour du rempart oriental. C'est là, au bas de la colline, que se trouvent les vallées les plus intéressantes et les plus importantes au point de vue de l'histoire et des souvenirs.

Les murs de la Cité sainte forment un carré irrégulier dont les faces correspondent assez exactement aux quatre points cardinaux; ils sont élevés de 12 à 15 mètres; leur épaisseur est de 2 à 3 mètres; ils peuvent avoir près de 5.000 mètres de tour. Ils sont couronnés de créneaux et fortifiés à des distances inégales de tours et de bastions.

Les portes principales ont été murées, mais cinq sont encore ouvertes : celle de *Jaffa au couchant*, de *Damas au nord, Saint-Etienne à l'orient, petite porte au sud* et *porte de Sion*. En approchant de la porte de Damas, la plus belle et la plus fortifiée, nous remarquons qu'elle est flanquée de deux tours massives, couronnée de curieux créneaux sarrazins aux pointes aigües comme des fers de lance; elle est nommée dans la bible : *porte d'Ephraïm*, puis de Saint-Etienne par les chrétiens.

A gauche sont les *cavernes royales* qui ont fourni tant de matériaux pour les constructions environnantes et qui conduisent au *tombeau des Juges*. La porte de ce dernier est surmontée d'une lourde architrave et d'un triglyphe : d'une salle centrale rayonnent des passages surbaissés conduisant à quatre chambres sépulcrales. Dans chacun de ces caveaux carrés seize niches ou *loculi* sont destinées à recevoir les sarcophages ou les corps.

Du côté de l'Est est le *tombeau des rois* dont nous avons parlé déjà. De la porte de Damas jusqu'à la porte Saint-Etienne au nord-est, en contournant la ville pour entrer dans la vallée de Josaphat, on pénètre dans la *grotte de Jérémie*. Le derviche qui la garde reçoit *bakchiche*. Cette grotte irrégulière de 23 mètres de long sur 13 mètres de haut, fut la retraite où l'austère prophète annonça les malheurs qui devaient fondre sur sa patrie, et composa ses admirables lamentations. Au-dessus de la grotte était le camp des Croisés; c'est par là que Godefroy de Bouillon s'élança à l'assaut de la Cité coupable.

Un peu au-delà, le mont *Scopus*, je crois l'avoir déjà dit, vit tomber le courroux d'Alexandre le Grand devant le grand-prêtre Jaddus.

9. Vallée de Josaphat

C'est à partir de ce mont que commence la vallée de Josaphat (Jugement), qui s'étend du nord au sud et sépare la ville du mont des Oliviers, lequel semble montrer le ciel au-dessus de cette vallée couverte de tombeaux.

Cette dernière se rétrécit au-dessous de Gethsémani et du sépulcre de Marie ; elle n'est alors guère plus large que le torrent du Cédron qui la sillonne. Longue de quatre kilomètres et large d'une moyenne de deux cents mètres, elle est couverte de décombres et de tombes jetées çà et là, sans clôture et sans symétrie. Les tombeaux occupant la rive droite appartiennent surtout aux Musulmans ; chacun d'eux est formé d'une pierre ayant aux deux extrémités deux petites colonnes surmontées de turbans.

Ceux de la rive gauche sont aux Juifs, et se composent d'une dalle de pierre posée à plat et blanchie à la chaux avec des inscriptions hébraïques dessus. A notre droite est le mont Moriah, ancienne enceinte du temple de Salomon que remplace aujourd'hui la mosquée d'Omar. Au milieu des pierres blanches, on voit se détacher la *porte dorée* et murée avec sa large plateforme et sa double arcade à plein cintre.

Nous entrons dans la vallée sous un second pont pour remarquer une pierre portant les vestiges presque effacés de deux genoux. Les soldats qui, sous la conduite de Judas, amenaient leur victime de Gethsémani au prétoire, l'auraient brutalisée au passage du Cédron, et précipitée sur les roches parsemant le lit du torrent. La pierre moins dure que le cœur des bourreaux, aurait gardé l'empreinte des genoux du Sauveur.

En remontant un peu sur la gauche, à la base du mont Olivet, nous trouvons le prétendu tombeau d'*Absalon*. C'est un bloc de rocher creusé et orné par la main des hommes; cette maçonnerie ronde supporte un bouquet de palmes et une pointe cylindrique formant pyramide. Autour de cet édicule monolithe, on voit une frise dorique soutenue sur chaque face par quatre colonnes ioniques encadrant une ouverture. Le tout a 16 mètres de hauteur. Des pierres sont amoncelées autour, jetées par les Juifs en signe de mépris.

Tout près de ce mausolée, une petite cour creusée dans le rocher donne accès au *tombeau de Josaphat* dont le fronton est orné d'acrotères, et le tympan rempli d'élégants rinceaux. L'intérieur est une chambre sépulcrale qui rappelle les salles mortuaires des hypogées d'Egypte.

A côté on voit le tombeau de saint Jacques le Mineur; c'est une crypte dans laquelle avec huit autres l'apôtre s'était réfugié pendant le supplice de son Maître. Le portique large de six mètres, est orné de quatre colonnes doriques.

Touchant le précédent, le *tombeau de Zacharie* apparaît taillé dans la roche, orné aux angles de colonnes grossières et recouvert d'un comble en forme de pyramide. Voilà les principaux monuments de cette vallée où existe la mort et la désolation. « Dies iræ... memento, homo..., etc. » A cent mètres de là, dans le voisinage du cimetière Juif, on voit le champ dans lequel était le *figuier auquel se pendit Judas*.

Le torrent du Cédron toujours à sec en été forme son lit dans le fond de la vallée de Josaphat et se dirige vers la mer Morte. A notre droite, sur le flanc de la colline et sur la hauteur, en dehors de la ville et des remparts, on voit à l'ouest une église et un cimetière Arménien : c'est là le *champ du Potier, Haceldama ou le champ du sang*, c'est un terrain aride et irrégulier, acheté avec les trente deniers de Judas pour la sépulture des étrangers. On y trouve encore quantité de fragments de poterie. Tout près se trouve la petite colline triangulaire d'*Ophel (lieu élevé)*, autrefois comprise dans les remparts. C'est un prolongement du mont Moriah entre les deux vallées de Josaphat et de Tyropœon. A gauche, la troisième cime du mont Olivet nous rappelle les égarements de Salomon sacrifiant à Moloch et aux faux dieux : c'est au midi le *mont du scandale* ou *de l'offense*. Aux rudes flancs de ce mont déshonoré où est encore intact un des monuments ignominieux du fils de David, est attaché l'important village de Siloë, habité par 1200 bédouins fanatiques et voleurs, redoutables et pillards.

Leurs maisons grises à toitures plates surplombent la vallée ; les dômes qui surmontent chaque habitation de cette ancienne nécropole juive, lui donnent un aspect de cimetière ; c'est la juste continuation des ruines et des tombeaux qui sont aux alentours.

Voici la fontaine de Siloë, la seule de la ville, c'est la source de *madame Marie*, située au pied d'Ophel : la Vierge y aurait lavé les *drapelles* de son enfant tandis qu'elle séjournait chez le vieillard Siméon. L'eau saumâtre et irrégulièrement intermittente a un mouvement de flux et de reflux. Il faut descendre trente-deux marches pour y arriver. Un canal souterrain la conduit à 535 mètres où elle forme la *piscine de Siloë*.

Autour de la source un vallon riant, ancien *jardin du roi*, ainsi que l'*étang de Salomon* sont plantés de légumes et utilisés par les bédouins. Il y a un bassin en ruines qui sert de lavoir public. En somme si on ne se heurtait pas à l'inertie musulmane, le pays deviendrait fertile et beau à peu de frais.

Tout près de l'emplacement de *la tour*, la piscine de Siloë est un réservoir rectangulaire qui nous fait penser aux amauroses et aux ophtalmies si nombreuses autrefois, et qui ne sont pas rares aujourd'hui. On voit en effet beaucoup d'enfants, les nourrissons principalement, les yeux couverts de moustiques qu'on ne se donne pas la peine de chasser.

Toutes ces humeurs viennent de l'ardeur du soleil, de l'insuffisance de coiffure et de la fraîcheur des nuits.

Au mont Sion, on remarque la *montagne du mauvais conseil*, la tombe du grand-prêtre Anne. Tous les monticules sont percés et portent sur leurs flancs des grottes sépulcrales qui avaient servi de retraite aux apôtres pendant le temps de la Passion. Les tombeaux qui les abritaient étaient sacrés, car, d'après la loi de Moïse, ceux qui les touchaient devenaient impurs.

A droite et au sud de la ville, en contournant le mont Sion, on quitte la vallée de Josaphat pour entrer dans celle du Hennon ou de la Gehenne, au bout de laquelle se trouve le *réservoir du sultan* ou piscine des Turcs, et enfin la *vallée de la grâce*, avant de remonter vers la porte de Jaffa.

La Gehenne est une vallée profonde, étroite, obscure et encombrée d'arbrisseaux. C'est là que les Israélites avaient offert des sacrifices abominables au dieu Moloch, là aussi qu'on jetait les immondices et d'où sortaient des exhalaisons pestilentielles. Toutes ces horreurs expliquent pourquoi cette vallée méridionale était regardée comme l'image de l'enfer.

Très fatigués, nous songeons au retour, lorsqu'à la bifurcation de deux sentiers, nous nous trouvons en présence d'un camp arabe présidé par M. le comte de Piellat. La fumée qui sort d'un tonneau nous annonce que de la camomille a été apportée là pour nous délasser. Merci à la sœur Augustine et au fondateur de l'hôpital français !

Avant de partir, nous jetons un dernier regard sur la fontaine de Siloë dont les deux piscines ou étangs furent témoins des miracles de Jésus. La léproserie n'est pas très éloignée : les établissements longs et grisâtres des malheureux qui l'habitent se trouvent au bas du mont des Oliviers, au sud-est de Jérusalem ; les ouvertures sont du côté opposé à la ville, en face du rocher. En somme on ne voit que des ruines autour de la Cité, en dehors des magnifiques établissements religieux qui lui servent de ceinture et de décoration. C'est bien la ville de la désolation et de la malédiction.

CHAPITRE XIII

1. Jéricho. — 2. Fontaine d'Elisée. — 3. Le Jourdain. — 4. La mer Morte. — 5. Retour.

Mardi, 29 août.

1. JÉRICHO

Cent cinquante pèlerins se sont fait inscrire pour l'excursion à la mer Morte et au Jourdain; on tâchera d'avoir assez de voitures. Grâce à la visite récente de l'empereur d'Allemagne, certaines routes principales de la Palestine ont été améliorées et nous allons en bénéficier. Malgré cela, elles ressemblent beaucoup aux plus tristes de nos chemins vicinaux.

Nous allons être privés des bons soins auxquels nous sommes habitués. Sous la direction d'un drogman, les Arabes emportent ce qu'il faut pour la nourriture et le coucher. Mais le désert est dangereux ; les bédouins y règnent en maîtres et se croient tout permis. Nous avons heureusement un moyen *homeopathique* de nous faire respecter, c'est d'employer à notre service les meilleurs d'entre eux.

Moyennant finances, quelques intrépides cavaliers vont nous accompagner et nous servir de passe-ports. Ils résident à Aboudis, village qui leur appartient et qui est situé un peu plus bas que Béthanie : ils sont armés de fusils, de lances, de yatagans et de pistolets; leurs frères n'oseront pas nous attaquer tant qu'ils les verront avec nous.

Bientôt les voitures arrivent : ce sont des tapissières ayant toutes les formes et des landaus défraîchis; des calèches dont les ressorts crient à fendre l'âme et des coupés plus ou moins brillants. Trois chevaux maigres et nerveux y sont attelés ; les harnais sont consolidés avec des ficelles souvent. Le moukre est sur le siège : à son côté de la paille hachée pour ses bêtes et des pastèques pour lui.

Le caisson de la voiture servira de mangeoire pour les coursiers, et pendant la nuit de couchette pour le cocher. Nos arabes sont robustes parce qu'ils sont sobres et qu'ils se contentent de peu.

Une fois tous casés, nous voilà partis au milieu d'un nuage de poussière, des coups de fouet et des criailleries de nos conducteurs. Nous descendons la pente à une allure vertigineuse : Songez donc : Jérusalem est à 800 mètres d'altitude, et la mer Morte ainsi que Jéricho à 400 mètres au-dessous du niveau de la mer, dépression unique au monde.

La route trace d'interminables lacets autour des montagnes de Judée; elle côtoie des précipices; partout le chemin est rocheux, aride et sec. Sur le flanc des collines on remarque des sentiers parcourus par les piétons, les ânes et les chameaux. Quelle désolation ! Nos chevaux ne connaissent aucun obstacle ; ils passent partout à fond de train. Nos véhicules se penchent tantôt à droite, et tantôt à gauche ; nous sommes secoués par d'invraisemblables cahots.

Quelques-uns seront brisés ou renversés ; n'importe !

L'AUBERGE DU BON SAMARITAIN

On les remet sur pied facilement, et on court plus vite pour ne pas être en retard. Les chutes ne seront pas sérieuses, puisque tous sont revenus sains et saufs. Nous pouvons faire une première halte et nous rafraîchir à la *fontaine des Apôtres*. Les bêtes boivent de cette eau, malgré les sangsues annoncées.

Au bout d'un quart d'heure on repart de plus belle, car nos 28 kilomètres ne sont pas encore faits. Une deuxième halte plus importante a lieu au *Khan du bon Samaritain* qui nous rappelle la parabole de l'Evangile ; là nous prenons un frugal repas, et surtout nous buvons, car la chaleur accablante rend nos gosiers altérés.

Un autre arrêt a lieu dans un site sauvage et grandiose, afin de nous laisser contempler le couvent *de Kosiba*. Rien de pittoresque comme ces rochers abrupts aux flancs desquels, semblable à un nid d'aigle, le couvent grec est accroché.

Au fond coule un torrent ; partout des escarpements arides : Les moines habitent des grottes auxquelles ils parviennent en se servant d'échelles à corde. On leur passe leur maigre pitance au moyen d'un fil de fer fortement tendu le long duquel ils font glisser un panier. Au loin, à l'horizon, on aperçoit le sommet quadrangulaire du *mont de la Quarantaine*, où Notre-Seigneur se retira pour jeûner pendant quarante jours.

Bientôt nous dégringolons sur la route avec une allure de plus en plus effrayante ; jamais un attelage européen n'oserait s'aventurer à travers un coupe-gorge pareil. Une côte toute ravinée, pleine de trous et de rochers, descend presque jusqu'à pic. Quelques-uns des nôtres préfèrent la parcourir à pied ; les autres lancés à toute vitesse, sont heurtés et secoués dans tous les sens. C'est une véritable danse à l'intérieur ; jamais navire ne fut si bien cahoté. Pour résister à pareils chocs, il fallait que les voitures fussent bien solides, et les pèlerins aussi.

Voici enfin la belle plaine de Galgala : nous sommes attendus à *l'hôtel Bellevue* et à *l'hôtel de la Paix*. Une grande tente-salon est dressée à *Gilgal-Hôtel;* c'est là où, pour avoir plus d'air, nous allons déjeûner. Quarante degrés à l'ombre! Quelle fournaise! Chacun de nous est transformé en fontaine... Il fait une soif!... Mais, plus nous buvons, et plus il fait soif. Limonade, jus de grenade et de citron, rien n'y fait. Impossible

HOTEL DE LA PAIX
(Cliché de Mlle Levent.)

d'avoir de l'eau fraîche. Quelques-uns se font apporter de la bière, dans l'espérance de réussir à se désaltérer : peine inutile! Elle est trop chaude et a perdu sa saveur. Et cependant la bouteille coûte 1 fr. 50, comme à Pompéï.

Bientôt le couvert est mis : nous prenons place : le pain gris et lourd des Arabes est chaud; les assiettes et les gobelets nous brûlent les doigts. Les plats sont nombreux et abondants, mais quelle cuisine, grand

11

Dieu! Quel goût! Nous avons l'amabilité d'en rire.
Que voulez-vous? C'est un pèlerinage de pénitence.
Où serait le mérite si nous avions tous les avantages
et toutes les commodités !

Nos serviteurs se multiplient ; les sauces sont allon-
gées quelquefois par la sueur qui coule de leurs fronts
bronzés ; ce n'est pas fait exprès, sans doute ; mais
voilà un assaisonnement nouveau et sur lequel on ne
comptait pas. A la guerre, comme à la guerre! Les
dames elles-mêmes, tout en avouant qu'elles seraient
bien plus difficiles en France, prenent la chose gaie-
ment. On ne pourra toujours pas dire qu'à Jéricho,
ça manque de sel.

Après le repas, une sieste s'impose ; nous allons
nous étendre devant les fenêtres ouvertes, bien heureux de ne pas être dérangés par les guêpes ou les
moustiques aux morsures particulièrement désagréables. Ici les courants d'air n'existent pas.

A quatre heures, la cloche retentit ; nous reprenons
nos voitures et nous partons pour la *fontaine d'Elisée*.
Nous traversons la plaine morne et grise : à notre
droite le Jourdain se devine en avant des monts de
Moab. Jéricho n'est plus la ville forte d'autrefois, ce
n'est plus la ville des roses et des palmiers ; en se dé-
plaçant un peu, elle est devenue un pauvre village
composé de huttes basses agencées avec des branches
d'arbres et de la boue.

Des bédouins crasseux, farouches et voleurs y
habitent ; les chacals et les léopards sont repoussés
par des haies de cactus, de nopals et d'arbustes épineux. Une tour haute de douze mètres et qui date

des rois francs, sert de caserne à des *bachi-bouzouks*, sortes de cavaliers turcs irréguliers. Malgré cela, cette plaine immense doit être fertile et verdoyante au printemps, à cause du voisinage des eaux.

La végétation y est très abondante : on y voit des lentisques et des acacias, des jujubiers sauvages et des spina Christi, des térébinthes et des bananiers, des

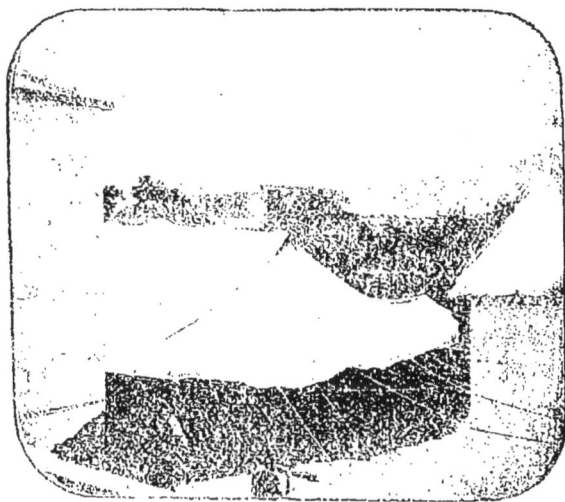

LA TENTE A GILGAL-HOTEL.
(Cliché de M. Maillard.)

lauriers-roses et des figuiers, des pastèques, des peupliers et palmiers.

2. Fontaine d'Elisée

La fontaine d'Elisée est située à peu de distance, un kilomètre environ, du *mont de la Quarantaine* ou *mont de la Tentation*. Pour arriver au sommet de ce dernier qui s'élève de 5oo mètres et domine toute la plaine, pour en visiter les cellules, les grottes et le couvent Grec, quelques-uns des plus intrépides et des plus hardis s'élancent à travers ses pentes périlleuses, étroites et raides.

Là-haut, ils auront une vue splendide : avec le Jourdain et le désert, le Liban et l'anti-Liban, ils apercevront les hautes plaines de Moab et de Galaad, les montagnes de la Judée et de la Galilée, voire même les déserts inhospitaliers de l'Arabie. Pendant ce temps, les autres s'arrêtent devant la fontaine d'Elisée qui va devenir un bassin de natation. On sait que, d'amères qu'étaient les eaux, le prophète les rendit claires, limpides, et agréables ; elles entretiennent un ruisseau auprès duquel règne une délicieuse fraîcheur.

Quelle satisfaction de pouvoir se baigner après une telle chaleur ! Nos moukres en profitent pour saisir nos vêtements afin de les garder contre les voleurs, disent-ils, et ils nous les rendent en nous demandant : Bakchiche. Nous n'en sommes pas surpris ; mais quand leurs importunités dépassent la mesure, nous montrons les dents ou le poing ; c'est pour nous le seul moyen d'avoir la paix.

Au retour, après le dîner, on improvise une cérémonie simple et rustique pour la prière du soir. L'hôtelière nous prête une icône que nous fixons au tronc d'un chêne vert environné de quelques oliviers. Les pèlerines garnissent l'autel avec des palmes, des lauriers et quelques flambeaux. Après le chapelet, le père Dominicain s'adressant à ses *chers compagnons de pèlerinage,* prononce une courte et touchante allocution.

Des cantiques le soir, la prière au milieu du désert, c'est émouvant, car on se sent plus près de Dieu! La nuit fut pénible; comment dormir à Jéricho au mois d'août?

3. Le Jourdain

A deux heures du matin, les Arabes emportaient le matériel, les tentes et les autels portatifs, et à trois heures nous prenions la route du Jourdain. Je dis la route, car je crois bien que nos voitures couraient un peu partout, franchissaient les ornières et les haies, passaient sur des ponts de bois reliés avec des branches, par-dessus les arbustes et à travers les lits des torrents.

Les roues soulevaient une poussière aveuglante et s'enfonçaient dans le sable mouvant. Quand un accident arrivait, on se relevait sans avaries, et la course recommençait; la Providence veillait sur nous. Après une heure de galop, au milieu des tamaris, nous longeons le couvent Saint-Jean. Voici la tente un peu plus loin!

Nous sommes sur les bords du Jourdain : le père Ismaël s'empresse de dresser seize autels pour quatre-vingt-douze prêtres, et les messes vont se célébrer comme sur la *Nef* du Salut. Il y a de nombreuses communions. Un ecclésiastique commente la parole du Précurseur : « *Ecce agnus Dei.* Voici l'agneau de

Dieu. » Nous renouvelons les promesses de notre baptême, le cœur ému.

Puis, nous nous éparpillons à travers les lianes, les ajoncs et les roseaux sur les bords du fleuve, sur ces

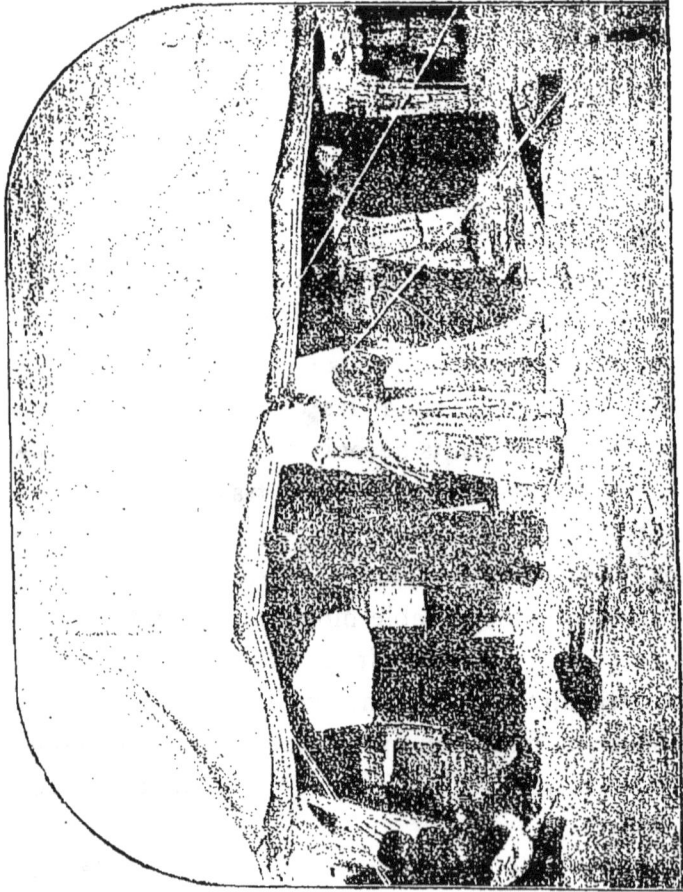

LA MESSE SOUS LA TENTE PRÈS DU JOURDAIN
(Cliché de M. Lalon.)

bords que Jésus a parcourus, et où il a été baptisé par saint Jean. « Où trouver un fleuve plus illustre, a dit saint Bernard, consacré par une sorte de présence sensible de la Trinité? Car, sur ces bords, la voix du Père se fit entendre, le Saint-Esprit se fit apercevoir, et le Fils fut baptisé. »

Le Jourdain prend sa source au Grand-Hermon, forme la petite mer de Galilée, et après 42 lieues de parcours à travers une vallée dont la dépression est la plus accentuée de l'univers, arrive jusqu'à la mer Morte par une embouchure de sept à huit kilomètres

SUR LES BORDS DU JOURDAIN
(Cliché de M. Maillard.)

de largeur. Ce fleuve est sacré pour les Juifs comme pour les chrétiens, à cause des souvenirs bibliques et évangéliques dont il fut le témoin. — La rapidité du courant rend les bains dangereux : malgré la défense, quelques-uns d'entre nous s'empressent d'y piquer une tête pour se rafraîchir, car il commence à faire terriblement chaud; beaucoup d'autres se baignent au moins les pieds.

Mais, entre deux énormes pierres, un grand feu
apparaît : au-dessus est un immense chaudron ; le
petit déjeûner nous attend : œufs, café, camomille, etc.
Puis, en route pour le lac Asphaltite, à travers la plaine
sablonneuse semée de broussailles et de buissons !

4. La Mer Morte

Après une course fantastique et mouvementée, nous
faisons halte devant une mer métallique et sous un
soleil de plomb. On regarde avec tristesse et curiosité
ce miroir immobile, ces eaux sans rides, environnées
de montagnes calcinées. « C'est une mer pétrifiée »,
a dit Lamartine, cela est vrai.

La mer Morte a une longueur de 80 kilomètres et
une largeur de 16 à 20 kilomètres, selon la saison ;
c'est 200 kilomètres de circuit environ. On montre
l'emplacement des villes englouties sous un déluge de
soufre et de bitume par la colère de Dieu : Sodome
se trouvait du côté du couchant sur la rive méridionale, et Gomorrhe sur la rive orientale. Les eaux
sont six fois plus denses que celles de la Méditerranée ; elles ont un goût amer et corrosif.

Chargées de bitume et de sel, elles rejettent de leur
sein les poissons amenés par le Jourdain ; nous en
trouvons quelques-uns sur le rivage. Nos baigneurs
ne peuvent pas enfoncer ; pourvu qu'ils sachent se
maintenir en équilibre, l'eau les porte tout debout.
L'un d'eux, cependant, un prêtre, s'avance, tenant un
en-cas au-dessus de l'eau ; il perd pied et pique une

tête... forcée... Un diacre de Lyon se précipite à son secours et voit ses mouvements paralysés par celui qu'il veut sauver ; en effet, effrayé, le noyé a perdu son sang-froid. Le Père capucin a tout vu, heureusement ; il accourt et n'a qu'à tendre la perche et la main pour sortir et la victime et le sauveur.

Au contact des eaux de ce lac maudit, les boutons et les érosions de la peau produisent une désagréable

SUR LES BORDS DU JOURDAIN
(Cliché de M. Maillard.)

démangeaison ; le corps en sort âcre et gluant, graisseux et huilé. Ces inconvénients sont longs à disparaître.

5° RETOUR

Pour le retour, nos véhicules exécutent de la haute voltige au grand effroi de quelques-uns : Il faut des-

cendre des pentes, franchir des crevasses et traverser
des ravins faisant partie d'un ancien lit de la mer
Morte. C'est une course folle avec une seule voiture
renversée. Nous passons tout près du couvent grec
de Saint-Jean-Baptiste, et par une chaleur intense
nous revenons à notre hôtel pour déjeûner.

A trois heures, départ pour Jérusalem ! Nous esca-
ladons à pied les monts de Galgala. Tandis que mes
compagnons passaient devant sous un soleil de feu,
j'étais resté près de la voiture, à cause de ma fatigue
qui était excessive. Tout à coup, à mi-côte, les chevaux ne peuvent plus avancer. Vainement, le cocher
les excite de la voix et du fouet; inutile ! Les autres
nous attrapent et prennent les devants ; quelques-uns
poussent à la roue; rien n'y fait.

Bientôt, tous mes co-pèlerins sont déjà loin, et je
me trouve isolé avec ma voiture et mon conducteur.
Celui-ci, découragé, indécis, se couche à l'ombre de
son attelage. J'étais inquiet, car la soirée avançait, et
je ne tenais guère à prolonger mon séjour sous ce climat si malsain. Des caravanes de bédouins passaient
à côté de moi; leurs yeux luisaient et cachaient de
mauvaises intentions, car j'étais seul pour veiller et
garder les bagages de mes compagnons.

Brusquement, je me résolus à employer les grands
moyens : du geste et de la voix, j'invite le moukre à
remonter sur son siège ; vains efforts ! Même, après
un instant de repos, les bêtes ne voulaient plus
démarrer.

Je lui ordonne alors de redescendre à Jéricho, afin
de retrouver d'autres chevaux; refus d'obéir! Je me

fâche! Il remonte sur son siège; puis, au lieu de tourner bride, remet pied à terre et se recouche auprès du véhicule, plus d'énergie! Elle était à bout! « C'était écrit! » Telle est la formule du fatalisme musulman.

Ah! ma foi, perdant patience tout à fait, je saute sur le chemin, je saisis mon guide au collet, et je me mets en devoir de le boxer. A la première bousculade,

LA MER MORTE
(Cliché de M. Maillard.)

il reprend son fouet et me ramène à Jéricho, où j'eus la chance de trouver encore le drogman à qui j'expliquai la situation. On obligea le malheureux cocher à changer l'un de ses chevaux, et nous voilà repartis.

Je n'arrivai pas des premiers, sans doute; mais j'eus encore la bonne fortune de prendre quelques compagnes et compagnons victimes d'accidents, et de rattraper le gros de la troupe pour l'arrêt obligatoire au Khan du bon Samaritain. Ce que c'est tout de

même dans ce pays que l'influence de la courbache et
du fouet!

Arrivés à la fontaine des Apôtres, une voix impé-
rieuse crie : « halte! » Je vois un feu qui brille dans
l'ombre. Est-ce que ce sont des Arabes embusqués
pour quelque mauvais coup? Le moukre hésite ;
il s'arrête enfin. Une main apparaît dans la voiture,
suivie bientôt par une tête portant le couffieh oriental ; c'est M. de Piellat qui nous offre de la camomille... Pendant tout le voyage, la bonne supérieure
de l'hôpital s'était empressée autour de nous pour
nous prodiguer ses services et ses conseils.

Nous achevons notre course après avoir très chaleureusement remercié. Le conducteur reçut souriant
le bon pourboire que je lui avais promis ; et vers dix
heures, nous fîmes notre entrée à Notre-Dame de
France. Des applaudissements nous accueillirent, car
nous étions les derniers attendus et rendus.

CHAPITRE XIV

1. Gethsémani. — 2. Le Jardin. — 3. La Grotte. — 4. Le Tombeau de la sainte Vierge. — 5. Saint Jean dans la montagne. — 6. Sanctuaire de la Visitation. — 7. Basilique de la Nativité de saint Jean. — 8. Saint-Jean-du-Désert.

Mercredi, 30 août.

I. GETHSÉMANI

PENDANT notre absence de deux jours, ceux des nôtres qui étaient restés à Jérusalem, n'avaient pas perdu leur temps ; ils avaient continué leurs pérégrinations en suivant le programme déjà tracé. A mon retour, je me suis arrangé pour n'être pas en retard, et j'ai pu trouver le temps nécessaire pour visiter ce qu'ils avaient vu. Voilà pourquoi j'en fais le récit sous la date du mercredi, 30 août, afin de remplir exactement le rôle que je me suis assigné.

Je vais dire la sainte messe dans la grotte de l'agonie ; pour cela je descends avec quelques pèlerins le long du rempart du Nord. Arrivé au bas de la côte, je laisse à droite la vallée de Josaphat, je passe le torrent

du Cédron sur un pont d'une seule arche ; à quelques
pas en face de moi, sur la route qui conduit au sommet du mont Olivet et par suite au bas de son versant
occidental, se trouvait un assez vaste jardin planté
d'oliviers, et une grotte que l'on appelait *Gethsémani*,
c'est-à-dire *pressoir d'huile*.

C'était là, loin de tout bruit et de toute distraction,
la retraite préférée de Jésus. Le jardin actuel est la
propriété des religieux franciscains ; depuis 1846, il
est enclos de murs, et forme un carré de cinquante
mètres environ ; il est beaucoup plus petit qu'autrefois, car la grotte en est séparée par un chemin
public.

Devant la petite porte d'entrée, on voit encore un
énorme rocher incliné sur lequel s'étaient endormis
Pierre, Jacques et Jean, tandis que leur divin Maître
veillait et priait.

Non loin de là, au fond d'une impasse formée depuis peu, existe un débris de colonne indiquant l'emplacement de *l'Osculo* ; c'est l'endroit où le traître
Judas donna l'hypocrite et homicide baiser.

2. LE JARDIN

Le jardin dans lequel nous entrons par une porte
en fer très basse, est admirablement cultivé et entre-
tenu ; des fleurs variées d'Europe en tapissent les
carrés. Voici les huit oliviers témoins probablement
des angoisses, de la tristesse et des supplications de
l'Homme-Dieu.

On sait que cet arbre très long à croître, vit des
siècles et des siècles et qu'il se renouvelle par ses
racines. Or, ceux-ci sont bossus, contournés et creux ;
on n'en trouve pas d'aussi vieux ailleurs. Leurs
racines immenses sont couvertes de terre jusqu'à plus
d'un mètre ; leurs rameaux encore verts s'élèvent à
trois mètres de hauteur.

LE JARDIN DE GETHSEMANI

Une forte balustrade les protège contre les indis-
crétions ; les noyaux de leurs fruits servent à composer
des chapelets que le R. P. custode offre à tout pèlerin. « Il est doux pour l'âme chrétienne, a dit Lamartine, de prier en roulant dans ses doigts les noyaux
d'olives de ces arbres dont Jésus arrosa et féconda
peut-être les racines de ses larmes, quand sur la terre
il pria lui-même pour la dernière fois. »

Autour des murs et à l'intérieur du jardin, Isabelle II,

reine d'Espagne, a fait placer un chemin de croix composé de quatorze petites chapelles, renfermant des tableaux peints sur porcelaine de Valence.

En ce lieu, les siècles et les souvenirs aident à la méditation. C'est là en effet que le divin Sauveur laissa échapper de son cœur ce cri déchirant : « *Tristis est anima mea usque ad mortem !* Mon âme est triste jusqu'à en mourir ! »

Au nord du jardin est une ruelle de vingt-cinq mètres environ, au bout de laquelle on trouve, contiguë au tombeau de la très sainte Vierge, la grotte de Gethsémani elle-même. Nous en descendons les six degrés avec un religieux frémissement.

3. La Grotte

C'est pour nos fautes qu'en cet endroit le calice d'amertume a été vidé jusqu'à la lie. Prosternés sous la roche et les yeux demi-clos, nous sommes en esprit à côté du céleste Agonisant : bien longue et bien fervente a été notre prière !...

La *Grotte de l'agonie* est une caverne naturelle et circulaire de douze mètres de long sur huit de large ; la voûte est soutenue par des piliers provenant du roc lui-même ; au milieu apparaît une vaste ouverture par laquelle sans doute on jetait les olives aux ouvriers réunis autour du pressoir.

Une grille en fer la protège contre les pierres jetées par les Juifs : pas de marbres, ni de draperies ! La

roche est à nu ; elle peut recevoir nos pieux baisers.
Trois autels en font une chapelle : sous le principal,
une plaque de marbre reproduit ces mots qu'on ne lit
pas sans émotion : « *Hic factus est sudor ejus sicut
guttæ sanguinis!* Ici, il lui vint une sueur comme de
gouttes de sang ! »

Un riche bas-relief représente le Créateur agonisant, et l'ange venu du ciel afin de le fortifier pour le
dernier combat. C'est là que je me dispose à faire
couler mystiquement sur l'autel, le sang que le Christ
commença d'y répandre réellement pour la rémis-
sion des péchés.

Les tristesses de l'agonie et de la mort succédaient
aux joies de la naissance à Bethléem et aux gloires de
la Résurrection au Saint-Sépulcre. Tous ceux qui
m'étaient chers ne furent pas oubliés pendant l'auguste
sacrifice. Oh ! Qu'il fait bon prier ici ! Et cependant
Jésus s'y trouvait seul, abandonné de tous. Son sang
qui devait tomber sur nos âmes a coulé sur ce roc;
je lui demande avec amour que ce ne soit pas inutilement.

4. LE TOMBEAU DE LA SAINTE VIERGE.

En sortant, à deux pas, au Nord-Ouest de la grotte,
nous sommes devant le monument qui sert de tombeau à la vierge Marie. Nous allons le visiter bien
qu'il appartienne aux Grecs et aux Arméniens : le
porche a huit mètres carrés; l'entrée ou plutôt la

façade est décorée de deux grandes ogives concentriques et flanquée de deux contreforts romans.

Le portail précède un escalier en marbre de quarante-sept degrés ; l'église souterraine, ouvrage des croisés, possède la forme de la croix latine avec absides semi-circulaires aux deux extrémités ; elle a trente-deux mètres de long sur sept mètres de large. Au septième degré, à droite, une porte murée conduisait à la grotte de l'agonie ; après la vingt-et-unième marche, des excavations latérales renferment, à droite, les tombeaux de sainte Anne et de saint Joachim, et à gauche, celui de saint Joseph. C'est une véritable sépulture de famille.

Au fond, à droite, vers le tiers de l'édifice et au levant, le sépulcre de la Vierge creusé dans le roc, est enfermé dans une chapelle en marbre blanc qui a deux entrées, l'une au nord et l'autre au couchant. Une table ou plutôt une banquette funéraire et isolée en marbre sert d'autel. Toutes les confessions y ont droit ; seuls les catholiques en sont exclus, bien qu'on les reconnaisse comme propriétaires par un firman de 1852. Voilà à quoi aboutissent les empiètements schismatiques et la vénalité des Ottomans.

Au-dessus de cette grande crypte, se trouvait l'église de l'Assomption, une magnifique basilique dont on ne voit que de rares et tristes débris. Nous vénérons le lieu trois fois béni, où le corps Immaculé de la Vierge-Mère ne fit que passer : on sait qu'il fut préservé des atteintes de la corruption, et que ce privilège se célèbre le jour de la fête de l'Assomption.

5. Saint Jean dans la Montagne.

Ma soirée a été employée à pousser une pointe jusqu'à *Saint-Jean in Montanâ,* Saint-Jean du Désert ;
c'est là que nous attire le souvenir de la sainte Vierge,
de saint Jean-Baptiste, d'Elisabeth et de Zacharie.
En voiture ou à cheval, nous formons rapidement
une caravane, et nous voilà partis par la porte de
Jaffa.

Nous passons à l'extrémité de la vallée du Gihon,
devant la *piscine supérieure,* aujourd'hui desséchée.
A l'est, s'étend le *champ du foulon,* célèbre par le
souvenir de l'ange exterminateur de l'armée de Sen-
nachérib. A mi-chemin de notre course, à une lieue
environ, nous apercevons le couvent Grec de Sainte-
Croix, assis au milieu des oliviers et des arbustes
verdoyants.

La tradition veut que la matière de la croix où fut
attaché le divin Maître, le cèdre, l'olivier et le cyprès,
ait été prise en cet endroit. Il y a une église magnifique où abondent les peintures et les mosaïques. Au
bas du vallon où s'élève le monastère, débouche la
grande vallée du *Térébinthe ;* puis le chemin devient
difficile ; le sol est raboteux et les sentiers sont
escarpés.

Nous descendons à toute vitesse une pente rapide
qui surplombe une profonde vallée, c'est effrayant ;
mais nous sommes aguerris contre les accidents. Les
nombreuses vignes qui ornent les côteaux fournissent

un vin très alcoolique et excellent. Mais voici dans le fond *Aïn-Karim, source généreuse,* ou Saint-Jean dans les montagnes. Oh ! la charmante oasis !

Le village de 1200 habitants dont le sixième catholique, est perdu au milieu des vignes et des oliviers. Des bouquets de verdure environnent un vallon fleuri dont le centre est occupé par l'orphelinat des dames de Sion. Dans le bas, à droite, on voit une source abondante qui entretient partout la fraîcheur. C'est la *fontaine de Marie* ainsi nommée parce que, pendant son séjour de trois mois chez sa cousine, la Vierge dut y venir souvent. A côté le village et la maison de Zacharie sur laquelle s'élève le clocher neuf de la basilique occupée par les franciscains.

6. Sanctuaire de la Visitation.

A gauche, apparaît une colline parsemée de verdure et de villas : c'est là qu'Elisabeth fut visitée par la mère de Dieu ; c'est là qu'est le *sanctuaire de la Visitation.* C'est là que, par la bouche de ces deux femmes, l'Esprit-Saint fit entendre les paroles prophétiques qui ont traversé les siècles, et rempli de joie et d'admiration le monde chrétien.

« Vous êtes bénie entre toutes les femmes, et le fruit de vos entrailles est béni. — *Magnificat..,* etc. Toutes les nations m'appelleront bienheureuse, etc. » C'est la rencontre du premier des évangélistes et du dernier des prophètes, de l'ancien et du nouveau

Testament. Nous mettons pied à terre en nous rappelant tous ces détails.

Nous traversons le fond de la vallée pour visiter
d'abord le sanctuaire de la Visitation qui appartient

SAINT-JEAN-IN-MONTANA. — LA BASILIQUE DU MAGNIFICAT

aussi aux franciscains. Nous sommes poursuivis par
les demandes du bakchiche traditionnel.

Vers le milieu de la colline, nous tournons à gauche
pour traverser une petite esplanade et arriver en face
de ce touchant oratoire. Nous entrons : à droite, dans

le mur, se voit un quartier de roche conservant l'empreinte du corps d'un enfant. La légende nous apprend que, lors du massacre des Innocents, le petit Jean-Baptiste y fut miraculeusement enfermé, et sauvé du fer meurtrier des soldats qui le recherchaient.

Vis à vis de cet oratoire, et un peu plus haut, se dresse un béguinage russe : de son groupe d'habitations, s'élance aigu et élevé un clocher à pointe qui anime le paysage de cette colline verdoyante. Après avoir prié, nous quittons le sanctuaire bâti sur l'emplacement de la maison des champs de Zacharie.

Nous goûtons l'eau délicieuse de la source qui s'y trouve ; puis nous retournons au village situé en face de nous et dont la perspective est admirable.

7. Basilique de la Nativité de saint Jean.

Le couvent et l'église des Franciscains sont construits à l'endroit même de la maison de Zacharie où naquit saint Jean ; tout autour se dressent de vigoureux sycomores et des palmiers élancés. Le bourg est assis sur un mamelon entouré de profondes et sombres vallées dont les flancs sont taillés presqu'à pic dans le rocher gris.

On y aperçoit de profondes cavernes ; çà et là, quelques touffes d'arbres et d'arbustes toujours verts ; ce qui est très agréable dans un pays où on ne rencontre que le terrain découvert et la roche nue.

La basilique de la Nativité de saint Jean est édifiée d'après le style de la Renaissance. De lourds piliers

carrés la partagent en trois nefs écourtées ; les parois
sont tapissées de carreaux de faïence blanche à dessins
bleus. Parmi les nombreuses toiles, on y voit un
saint Antoine de Padoue, copie du chef-d'œuvre de
Murillo.

Les quatre cloches s'appellent : Visitation, Jean-
Baptiste, Elisabeth, Zacharie. A gauche, un escalier
en marbre conduit à la grotte de la Nativité de Saint-
Jean ; c'était jadis une chambre de la maison de Zacharie, car le terrain s'est exhaussé comme partout.

C'est donc ici que vit le jour l'enfant miraculeux
d'une mère stérile jusqu'alors. Son nom, révélé à ses
parents par l'archange Gabriel, le même qui salua
Marie, signifie : *miséricorde, grâce, pitié*. De tous les
saints, après la Vierge, il est le seul dont on célèbre
la Nativité merveilleuse.

Sur les murs de cette chapelle souterraine, se trouvent cinq bas-reliefs en marbre blanc et d'un travail
admirable, offerts par le roi de Naples. Ils représentent la Visitation de la sainte Vierge, la naissance du
Précurseur, sa prédication dans le désert, le baptême
de Jésus-Christ dans le Jourdain, et la Décollation.

Une plaque que nous baisons respectueusement est
enchâssée dans le pavé et porte cette inscription :
« *Hic precursor Domini natus est*. C'est là que le
précurseur du Seigneur est né. » Six lampes sont
suspendues et allumées sous la table de l'autel où on
célèbre la messe du 24 juin.

Comme nous chantons avec âme, après Zacharie,
le magnifique cantique du « *Benedictus* » en ce lieu
où naquit le plus grand des enfants des hommes,

Les souvenirs évangéliques se pressent en foule dans notre esprit, et de nos cœurs s'élèvent ardentes vers le ciel, la prière, l'action de grâces et l'admiration.

Nous nous rendons au couvent des dames de Sion dont les orphelines nous souhaitent la bienvenue en français, par un chant très justement et très harmonieusement exécuté. Après quelques rafraîchissements nous visitons la chapelle du P. Ratisbonne, et sa chambre où rien n'a été dérangé depuis sa mort. A l'heure fatale la pendule est arrêtée sur la cheminée. Ce Juif converti par la médaille miraculeuse et qui a fait tant de bien, repose dans un petit cimetière au fond du jardin. La tombe est seule dans un coin à gauche, ombragée d'un laurier aux fleurs blanches. Un peu plus loin, de l'autre côté, se trouve la sépulture des religieuses : pour y arriver, nous traversons plusieurs parterres de fleurs, ainsi qu'une petite allée bordée à droite d'une haie de thym dont la pénétrante odeur embaume l'air autour de nous.

8. SAINT-JEAN DU DÉSERT.

Quelques intrépides partent pour Saint-Jean du Désert, à huit kilomètres environ, afin de voir l'endroit où le Précurseur passa vingt ans de sa vie. On escalade des collines pierreuses et des vallons peu fructueux. Au bas de la vallée du Térébinthe, est un torrent dans le lit duquel David prit les cinq cailloux qui lui servirent à renverser le géant Goliath.

Voici l'antique Modin qui ressemble à un château-fort. Plus loin, c'est, paraît-il, la chaire de Saint-Jean formée par des pierres amoncelées sur un rocher. Nous arrivons enfin à la cellule du saint : dans les flancs d'une colline escarpée s'ouvre une grotte de difficile accès.

Cette caverne, longue de cinq mètres et large de trois, a deux ouvertures dont l'une sert de porte et l'autre de fenêtre. De cette dernière la vue est fort belle sur la vallée. Au fond, dans le roc, une saillie est regardée comme le lit du modèle des pénitents ; il sert aux religieux quand ils veulent célébrer la sainte messe avec un autel portatif.

Du rocher coule un filet d'eau qui remplit un petit bassin et de là s'échappe à travers le vallon. Sur le versant de la colline, on voit de nombreux *caroubiers ;* cet arbre dont le bois est très dur produit des fleurs qui engendrent de longues siliques dont se nourrissent les pauvres. Ce fruit appelé *locuste* chez les anciens à cause de sa ressemblance avec certaines sauterelles est vulgairement dénommé : *pain de Saint-Jean.*

A cette nourriture, le précurseur ajoutait du miel sauvage cueilli dans la fente des rochers. Au-dessus de la grotte, on voit une chapelle dite : de *Sainte-Elisabeth,* à côté de laquelle se trouve la chambre du gardien ; ce qui laisserait supposer que la mère est venue habiter pendant quelque temps auprès de son fils.

Vis-à-vis de la grotte, au delà de la vallée, est un village turc qui cultive ces riches vallons, et anime un peu cette contrée déserte, solitaire et sauvage : c'est

Beit-Djala. Il est occupé par deux mille habitants, schismatiques en grande majorité.

Mais le temps presse ; il faut rejoindre nos compagnons et retourner à Jérusalem pour le repas du soir. Le retour s'effectue sans accident fâcheux, mais non sans lassitude et sans chaleur.

CHAPITRE XV

1. Le mont des Oliviers.— 2. Mosquée de l'Ascension. — 3. Couvent du Carmel. Le Pater.— 4. Bethphagé et Béthanie.— 5. Réception du Consul général français.

Jeudi, 31 août.

1. Le Mont des Oliviers

AUJOURD'HUI jeudi, nous devons célébrer la fête de l'Ascension à l'endroit même où Jésus-Christ s'éleva vers le ciel. Une mosquée l'occupe, il est vrai ; mais la forte somme a dompté toutes les difficultés. Les autels sont partis ; tout sera prêt pour les prêtres qui voudront dire la sainte Messe dans la mosquée ou au Carmel.

De là nous passerons par Bethphagé et Béthanie et nous reviendrons par la vallée de Josaphat ; en résumé, c'est une véritable excursion autour du mont des Oliviers.

Quelques-uns partent en voiture et suivront la nouvelle route arrangée pour l'empereur d'Allemagne ; mais beaucoup iront à pied, à âne ou à cheval, ce qui leur permettra de passer partout.

Le mont Olivet est à l'est de Jérusalem ; il domine tous les environs et se partage en trois mamelons distincts. Sur ses flancs sont des bancs de rocher, des vignes, des caroubiers et surtout des oliviers. En prenant le sentier escarpé qui part de Gethsémani, on rencontre à quelques mètres de distance des constructions russes au milieu desquelles se trouve une roche blanche à laquelle on rattache une légende charmante.

Thomas ou Didyme, après avoir prié dans le tombeau vide désormais de la Mère de Jésus, se retirait avec les autres apôtres, quand il aperçut parmi les anges la divine Vierge qui, en souriant, laissa tomber son voile ou ceinture au milieu d'eux. Ce vêtement serait conservé en Toscane, à Prato.

Un peu plus haut, quelques oliviers indiquent l'endroit où l'archange Gabriel apparut à Marie pour lui annoncer sa mort prochaine. Arrivés sur la hauteur, nous voyons à gauche le mamelon septentrional appelé *Viri Galilœi*, parce que là étaient dressées les tentes des Galiléens quand ils venaient pour les grandes fêtes à Jérusalem. On y aperçoit encore les vestiges d'une église et d'un couvent.

2. Mosquée de l'Ascension

Le lieu proprement dit de l'Ascension est situé sur une plateforme : la basilique de Sainte-Hélène a été en partie saccagée : c'était une rotonde octogone avec double enceinte et surmontée d'une coupole ouverte comme à Rome le Panthéon d'Agrippa.

Les Sarrazins la détruisirent et la remplacèrent par une mosquée en l'honneur de Jésus. C'est un monument à huit pans de six à sept mètres de diamètre, surmonté d'une coupole.

Vers le milieu, une roche jaunâtre et très dure, encadrée dans une bordure saillante de marbre blanc porte l'empreinte d'un pied humain. En regardant attentivement la pierre usée par les baisers on remarque des vestiges du pied de droite qui a été enlevé depuis longtemps.

Les autels sont dressés : nous célébrons la messe de l'Ascension et nous en méditons les belles paroles. Après avoir satisfait largement notre dévotion, avant de quitter cet endroit glorieux, je n'oublie pas, malgré les demandes réitérées que les Turcs font de : Bakchiche, de monter sur le minaret de la Mosquée, afin de jouir de l'admirable panorama qui se déroule sous les yeux.

On en juge encore mieux de la tour d'observation à six étages et 214 marches, qu'un peu plus en arrière les Russes ont bâtie depuis 1885. Le point de vue est l'un des plus étendus et des plus beaux de la Palestine et peut-être du monde entier.

Le regard embrasse à l'Occident Jérusalem et ses environs, et par-dessus à l'horizon, Jaffa et la ligne bleue de la Méditerranée qui se confond avec l'azur du firmament. A l'orient, apparaissent la plaine de Jéricho, la mer Morte, la vallée du Jourdain et la ligne bleuâtre des monts de Moab.

Au nord, le mont Scopus et Montjoie, Naplouse et
les collines abruptes de la Galilée ; au midi, Bethphagé, Béthanie et les montagnes de la Judée. Mais
il faut nous arracher à ce spectacle, car le soleil monte
et nous éblouit de plus en plus.

3. Couvent du Carmel. — Le « Pater »

A 200 mètres en contre-bas, la chapelle des Carmélites nous attend ; on doit y entendre la messe du
pèlerinage.

Ce couvent a été fondé par une française, la princesse de la Tour-d'Auvergne, née comtesse de Bossi,
laquelle y a installé les sœurs du Carmel. Celles-ci
récitent et méditent à chaque heure de la journée et
même de la nuit, l'Oraison Dominicale, la prière par
excellence.

On sait que le *Pater*, avait été une première fois
enseigné par le Christ sur la montagne des Béatitudes,
en Galilée ; on croit qu'il l'a enseigné une seconde
fois sur le mont des Oliviers.

Les premiers chrétiens avaient édifié l'oratoire
Sainte-Patenostre pour rappeler et conserver ce souvenir. Aujourd'hui devant la chapelle des Carmélites,
une réduction du *Campo Santo de Pise*, un édifice
presque royal se dresse devant nous.

C'est une sorte de cloître, une vaste galerie rectangulaire composée de trente-deux grandes arcades
gothiques. Sur les parois de ce sanctuaire élégant,
des plaques de faïence bleue reproduisent en trente-

deux langues différentes la formule divine du *Pater*.
Ce qui m'a le plus étonné et surpris, c'est d'y avoir
trouvé sur l'une des plaques, cette formule en patois
provençal!

Annexée à la galerie, une chambre mortuaire sert
de sépulture à la princesse de la Tour-d'Auvergne
depuis 1889. D'après ses ordres, sa statue en marbre
blanc avait été par avance couchée sur le cénotaphe.

A quelques mètres du sanctuaire du *Pater*, une
citerne en forme de parallélogramme est disposée en
chapelle, avec douze niches où auraient été jadis placées les statues des douze apôtres. D'après une tradition certaine, c'est de cet endroit, qu'après avoir
composé le *Credo*, résumé de toutes nos croyances,
les apôtres s'élancèrent à la conquête du monde.

Ainsi la prière universelle et la profession de foi
de tous les chrétiens, toutes deux immuables comme
Dieu, nous viennent de la montagne bénie des Oliviers. Ecoutons à ce sujet les nobles paroles de Chateaubriand dans son *Itinéraire de Paris à Jérusalem :*

« Tandis que le monde entier adorait à la face du
soleil mille divinités honteuses, douze pêcheurs
cachés dans les entrailles de la terre dressaient la profession de foi du genre humain et reconnaissaient
l'unité du Dieu, créateur de ces astres, à la lumière
desquels on n'osait encore proclamer son existence.
Si quelque Romain de la cour d'Auguste, passant
auprès de ce souterrain, eût aperçu les douze Juifs
qui composaient cette œuvre sublime, quel mépris il
eût témoigné pour cette troupe superstitieuse ! Avec
quel dédain il eût parlé de ces premiers fidèles ! Et

pourtant ils allaient renverser le temple de ce Romain, détruire la religion de ses pères, changer les lois, la politique, la morale, la raison, et jusqu'aux pensées des hommes. Ne désespérons donc jamais du salut des peuples. Les chrétiens gémissent aujourd'hui sur la tiédeur de la foi : Qui sait si Dieu n'a pas planté dans une aire inconnue le grain de sénevé qui doit multiplier dans les champs... »

Le mont Olivet est donc le berceau de notre espérance et de notre foi. Après la cérémonie du matin et le petit déjeuner servi par les religieuses, nous laissons au Midi le mont *du scandale ou de l'offense*, pour descendre par une pente rapide vers de remarquables sépultures creusées dans le roc et connues sous le nom de *tombeau des prophètes*.

On y pénètre en rampant : d'une vaste salle rayonnent plusieurs couloirs communiquant ensemble et conduisant à des cellules circulaires autour desquelles sont des niches profondes et vides depuis longtemps.

Ces loges funéraires et antiques, au nombre de 36, sont semblables aux *Columbaria* romains avec cette différence que les fours à cercueil ne sont pas superposés.

Un peu plus bas, on rencontre une roche vénérée sous le vocable expressif de *Dominus flevit*, parce que Jésus, avant son entrée triomphale le jour des Rameaux, y pleura sur Jérusalem et le temple, et prédit leur destruction trente-sept ans à l'avance.

Je retourne au couvent du Carmel où était ma monture afin de continuer l'expédition plus au Sud-Est.

La petite église du Carmel est en pierres de taille et possède deux nefs latérales. Au maître-autel, un tableau représente Notre-Seigneur enseignant le *Pater* sur le mont Olivet. L'édifice est orné par les statues de grandeur naturelle du Sacré-Cœur, de Notre-Dame de Lourdes et de Saint-Joseph.

Mais nous voilà partis dans la direction du Sud-Est, vers Béthanie, qui signifie la *maison d'affliction*, et qu'il ne faut pas confondre avec une autre Béthanie ou *Béthabara*, la *maison du bac*, au delà du Jourdain.

4. Bethphagé et Béthanie

Avant d'y arriver, au point de jonction de deux vallées, se trouve Bethphagé, *bouche de la vallée*, lieu où on nourrissait les victimes pour le sacrifice. C'est là que le divin Sauveur monta sur une ânesse pour faire son entrée triomphale à Jérusalem. Les franciscains ont construit un très bel oratoire autour de la pierre qui a servi de marchepied au Messie.

Un figuier qui apparaît dans l'excavation d'un rocher, avec des feuilles et pas de fruits, fait penser au *figuier maudit* par Jésus. Nous longeons un champ où fut autrefois la maison de campagne de *Simon le pharisien* ou *le lépreux*. C'est là que Marie-Madeleine obtint le pardon de ses fautes, là aussi qu'elle brisa un vase de parfums pour les répandre sur la tête et les pieds du fils de Dieu.

Nous voici à Béthanie, qu'en souvenir de Lazare, les Arabes appellent El-Azarieh : c'est un misérable

village arabe composé d'une trentaine de masures
perdues dans des ruines. Sa situation est encore fort
belle : abrité du Nord par le mont des Oliviers, il est
caché dans un vallon, derrière un pli de terrain ; il
est entouré de plantations de figuiers et de mûriers.

Cette localité exerce un grand charme sur le pèlerin ; c'est là, à 15 stades ou trois kilomètres de Jérusalem, que Jésus se retirait souvent avec sa Mère ; il
y trouvait des cœurs dévoués, et surtout la paix et la
consolation. Ce foyer privilégié et béni, composé de
Marie-Madeleine, la pécheresse pénitente, de Marthe,
active et empressée, et de Lazare le ressuscité, était
pour lui un lieu de repos.

De combien de faveurs son hôte a-t-il été comblé ?
La preuve de son affection pour nous, c'est que ces
amis si dévoués, il les a légués à la France : « Jésus-
Christ, a dit Lacordaire, a légué sa mère à Jérusalem,
saint Pierre à Rome, saint Jean à l'Asie. A qui con-
fiera-t-il ses amis intimes ? Jetant Béthanie par delà
les mers, il prépara pour ceux qui l'aimaient, sur des
rivages à jamais chrétiens, une immortelle hospitalité.

« Une barque, dirigée par une invisible impulsion,
les conduisit à une ville de la Provence, qui était dès
lors une des portes de l'Europe. »

Marseille les reçut en effet et n'eut pas à s'en repentir. Nous visitons l'emplacement de la maison de
Lazare ; il n'y a que des ruines sur lesquelles un sanctuaire s'élèvera bientôt. Plus loin se trouve la grotte
qui, à la parole de Jésus, rendit plein de vie le cadavre
en décomposition du frère de Marthe et de Marie.

L'entrée en a été changée à cause de la mosquée

dont les musulmans l'ont couverte. Derrière un vieux mur, un escalier obscur et étroit de vingt-quatre marches conduit à un vestibule ; de là on descend encore trois degrés glissants pour pénétrer, par une ouverture très basse et très difficile, dans un sépulcre de trois mètres carrés, composé de deux chambres, selon l'usage hébraïque.

Cette sépulture est triste et nue : il nous semble être témoins du miracle. Le mort, environné de bandelettes, apparaît devant nous ; le récit évangélique de cette miraculeuse résurrection est sous nos yeux ; nous en méditons tous les détails. Encore une prière, un coup d'œil sur ce paysage que contempla si souvent l'Homme-Dieu et nous reprenons notre course par la nouvelle route de Jéricho, qui va longer toute la vallée de Josaphat, entre la ville et le mont des Oliviers.

Voici un couvent grec à côté d'un large rocher nommé la *pierre du Colloque*, parce que Jésus y était assis quand Marthe vint lui dire : « Seigneur, si vous eussiez été là, mon frère ne serait pas mort. »

Nous sommes à une heure de marche de la cité : pour nous y rendre, nous prenons la direction du Nord. Le coup d'œil est superbe, car à notre gauche s'étalent tous les souvenirs, tous les sentiers que nous avons déjà parcourus en sens inverse.

Je vais les énumérer afin que l'étude en soit plus complète : C'est d'abord, tout à fait à notre gauche, au Sud-Ouest, faisant suite à la *vallée de la Grâce*, la piscine appelée le *réservoir du Sultan*, et la vallée déserte de la *Géhenne*, qui contourne le mont Sion.

Voici *Haceldama*, le *mont du Mauvais Conseil*, la léproserie, le village et la fontaine de Siloë, les tombeaux de Zacharie, de saint Jacques le Majeur, de Josaphat et d'Absalon ; le Calvaire, la mosquée d'Omar ou le mont Moriah. Puis, au bout, avant de contourner les remparts pour nous rendre à domicile, nous laissons à droite Gethsémani, le tombeau de la Vierge, le mont Scopus, les tombeaux des juges et des rois.

Quelle malédiction sur ce pays si riche autrefois, sur cette ville déicide ! Tous ses alentours sont devenus une vaste nécropole, depuis quelle renferme dans ses murs un sépulcre divin ; on n'y trouve que des ruines et des tombeaux, des décombres également chers aux juifs et aux musulmans. Pendant l'après-midi, nous avons visité quelques chapelles particulières dont nous parlerons en faisant le récit du Chemin de la Croix.

5. Réception du Consul général français

Pour le dîner du soir, on nous avait prié de faire un peu de toilette, ce qui était assez difficile et non sans besoin : il y avait grand gala en effet. La salle du festin était ornée de faisceaux de drapeaux aux couleurs nationales entourant la croix lumineuse ; en face était la bannière de l'Hommage Solennel. Au repas étaient invités M. Auzépy, consul général, entouré de ses chanceliers et des supérieurs des établissements religieux de la ville, presque tous Français.

A la même heure, des guirlandes et des illuminations ornaient les principales rues de Jérusalem, car les bazars turcs fêtaient l'anniversaire du *Roi musulman*.

Pendant le service, les frères scholastiques de l'Assomption ont débité des poésies, exécuté des chants tout vibrants de patriotisme et de foi.

A la fin, deux toats seulement ont été portés : celui de notre directeur, le père Marie-Léopold, et celui du consul, l'un et l'autre très éloquents. Le consul s'est révélé orateur calme, élevé et chrétien.

Avec des accents émus, le père Marie-Léopold a célébré Léon XIII dont la voix est écoutée par toute l'Europe avec respect. Il a salué la France qui protégeant les lieux saints, continue d'accomplir la sublime mission que Dieu lui a confiée dans le monde.

Il a salué M. le consul général dont l'action a su donner un essor nouveau à toutes les œuvres françaises de Jérusalem. Il a parlé des franciscains qui, pendant des siècles, ont conservé à la France ses droits séculaires au prix de leur sang répandu ; des pères Blancs qui se sont fait arabes par le costume pour conquérir les musulmans à la foi du Christ.

Il a parlé des Dominicains qui, par leur science, étonnent les académiciens de Paris ; des sœurs de Saint-Vincent-de-Paul, etc., etc... Chaque communauté religieuse a été honorée d'une parole délicate et élogieuse. « N'oublions pas, a-t-il ajouté, les catholiques étrangers qui, pour accomplir ce pèlerinage, se sont rangés sous les plis de notre drapeau : Belges, Luxembourgeois, Espagnols, Anglais, Canadiens et

Américains du Sud. Ils ont montré que le Christ est le lien des peuples et le centre des cœurs.

Nous avons cherché à leur prouver que le vers d'un de nos poëtes est toujours vrai :

Tout homme a deux pays, le sien et puis la France.

M. Auzépy a répondu par un magnifique discours. Il dit la joie que lui procure cette réunion ; il affirme le rôle constamment bienfaisant de la France en Palestine, l'heureuse influence des pèlerinages français. Il parle de son émotion poignante au défilé de notre procession solennelle au Saint-Sépulcre, défilé protégé par le drapeau national.

Il touche très délicatement la question actuelle des épreuves de notre patrie : « Il faut, dit-il, la juger par ses grands côtés pour apprécier sa générosité et ses bienfaits ; cela est plus facile de loin que de près. En fidèle fille aînée de l'Eglise, elle saura garder noblement le protectorat des Lieux saints ».

Oh ! comme je voudrais avoir le texte de ces paroles si souvent couvertes d'applaudissements enthousiastes, et décolorées, hélas ! par une trop froide analyse. Nous, prêtres, si peu habitués à entendre ce langage chez nos représentants officiels, nous avons acclamé cette parole chaude, vibrante, libérale et distinguée.

Elle nous consolait de bien des tristesses ; elle nous rendait fiers d'être Français. Cette soirée si belle a été dignement terminée par le salut du saint Sacrement, auquel assistaient le consul et tous nos invités. Journée inoubliable pour nous !

CHAPITRE XVI

1. *Sanctuaire de l' « Ecce homo »*. — 2. *La Voie douloureuse. Le Chemin de la Croix! — 3. Les stations. — 4. Les Juifs aux murs des pleurs.*

Vendredi 1ᵉʳ septembre.

1. SANCTUAIRE DE L' « ECCE HOMO ».

C'EST le jour de la réparation, ce sera l'hommage à Jésus crucifié. La messe du pèlerinage doit être célébrée dans le sanctuaire de l'*Ecce homo*, chez les dames de Sion qui y tiennent un orphelinat. L'établissement est situé au-dessus de plusieurs grandes citernes et d'un immense tunnel hébraïque parfaitement conservé.

C'était tout ce qui restait de la terrasse du prétoire romain avec l'arc sur lequel Pilate, le lâche procurateur, aurait présenté Jésus couronné d'épines et couvert de sang par la flagellation, en disant : « *Ecce homo !* Voilà l'homme! »

On sait ce que la foule répondit. Cette porte monumentale avait trois arcades : la baie centrale plus élevée est placée à cheval sur la *voie douloureuse;* elle forme actuellement une galerie couverte à double fenêtre qui sert de mosquée.

Un pilier de cet arc majeur contient deux grosses pierres quadrangulaires qu'on a rapportées ici. L'arcade du sud a été démolie par les derviches dans le couvent desquels elle se trouvait.

L'autre petit arc, celui du Nord, a été enclavé tout entier dans la chapelle de la communauté dont il forme comme l'abside, derrière le maître-autel. Les blocs de pierre sont à nu. L'arc est surmonté d'une statue magnifique en marbre blanc, l'*Ecce homo.*

A cette vue, les larmes vous viennent aux yeux. Au-dessous, l'inscription : *Ecce rex vester,* apparaît en lettres d'or.

Ce sont les orphelines qui chantent la messe; elles prononcent l'*u* comme en Italie. Après l'élévation, on est très ému lorsque par trois fois, sur un ton plus élevé chaque fois, d'une voix plaintive et harmonieuse, elles font entendre la prière : « *Pater, dimitte illis, nesciunt enim quid faciunt.* Mon père, pardonnez-leur, car ils ne savent ce qu'ils font. »

Nous venions d'apprendre les troubles de Paris et le pillage de l'église Saint-Joseph; on parlait de ciboires violés et d'hosties profanées. C'était le cas d'appliquer le *nesciunt quid faciunt.* Dans ce but nous avons chanté le *parce* et le *miserere.* Une quête a été faite pour la communauté comme dans tous les établissements français et religieux qui nous ont reçus.

Un déjeûner très délicatement et très abondam-

ment servi nous a été offert pendant lequel, dissimu-
lées derrière une tenture, les jeunes élèves ont chanté
une cantate aux pèlerins de France. « On se croirait
à Bethléem, car on y entend les anges », s'écrie le
père directeur.

L'émotion nous étreint : ces voix pures et fraîches
qui nous adressent des louanges, des compliments
dans le langage le plus correct et le plus harmonieux,

LES ORPHELINES CHEZ LES DAMES DE SION
(Cliché de Mlle Turpin.)

et cela loin de notre patrie ! Oh ! l'exquise et délicate
pensée ! Comme ce chant trouve le chemin de notre
cœur !

Le supérieur, le R. P. Givelet, nous adresse les
plus aimables souhaits de bienvenue. Puis nous visitons l'établissement, non de la cave au grenier, mais
des terrasses jusqu'aux sous-sols. Dans les souterrains on nous montre les dalles mêmes de la voie romaine parcourue par Jésus montant au Calvaire.

Nous baisons le *Lithostrotos*, mot grec, qui signifie estrade de pierre ; c'est le tribunal du gouverneur romain. Là, sur ce pavé, l'Homme-Dieu a peut-être posé son pied meurtri ou laissé une goutte de son sang. Que de pensées éveille cet endroit !...

Des cryptes nous montons au sommet où nous avons un aperçu merveilleux de la cité. Dans les salles des orphelines nous sommes accueillis par des chants français. Ici, beaucoup connaissent notre belle langue ; grâce aux maisons religieuses ils aiment notre pays. Et chez nous on persécute les moines et les catholiques ; on leur rend la vie difficile, pour ne pas dire impossible, sous prétexte de neutralité ou d'égalité.

Ailleurs, à l'étranger, on les félicite et on les défend : ô abîme de l'esprit humain ! ô hypocrisie de la liberté et de la fraternité ! En sortant de l'*Ecce homo*, nous visitons à quelques pas l'*église de la flagellation* : c'est un sanctuaire gothique qui appartient aux latins. Ces paroles sont incrustées dans le pavé sous l'autel majeur : *Fui flagellatus totâ die, et castigatio mea in matutinis.* La place publique où Jésus subit ce supplice infamant est couverte de constructions.

2. La Voie douloureuse. — Le Chemin de la croix !

Pendant l'après-midi, nous devons faire le Chemin de la Croix sur la vraie *Voie douloureuse*, celle que Jésus a mouillée de son sang. De nombreux catholiques de Jérusalem se sont joints à nous. Les deux grandes croix sont portées, l'une par les prêtres et l'autre par les laïques pèlerins.

Plusieurs d'entre nous ont sur l'épaule des croix plus petites qu'ils portent avec foi. A cet instant, je pense qu'en France, pays catholique par excellence, les processions sont interdites presque dans toutes les villes. Je me trompe : quelques processions sont permises et tolérées trop souvent, hélas ! Ce sont celles qu'organise la comédie, le vice et l'immoralité quelquefois, et cela au nom de la prétendue liberté de conscience, au nom de la science et du progrès. Ici nous sommes en pays infidèle, et cependant une foule sympathique nous accompagne, nous entoure ou prie avec nous. Tous, même les soldats, sont attentifs, silencieux et recueillis.

Cette imposante cérémonie qui a duré plus de trois heures, a été prêchée par l'un de nous, le R. P. Firmin, capucin, du couvent de Fontenay-en-Vendée : sa parole populaire et éloquente à la fois, a été vraiment surnaturelle et apostolique. C'était une âme et un cœur qui s'adressaient à d'autres âmes et à d'autres cœurs.

Les chants : *O crux ave...* Au sang qu'un Dieu va répandre... Vive Jésus, vive sa croix !... etc. étaient jetés à pleine voix par tous les pèlerins. A chaque station avant de commencer, le R. P. custode annonçait le sujet au milieu d'un profond silence ; ce qui nous faisait éprouver une bien vive émotion. « Ici est la première station où Jésus fut condamné à mort !... Ici est la quatrième station où Jésus rencontre sa très sainte Mère, » etc., etc.

Ire STATION.

Nous nous rendons d'abord au prétoire, au nord-
ouest du temple, auprès de la tour Antonia. C'est
maintenant la caserne turque. On montait au prétoire
par un escalier princier formé de vingt-huit marches
en marbre blanc veiné. Ces degrés que le Rédempteur
a marqués de son sang, qu'il a montés et descendus
quatre fois, sont à Rome, tout près de Saint-Jean-de-
Latran, sous un portique magnifique : c'est l'escalier
saint, *Scala sancta*, qu'on ne monte qu'à genoux.

Après le couronnement d'épines, la flagellation et
la comparution sous l'arc de l'*Ecce homo*, le Christ
fut amené dans la cour du prétoire revêtu de ses
vêtements. Un simple pavé usé par les baisers des
fidèles et que le père custode frappe de son rude
bâton marque, dans la cour des soldats turcs qui
nous regardent silencieux et respectueux, l'endroit
précis où se trouvait le Sauveur lorsque Pilate lui
signifia cette sentence :

« Conduisez au lieu ordinaire du supplice Jésus de
Nazareth, séducteur du peuple, qui a méprisé l'autorité de César et s'est faussement donné pour le Messie,
suivant qu'il est prouvé par le témoignage des anciens
de sa nation ; crucifiez-le entre deux voleurs avec le
titre dérisoire de roi. — Va, licteur, prépare les croix ! »
(Dupin).

*C'est là que Jésus fut condamné à mort, c'est la
première station.*

2ᵉ Station.

De là nous nous dirigeons à soixante pas plus loin ; c'était en bas du prétoire que se trouvait l'Escalier Saint. L'ouverture est fermée ; nous sommes dans la rue en face du mur de la caserne. L'instrument du supplice était là attendant la victime qui devait le porter. Le bois de la croix ne venait pas d'un arbre indifférent ; il devait remplacer le bois de l'arbre de la science du bien et du mal ; et le fruit nouveau qu'on allait y suspendre, et qui sera notre nourriture, devait réparer l'outrage fait à la nature humaine par le fruit empoisonné de l'arbre défendu.

Un tronçon de colonne, celle de la flagellation, marque l'emplacement de *la deuxième station : Jésus est chargé de sa croix.*

3ᵉ Station.

Le véritable Isaac s'avance portant son lourd fardeau : le sang qu'il a perdu le fait trébucher et tomber bientôt à deux cent trente-trois mètres plus loin, au point d'intersection de la voie douloureuse et d'une rue qui conduit à la porte de Damas. L'endroit précis est désigné par deux tronçons d'une colonne brisée, couchée contre le mur et couleur de sang. Là, sur le sol, *est la troisième station ; Jésus tombe pour la première fois,* à côté des arceaux gothiques et sombres d'une Eglise Arménienne catholique.

4ᵉ Station.

Le Seigneur vient de reprendre sa marche chancelante par une rue qui tourne à gauche lorsque quarante pas plus loin sa mère éplorée se présente à ses yeux. La Vierge des douleurs, prévenue par saint Jean, arriva trop tard au prétoire; elle prit alors un chemin détourné pour rencontrer le cortège. A la vue de son fils couvert de sang et chargé de sa croix, elle se précipita à sa rencontre; mais repoussée par les bourreaux, elle tomba évanouie.

A l'endroit même les Arméniens ont un petit sanctuaire dédié à Notre-Dame du Spasme, en souvenir de la pâmoison de Marie. Devant l'autel, est une pierre en grès qui conserve l'empreinte des genoux et la place des mains de la Mère de Dieu.

Le pavé en mosaïque dans lequel sont incrustées les traces des deux pieds et qui fut probablement arrosé de ses larmes a été découvert dans les fouilles en contre-bas de la rue, car le terrain s'est élevé par suite des bouleversements.

Ainsi donc, l'endroit précis où se tenait la Mère du Sauveur est le sujet de la *quatrième station : Jésus rencontre sa très sainte Mère.*

5ᵉ Station.

Mais le divin Maître est accablé par la souffrance : la route est longue et les Juifs commencent à craindre, vu son état de faiblesse, qu'il ne puisse parvenir jusqu'au bout. Voilà pourquoi ils arrêtent un passant d'humble condition et le contraignent à porter l'instrument qui doit sauver le monde.

En ce moment, nous sommes à 25 mètres de la précédente station, là où, d'après la tradition, se trouvaient la maison du mauvais riche et la cabane du pauvre Lazare. Sa place est marquée par une petite excavation, par une légère entaille pratiquée dans le mur d'une maison qui regarde l'occident. Cette pierre si pieusement baisée par les chrétiens est souvent souillée par les Juifs dont la haine ne diminue jamais.

C'est la cinquième station : Simon le Cyrénéen aide Jésus à porter sa croix.

6ᵉ Station.

Dès lors, la voie douloureuse commence à monter vers le Calvaire. Après 90 mètres, le cortège longe la demeure de sainte Véronique qui, prise de compassion, fend courageusement la foule, parvient auprès du condamné, et, avec un long voile, essuie le visage de Jésus couvert de sang et de sueur, de poussière et de crachats.

La face sacrée reste imprimée sur ce linge qu'on conserve à Saint-Pierre de Rome, sous le nom de *Volto Santo*, et dont les copies sont dévotement répandues partout par le vénérable M. Dupont de Tours. Un tronçon de colonne enfoui sous le pavé, près d'une voûte à cheval sur la rue, marque cette *sixième station : Une femme pieuse essuie la face de Jésus.* La maison de Véronique qu'on croit être l'hémorrhoïsse est convertie en chapelle par les Grecs unis.

7me Station.

A soixante mètres plus loin, une défaillance nouvelle atteint le fils de l'homme et l'abat aux pieds de ses bourreaux. Le Calvaire n'était pas éloigné; on était arrivé à la sortie de la ville, à la *Porte Judiciaire;* là, avant de sortir, le condamné entendait encore prononcer sa sentence ou la voyait afficher.

De cette porte monumentale, il ne reste qu'une colonne autour de laquelle les Franciscains ont construit une chapelle. C'est peut-être le seul témoin de la Passion que l'on trouve sur le parcours de la voie douloureuse. Une entaille faite dans le mur à l'extrémité d'une voûte voisine indique la *septième station : Jésus tombe à terre pour la seconde fois.*

8me Station.

En crucifiant Jésus hors de ses murs, Jérusalem rejette la grâce et renie son Dieu. En voyant les indignes traitements qui sont infligés à la sainte victime les saintes femmes qui suivent le cortège sont révoltées et commencent à s'indigner.

Le Sauveur s'arrête un instant pour les encourager et les consoler. Cette scène a lieu à trente mètres des ruines de la Porte Judiciaire. Dans le mur du couvent grec de Saint-Caralambos, une, pierre dans laquelle est un petit trou rappelle la *huitième station : Jésus console les filles d'Israel qui le suivent.*

9me Station.

Ici, bien que le Calvaire ne soit qu'à quelques pas, la voie douloureuse est interceptée par des maisons bâties depuis que la ville s'est agrandie de ce côté. Nous sommes obligés de revenir sur nos pas. On repasse devant la porte Judiciaire ; on traverse une rue voûtée, et au fond d'une impasse, près de la porte du couvent évêché des Coptes, adossée à la basilique du Saint-Sépulcre, une colonne debout et engagée dans le mur désigne la *neuvième station : Jésus tombe à terre pour la troisième fois.*

10me Station.

Ne pouvant traverser le couvent des Abyssins, nous sommes encore obligés de faire un long détour pour retrouver les cinq autres stations qui, heureusement, sont enfermées dans la basilique elle-même. Après avoir longé deux bazars voûtés, devant les Musulmans respectueux, nous débouchons sur le parvis et nous gravissons l'escalier du Golgotha. Tandis que les deux traverses de la croix sont rapprochées, la Sainte Victime est enfermée pendant quelques instants dans la cavité rocheuse dont nous avons parlé.

On l'en retire pour l'amener dans la chapelle méridionale du Calvaire, une rosace incrustée dans le pavé rappelle les derniers préparatifs de l'exécution. Les habits furent violemment arrachés au condamné et partagés par les bourreaux. C'est la *dixième station : Jésus est dépouillé de ses vêtements.*

11me STATION.

Il était midi, et le divin Sauveur était sorti du prétoire à onze heures ; à deux mètres en avant de l'autel du crucifiement, une mosaïque carrée en marbre rouge, marque la place où la croix fut étendue sur le rocher, et servit d'autel à Jésus. C'est la *onzième station : Jésus est cloué sur la croix.*

12me STATION.

Ici, les mains de Jésus qui ont répandu tant de bénédictions ont été percées à jour ; ici, ses pieds qui ont poursuivi tant de brebis égarées ont été traversés. Toujours dans le même sanctuaire, mais au-dessous de la table d'autel de la chapelle septentrionale appartenant aux Grecs non-unis est le trou pratiqué dans la roche pour recevoir le pied du gibet ignominieux. *Consummatum est.*

C'est là que fut parachevée la réconciliation entre

la terre et le ciel; c'est la *douzième station* : *Jésus meurt sur la croix.*

13ᵐᵉ STATION.

Entre les deux chapelles méridionale et septentrionale, près de la fente du rocher, est un autel dédié à la *Mater Dolorosa;* les corps des suppliciés ne devaient pas souiller les regards des Juifs le jour du sabbat; voilà pourquoi le corps du Christ fut détaché et remis à sa mère. C'est la *treizième station* : *Jésus est descendu de la croix et remis à sa mère.*

14ᵐᵉ ET DERNIÈRE STATION.

J'ai déjà parlé de la *Pierre de l'Onction,* sur laquelle le Fils de Dieu fut enveloppé de linges et de parfums, et dont les lampes sont entretenues par les latins, les grecs, les arméniens et les coptes schismatiques. Aux extrémités de cette table de pierre se trouvent six énormes candélabres garnis de cierges gigantesques, et dont chaque coin est orné d'un pommeau de cuivre doré.

C'est là, qu'avant d'être enseveli, Jésus fut enveloppé du Saint Suaire (Sindou) de Turin, et sa tête environnée du Saint Suaire (Sudarium) de Cadouin, diocèse de Cahors.

La *quatorzième et dernière station* : *Jésus est mis dans le tombeau,* est à cinquante pas du Calvaire, environ. Sur les quarante-trois lampes qui brûlent,

treize appartiennent aux catholiques, treize aux Grecs,
treize aux Arméniens et quatre aux Coptes. J'ai déjà
fait la description du sépulcre divin.

Avec les deux grandes croix, nous faisons trois fois
le tour du saint Edicule en chantant : *Je suis chrétien.*
Oh ! la douloureuse, touchante et consolante cérémonie ! Au milieu des infidèles, nous étions fiers
d'être Français, plus fiers encore d'être chrétiens et
de l'avoir montré.

Nos pèlerines n'ont pas voulu nous céder en générosité : elles ont réclamé et obtenu la faveur, au retour
à Notre-Dame de France, de rapporter les bras des
deux croix.

4. Les Juifs aux murs des pleurs.

Mais nous sommes infatigables : après le chemin
de la croix, les pèlerins se sont rendus *aux murs des
pleurs* pour assister à une scène singulière qui se
reproduit la veille du sabbat, et par conséquent tous
les vendredis soir.

En longeant l'enceinte intérieure avant la nuit,
nous gagnons le Ghetto, le quartier Juif. Nous allons
être témoins d'un spectacle étrange qui nous fera
comprendre toute la ténacité de l'atavisme dans les
descendants des hébreux, et en même temps la réalité
de la malédiction divine qui pèse sur eux.

Près de l'angle sud-ouest de l'enceinte du temple,
derrière une vieille muraille, dernier débris des

assises Salomoniennes, les enfants d'Israël, tournant le dos au Calvaire, sont échelonnés sur une place très étroite, accroupis ou debout.

Hommes, femmes, enfants, vieillards viennent pleurer et se lamenter en ce lieu. La face tournée vers le mur, le visage collé sur des pierres colossales qu'ils couvrent de larmes et de baisers, ils lisent ou psalmodient dans de vieux manuscrits, d'un ton uniforme et monotone, en balançant le buste par un mouvement cadencé.

Le coup d'œil est pittoresque, car notre arrivée n'a pas le don de les émouvoir. C'est un tableau lamentable que cette cohue de sordides défroques et de houppelandes cossues, ce mélange de têtes crasseuses et de visages blafards, ornés de cheveux en tire-bouchons.

Il en est dont le bonnet est garni de fourrures et dont la robe flottante est en velours de prix. Tous ont la solidarité de la race ; et leurs contorsions automatiques, leurs mélopées traînardes et gémissantes sont une preuve vivante de la réalisation des prophéties du Sauveur. — Du reste leur nombre augmente ici : au nord-ouest de la ville, tout près de la gare, ils ont un quartier tout neuf.

Les maisons du même modèle et de même hauteur sont construites à l'européenne ; le baron de Rotschild n'y est pas étranger, dit-on. Ecœurés, nous quittons ces parages malpropres ; nous entrons en passant dans une synagogue où commençait l'office du sabbat. Partout, sur ces visages juifs, un regard éteint.

Ils récitent la parole qui tue en se balançant d'une façon mécanique qui montre combien ils manquent de l'esprit qui vivifie. Puisse leur aveuglement cesser et leurs conversions devenir plus nombreuses ! Au retour, nous étions heureux de goûter un peu de repos après une journée si bien remplie.

CHAPITRE XVII

1. Sainte-Anne, terre française. — 2. Piscine probatique.

Samedi, 2 septembre.

1. SAINTE-ANNE, TERRE FRANÇAISE

AUJOURD'HUI nous devons nous trouver en terre française, royaume de Marie ; et de fait c'est la Vierge qui va recevoir sa fille aînée sur l'emplacement de la maison de Joachim et d'Anne, au lieu de son Immaculée Conception et de sa Nativité.

L'église Sainte-Anne, seul paiement de la guerre de Crimée, a été offerte à la France par le sultan en 1856. L'établissement a été confié aux Pères Blancs du cardinal Lavigerie ; ils y dirigent un séminaire grec-uni du rite Melchite.

C'est donc un sanctuaire national : aussi M. Auzépy, le consul général, assiste à la cérémonie en costume officiel. Un missionnaire de Notre-Dame d'Afrique revêtu de la chape lui offre l'eau bénite, et le conduit avec sa suite à une place réservée près du chœur.

A l'offertoire il est encensé immédiatement après le célébrant, baise le missel à l'Evangile, et reçoit l'instrument de paix à la communion. Nous sommes fiers de voir le représentant de la France recevoir des honneurs qui affirment la prédominance de notre pays en Orient.

Chez nous, hélas! l'honneur maçonnique trop souvent a le pas sur l'honneur divin. On préfère l'autorité de l'homme à celle de Dieu, et on courbe la tête devant un rite grotesque qui se cache dans l'ombre comme tout ce qui est malhonnête, devant une ridicule ferblanterie.

Pendant la messe, la musique des séminaristes se fait entendre. Le père Marie-Léopold rappelle à grands traits la protection de Marie sur notre patrie, et nous fait réciter les prières accoutumées. Le *Domine salvam fac Rempublicam* est chanté par deux fois.

On prie pour la France, pour le consul, pour les enfants du séminaire grec qui vont nous faire aimer. Puis une collation nous est offerte pendant laquelle la musique exécute les meilleurs morceaux de son répertoire.

La *Marseillaise*, l'hymne national, qui, écorchée par des énergumènes sortant de quelque fête laïque ou bachique, nous rappelait des souvenirs désagréables, attire aujourd'hui nos applaudissements les plus chaleureux : à l'étranger surtout, elle a une valeur et une signification spéciales.

Aussi nous l'avons réclamée plusieurs fois. L'église Sainte-Anne est située sur la *voie douloureuse* qu'il ne faut pas confondre avec la *voie de la captivité*. Cette dernière consiste dans le chemin que parcourut le Sauveur sous la conduite des soldats et du traître Juda, de Gethsémani au Cénacle. On sait qu'après avoir passé le Cédron, au nord-est de la ville, il fut emmené au mont Sion chez le grand prêtre Anne où il fut flagellé et emprisonné jusqu'au lendemain, jour de sa comparution chez Pilate.

L'établissement des pères Blancs n'est pas loin de la porte orientale de la ville, porte Sainte-Marie appelée indûment Saint-Etienne; pour s'y rendre, nous traversons la cité de l'ouest à l'est. Isolée de toutes parts, sur une belle place, l'église Sainte-Anne de style roman a la forme d'un trapèze et possède trois nefs.

Sous la coupole centrale est un riche *ciborium* : derrière le maître-autel se dresse, offerte par la Bretagne, une statue de Sainte-Anne en marbre blanc. Au-dessous de l'édifice, est une crypte très intéressante avec plusieurs autels : c'est le lieu de l'Immaculée Conception et de la naissance de Marie.

Les Missionnaires qui se dévouent à l'instruction des jeunes orientaux s'occupent aussi de recherches archéologiques. En déblayant les terrains voisins, ils ont mis à jour la *piscine probatique*, à douze mètres au nord-est, au-dessous de l'ancienne abside et des anciens murs de l'église bâtie par les Croisés.

2. PISCINE PROBATIQUE

Une fois par an, dit la sainte Ecriture, l'ange venait agiter l'eau et le premier infirme qui y descendait était guéri. Cinq portiques l'entouraient, c'est sous l'un d'eux que Jésus guérit un homme paralysé depuis trente ans.

Mais entrons à nouveau dans la basilique et prenons l'escalier qui, de la nef du Midi, à droite, conduit à la crypte taillée dans le roc : c'est l'ancienne habitation de sainte Anne, devenue un sanctuaire pur comme un berceau.

Une statue de Notre-Dame de Lourdes surmonte l'autel de la chapelle principale, dédiée à la Nativité de Marie. Dans une niche repose une statuette d'enfant, représentant la fille tardive d'Anne et de Joachim couchée dans son berceau.

C'est gracieux et touchant. A gauche l'autel de l'Immaculée-Conception et derrière la chapelle de Sainte-Anne. A droite un passage étroit conduit à plusieurs chambres antiques. Plus bas seraient les tombes des parents de la Vierge : leurs restes, plus tard, furent transportés dans leur sépulture de famille, à l'entrée de la vallée de Josaphat, conformément à la loi qui interdisait les sépultures *intra muros*.

Dans le pavillon de la communauté, se trouve le musée avec une copie de la carte de Madaba, localité transjordanienne où tout dernièrement l'on a découvert un plan en mosaïque de Jérusalem qui remonte aux premiers siècles chrétiens.

C'est un document très précieux sur ces temps écoulés ; ce musée biblique est très intéressant pour les antiquaires et les Palestinologues : il est destiné à faire comprendre la terminologie scripturaire, à l'aide des objets anciens, découverts ou reconstitués.

Dans la cour, au milieu des oliviers et des poi-
vriers, il y a des spécimens curieux, colonnades et
chapiteaux, trouvés dans les fouilles qui se continuent. On admire aussi un buste en marbre de l'apôtre de l'Afrique, le cardinal Lavigerie.

Mais je dois me retirer, car je me propose de visiter
à nouveau Bethléem sans oublier la basilique du
Saint-Sépulcre, et quelques autres monuments.

Ci-après le texte de la poésie qui nous a été dé-
bitée et chantée pendant l'une de nos soirées.

1099 ✠ 1899

LA MARCHE DES CROISÉS A JÉRUSALEM

CLERMONT

Il faut du sang ! disait l'Ermite austère ;
Jérusalem est toujours tributaire.....
Le Franc à cet appel se croise et fait le vœu
De vaincre ou de mourir pour le Christ : Dieu le veut !

DÉPART

Des lances jettent dans les plaines
Leurs éclairs et leurs cliquetis,
Tandis que les guerriers partis
Pleurent tout bas leurs châtelaines ;
Ils s'en vont, bataillon de fer
Grondant au loin comme une mer.

LA ROUTE

Enfants, vieillards, par les royaumes
Vont sans penser aux lendemains,
Murmurant les versets des Psaumes,
Aux échos des fuyants chemins.

L'ARRIVÉE

Eh quoi ! ces conquérants déjà rendent les armes !
Devant Solyme en deuil qui tremble à leurs abords
Ils sont agenouillés les yeux baignés de larmes
Et doucement émus, se relèvent plus forts.

LE SIÈGE

Comment dresser les machines guerrières ?
Les alentours sont d'arides déserts ;
Gênes soudain dépouille ses galères ;
Bientôt les tours s'élèvent dans les airs.

A LA PEINE

Gloire à vous, chevaliers, dont la lèvre expirante
Se raidit aux ardeurs d'une soif dévorante
En couvrant les murs de baisers !

L'ASSAUT

C'est l'heure du carnage aux murs, aux tours roulantes
Voici les pont-levis sur les torches brûlantes :
Jérusalem est aux Croisés !

AU SAINT-SÉPULCRE

Mais après la victoire à l'heure où la nuit tombe,
Les farouches vainqueurs vont à l'auguste Tombe
Et touchés par l'amour de l'Homme des douleurs,
Emplissent le Saint-Lieu de prière et de pleurs.

LE ROI

La ville reconquise a vu grande souffrance,
Il faut à son bonheur un roi de douce France ;
Godefroy ne veut point de couronne à son front
Il est du saint Tombeau le modeste *Baron.*

L'HÉRITAGE

Le roi n'est plus, ni l'espérance.....
— On dit pourtant que les Saints-Lieux
Ont encore des Croisés de France
Dignes de leurs premiers aïeux !

CHAPITRE XVIII

1. Hommage solennel au Cénacle sur le mont Sion. — 2. La Cène, la Pentecôte. — 3. La dormition de la sainte Vierge. — 4. Séance récréative chez les sœurs de la charité. — 5. Voyage en Samarie abandonné.

Dimanche, 3 septembre.

1. Hommage solennel au Cénacle sur le mont Sion

Voici la grande journée, le but et le couronnement de notre pèlerinage de pénitence. Dès l'aube, nous nous rendons par petits groupes au mont Sion (hauteur) situé au sud-ouest de Jérusalem.

Ce mont, résidence favorite du Roi-Prophète, n'a plus que la partie occidentale enclavée dans la cité. L'autre partie, la partie méridionale, est située hors des remparts qui, en revanche, ont englobé le Calvaire tout entier.

C'est sur ce plateau que sont les cimetières appartenant aux diverses communions chrétiennes.

Après avoir dépassé au sud la porte de Sion ou de David nous sommes en vue du Cénacle. L'église latine du xive siècle est détruite, et l'emplacement a été souillé par une mosquée.

Au sud-est, à côté, c'est-à-dire le plus près possible du Cénacle, les pères de l'Assomption ont acheté le terrain depuis la hauteur jusqu'à la piscine de Siloé, dans la vallée de Josaphat. C'est là que nous allons célébrer l'institution de l'adorable Eucharistie et la descente du Saint-Esprit.

C'est là, sur ce terrain de saint Pierre, *in Gallicantu*, que, selon le désir du saint Père, va avoir lieu l'Hommage solennel à Jésus Rédempteur. Une vaste tente se dresse devant nous : à l'intérieur, les autels portatifs sont prêts pour les ecclésiastiques qui vont célébrer les saints mystères.

L'auteur Majeur dominé par la bannière du Sacré-Cœur est orné de drapeaux français et pontificaux. La foule mélangée des Occidentaux aux vêtements sombres et des Orientaux aux couleurs vives ajoute la note pittoresque au tableau.

Les prêtres de Marseille, le diocèse du Sacré-Cœur, chantent la grand'messe sur le grand autel admirablement décoré et pavoisé. Très nombreuses communions! Bientôt les 150 prêtres ont dit tous la messe de la Pentecôte, on devine avec quelle émotion!

Le Saint-Sacrement est solennellement exposé. Dans une vibrante allocution, notre Directeur rappelle la commisération du Sacré-Cœur pour l'Eglise et pour la France dans le siècle qui s'achève. Ce siècle fut celui du surnaturel; siècle de la foi sortie des ruines de la révolution; siècle de l'Eucharistie et de Marie Immaculée; siècle du Sacré-Cœur et de la papauté.

LE CÉNACLE SUR LE MONT SION

Mais aussi il fut le siècle du naturalisme impie, de l'athéisme social, de tous les désordres et de toutes les négations. A nous de réparer, à nous d'offrir de solennelles actions de grâces, ici même, en ce lieu où le Christ nous aima jusqu'à nous donner l'Hostie. A nous la reconnaissance et l'expiation !

Nous étions doucement émus ; et l'Hostie, c'est-à-dire Jésus-Rédempteur, rayonnait dans l'ostensoir, adoré et aimé par cette multitude sainte qui représentait toutes les contrées de l'univers. — Puis c'est M. de Bréon, curé de Saint-Germain l'Auxerrois, au nom de tous les prêtres séculiers et accompagné de deux membres du clergé portant des cierges ; il prononce d'une voix forte l'acte de consécration des âmes sacerdotales.

Puis, ce fut le tour des religieux dans la personne du R. P. Firmin, capucin, assisté de deux représentants des congrégations.

Vinrent ensuite les hommes du monde, au nom desquels parle M. le marquis de Puisaye, ayant à ses côtés MM. Le Fur, et Poncet. Un prêtre Belge prononce la consécration des nations étrangères ; enfin les femmes françaises représentées par Mme la comtesse d'Harambure.

Chaque formule se terminait par les paroles que tous les jours nous répétions à la suite du père Marie-Léopold, et qu'en ce moment nous redisions avec une pieuse émotion : « Loué soit le divin cœur qui nous a acquis le salut ! A lui gloire et honneur dans tous les siècles des siècles ! »

Aussitôt après cette scène inoubliable et attendrissante le père Directeur reprend la parole afin de résumer tous nos sentiments par des acclamations répétées. Oh ! Avec quelle ardeur devant ces oriflammes et toutes ces croix de Jérusalem, sous cette tente dressée à côté du cénacle, nous avons prié pour l'Eglise, la France, le pape et tous nos absents aimés qui désirent déjà notre retour.

De chaudes larmes coulaient de nos yeux, larmes de joie et de bonheur. La cérémonie s'est terminée au milieu des lumières et des chants si harmonieux de la liturgie, non sans avoir encore acclamé avec enthousiasme Jésus-Hostie, Jésus roi des peuples, non sans lui avoir adressé des actes brûlants d'amour, d'adoration, d'espérance et de foi.

Voici le texte des formules de l'acte de consécration, formules composées par le père Marie-Léopold.

CONSÉCRATION DES PRÊTRES

Cœur sacré de Jésus, les prêtres du Pèlerinage de Pénitence de 1899 viennent se prosterner devant vous, se souvenant qu'ici est né le sacerdoce. Le même élan d'amour, qui a donné au monde l'Hostie adorable, a donné à l'Eglise les prêtres de Jésus-Christ. Nous vous rendons grâces pour l'honneur insigne que vous nous avez fait en nous appelant aux sublimes fonctions de votre ministère. Nous vous remercions de toutes les grâces dont vous avez fécondé notre apostolat ; nous vous demandons pardon de tous les péchés commis par les prêtres dans ce siècle, et nous voulons réparer pour tous les scandales qui ont pu se produire : les prêtres sont le sel de la terre, la lumière du monde ; vous les avez associés à l'œuvre de la rédemption.

Nous représentons ici des diocèses, des paroisses, des institutions ; nous implorons votre secours pour toutes les intentions qui nous ont été recommandées. Nous vous demandons la grâce d'être des rédempteurs ; de rendre, par notre apostolat, par nos souffrances, par notre vie, s'il le faut, à la France, la vie chrétienne qui sera son salut, et surtout à vous gloire et honneur de telle sorte que votre règne arrive dans les âmes.

Loué soit le Divin Cœur qui nous a donné le salut, dans tous les siècles des siècles. Ainsi soit-il.

CONSÉCRATION DES RELIGIEUX

O Jésus, vivant dans cette Hostie, nous, qui nous sommes consacrés à vous par les liens de la pauvreté, de la chasteté, de l'obéissance, nous venons, au nom de toutes les communautés françaises, déposer à vos pieds le don de nous-mêmes le plus absolu et le plus entier. C'est ici, qu'accomplissant l'acte de religion qui perpétue le sacrifice du Calvaire, vous vous êtes livré à nous, hostie d'adoration pour Dieu et de rédemption pour le monde. Nous voulons être hosties pour vous, c'est-à-dire pour votre gloire et pour votre amour; nous voulons être hosties pour l'Eglise dont nous sommes tous, les fidèles et dévoués enfants; nous protestons de notre fidélité à ses enseignements, au moindre de ses conseils.

Nous voulons être hosties pour les âmes, à la rédemption desquelles nous avons voué notre vie. Nous vous remercions pour le développement accordé dans ce siècle aux congrégations religieuses. Jamais leur vitalité n'a été plus belle. Nous vous demandons la force et la fermeté dans la défense des droits de Jésus-Christ; nous vous demandons l'esprit de sacrifice qui sera l'arme de triomphe.

Fils d'Augustin, de Dominique et de François, religieux de l'Oratoire, missionnaires de divers instituts, tous nous renouvelons à vos pieds suivant nos constitutions respectives nos promesses de pauvreté, de chasteté, d'obéissance. Nous sommes décidés à travailler plus que jamais à la gloire de votre Cœur adorable. Bénissez, ô Jésus, les œuvres entreprises pour le rachat des âmes; envoyez, de plus en plus nombreux, des ouvriers à la moisson, afin qu'ils soient de plus en plus nombreux ceux qui veulent vivre et mourir pour vous.

Loué soit...

CONSÉCRATION DES HOMMES DU MONDE

Au nom des pèlerins français, nous venons renouveler en face du Sacré-Cœur, nos protestations de fidélité, de soumission et d'amour. Nous sommes venus pour rendre grâces à

Vous, ô Divin Rédempteur, de tous les bienfaits qui ont marqué le cours du siècle qui s'achève et pour faire amende honorable pour l'athéisme social et toutes les impiétés qui en ont attristé l'histoire.

Nous voulons être des hommes de foi dans notre vie publique aussi bien que dans notre vie privée, témoignant que nous sommes à vous pour toujours. Nous renouvelons les promesses de notre baptême comme au jour de notre première communion. Puissions-nous n'y être jamais infidèles, afin de procurer la gloire de ce Cœur adorable qui a tant aimé l'Eglise et la France.

Au nom de notre patrie, au nom de nos familles, nous nous consacrons à Vous, jurant de Vous aimer toujours.

Loué soit...

CONSÉCRATION DES ÉTRANGERS

Cœur Sacré de Jésus, qui avez donné l'Hostie au monde entier, nous représentons ici toutes les parties du monde. Partout votre nom est grand, parce qu'à votre nom est offerte l'oblation pure que vous avez consacrée en ce lieu même. Enfants de la catholique Belgique, du Luxembourg, de la Suisse, de l'Angleterre, qui revient à l'unité, du Canada toujours fidèle à ses antiques croyances, de la terre si chrétienne et si tourmentée de l'Equateur et du Brésil, fils de ces Eglises Orientales pour lesquelles nous prions tous les jours, nous nous pressons autour de cet autel, pour vous proclamer le roi des peuples et le centre des cœurs. Nous porterons partout la flamme de votre amour et nous travaillerons jusqu'à la mort afin que :

Loué soit...

CONSÉCRATION DES FEMMES FRANÇAISES

Cœur sacré de Jésus ! Comme jadis les saintes femmes au jour de votre Passion douloureuse, nous avons voulu suivre les traces de vos pas ; nous voici devant vous, nous, Filles de France et des autres nations chrétiennes pour vous offrir le témoignage de notre foi et de notre amour.

Dans notre mesure, nous voulons travailler à la régénération du monde par nos prières, par nos sacrifices, par toutes les œuvres auxquelles nous sommes entièrement dévouées. Nous vous consacrons nos familles, nous vous consacrons les pauvres et les orphelins ; nous vous consacrons tous ceux

auxquels nous conduit la charité. Accueillez les protestations
de nos cœurs et de même qu'autrefois, sur le Calvaire, vous
trouviez de la consolation à voir près de vous Marie et celles
qui sans défaillance partageaient sa douleur, de même du fond
de tous les tabernacles du monde, nous voulons que vous
puissiez voir les âmes généreuses qui vous aiment, qui vous
consolent et qui réparent les crimes de l'univers.

Loué soit...

2. La Cène, la Pentecôte.

Après le petit déjeûner servi sous uns tente, nous
parcourons le terrain de saint *Pierre Gallicante*, la
colline triangulaire d'Ophel. C'est là qu'après avoir
renié son Maître par trois fois, Pierre vint pleurer
sa faute dans une grotte naturelle. En faisant des
fouilles dans les flancs de la colline, les religieux ont
mis à jour une salle de bains romains pavés en
mosaïque, une route dallée, des débris d'une ancienne
église avec colonnes et chapiteaux sculptés, une grotte
où sont des croix gravées.

Dans une ancienne citerne, ils ont élevé un cimetière où reposent plusieurs des leurs ainsi que les
pèlerins ou croisés morts à Jérusalem, depuis quelques années.

Après avoir prié pour eux, nous nous dirigeons vers
le Cénacle, l'ancienne demeure du juif opulent, Joseph
d'Arimathie. On nous recommande d'être prudents
et de prier tout bas, car les gardiens musulmans sont
devenus plus fanatiques et plus intolérants, depuis
que l'empereur Guillaume a acheté du Sultan au sud-
ouest, le sol voisin : *La dormition de la sainte Vierge.*

L'emplacement le plus saint pour nous après le Calvaire et la Crèche, est occupé par une mosquée qui a remplacé l'ancienne basilique chrétienne. Là, Notre-Seigneur lava les pieds des douze, institua l'Eucharistie, ordonna ses apôtres prêtres pour l'éternité, leur apparut après sa résurrection, et leur confia ses dernières dispositions.

Là fut le berceau de la religion chrétienne, puisque

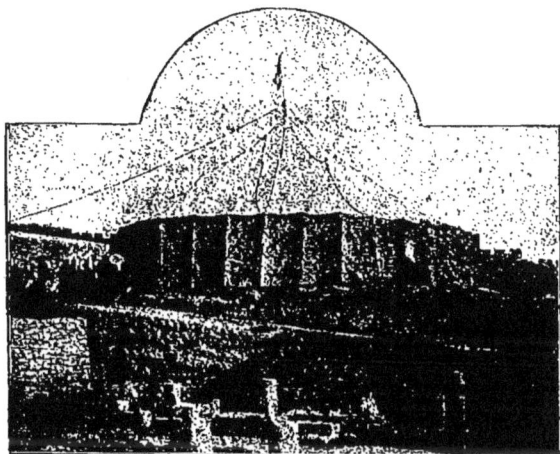

LA TENTE AU MONT SION
(Cliché de M. Clec'ch.)

les apôtres s'y réunirent pour remplacer Judas, recevoir le Saint-Esprit, élire les premiers diacres et régler comme en un premier concile, les constitutions de la nouvelle loi.

Nous passons sous une porte voûtée; nous traversons rapidement une vaste écurie et une cour pavée pour monter à l'église qui est à deux étages. La partie inférieure consiste en une chapelle gothique de 14 mètres sur 9, divisée en deux nefs séparées par deux piliers harmonieux pourvus de chapiteaux très ouvragés.

On montre au fond à gauche un sépulcre en dos d'âne qui renfermerait, dit-on, les cendres du roi David. La salle haute est le cénacle proprement dit. Nous en baisons les murs avec transport. Un des jeunes Turcs qui nous jetait des regards soupçonneux et irrités, a bien essayé quelques provocations; mais il a été vite mis à la raison par la cravache du fidèle Moussa, l'un de nos dévoués policiers.

Il est très curieux de voir comment le sultan s'y prend pour maintenir à peu de frais l'ordre dans ses états : les grandes communautés ou les grands personnages peuvent avoir des gendarmes turcs attachés à leur service nuit et jour; mais ils doivent les nourrir et les payer. C'est ce qui se passe ici; le budget public est ainsi dégrevé, et la plaie du fonctionnarisme évitée.

3° LA DORMITION DE LA VIERGE. — MAISON DE CAÏPHE ET D'ANNE.

En sortant nous tournons à gauche pour visiter le lieu de la *Dormition de la Sainte Vierge*. C'est dans le voisinage des cimetières chrétiens que se trouvait la maison de saint Jean l'Evangéliste; ce dernier avait recueilli la mère de Dieu chez lui, selon le désir et la parole du Christ mourant.

Elle y mourut sans souffrance et sans maladie; les apôtres étaient autour d'elle. Tandis que son corps était porté dans le tombeau de famille au pied du mont Olivet, le cortège fut attaqué par les Juifs, mais put, malgré cela, arriver à sa pieuse destination. Au bas d'un escalier, au dehors et à gauche, une pierre debout, indique l'emplacement où fut commis ce sacrilège, et où s'élevait autrefois, pour en perpétuer la mémoire, un sanctuaire aujourd'hui disparu.

On sait que le terrain de la Dormition appartient depuis peu aux catholiques Allemands qui vont y élever un monument. Quand nous nous y sommes présentés, les fouilles étaient commencées, afin d'asseoir les fondations.

Au retour nous passons devant le champ de repos catholique. Les pèlerins Charentais récitent pieusement le *De Profundis* pour leur ancien, l'abbé Chambaud, neveu de l'ancien curé de Saint-Amand (1).

Ce prêtre intelligent et vrai poète, faisait partie du premier pèlerinage en Orient : pendant la traversée de la Samarie à cheval, il se fit une légère blessure qui devint grave à cause de la grande chaleur. Ce ne fut qu'à Jérusalem qu'il put prendre du repos et se soigner. S'étant alité, il mourut dans les sentiments les plus pieux et les plus édifiants.

Après de magnifiques funérailles, ses co-pèlerins se cotisèrent pour lui acheter une sorte de monument funèbre dressé contre le mur Est du cimetière latin situé au sud de la ville, sur le mont Sion et en

_____

(1) Beaucoup connaissent son admirable traduction en vers de *Notre-Dame de Lourdes*, par Henri Lasserre. C'est mon compatriote et co-pèlerin, M. le chanoine Goumet, qui m'a donné tous les détails concernant la mort édifiante de M. le curé de Montboyer.

dehors des remparts, tout près du Cénacle et du terrain de la Dormition.

La pierre tombale qui recouvre la dépouille mortelle de notre compatriote a 2 m. de hauteur sur

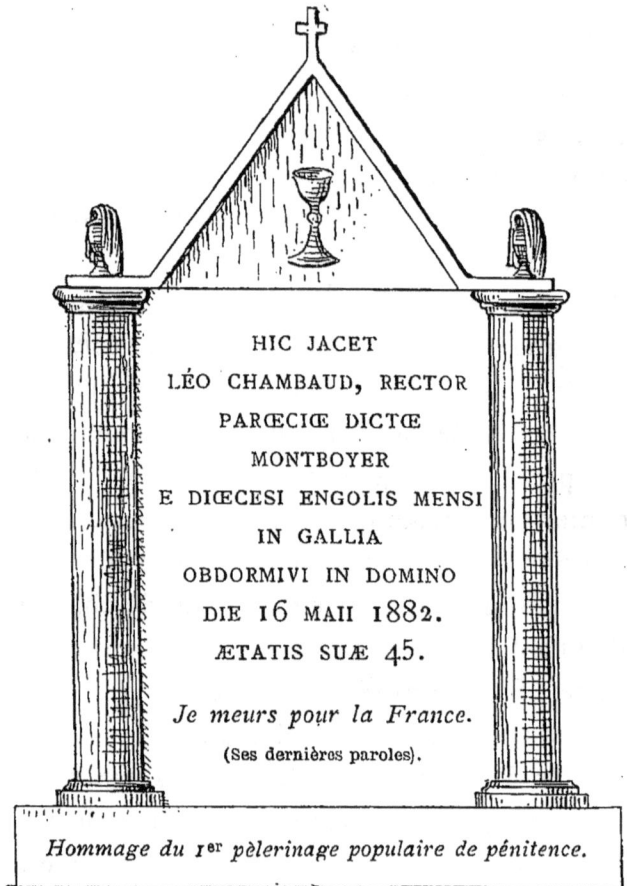

HIC JACET
LÉO CHAMBAUD, RECTOR
PARŒCIŒ DICTŒ
MONTBOYER
E DIŒCESI ENGOLIS MENSI
IN GALLIA
OBDORMIVI IN DOMINO
DIE 16 MAII 1882.
ÆTATIS SUÆ 45.

Je meurs pour la France.
(Ses dernières paroles).

Hommage du 1er pèlerinage populaire de pénitence.

1 m. de largeur et 0 m. 20 d'épaisseur; je crois utile de reproduire l'inscription gravée dessus.

Nous entrons bientôt dans le couvent Arménien qui occupe l'emplacement de la maison de Caïphe, le grand-prêtre hypocrite qui fit condamner Jésus par le Sanhédrin. C'est là que, par la voie de la Captivité, fut conduit le Sauveur, immédiatement après la trahison de Judas.

Dans ce monastère hérétique, le maître-autel a pour table la plus grande partie de la pierre circulaire qui fermait le tombeau divin et que l'ange renversa. Une chapelle latérale serait la prison où fut enfermé le Christ pendant la nuit du Jeudi au Vendredi-Saint, après son retour de Gethsémani.

Nous voici à l'entrée de la ville : nous visitons la cathédrale des Arméniens où l'on vénère le tombeau de Saint-Macaire.

L'Eglise à trois nefs est surmontée d'une coupole et dédiée à Saint Jacques le Majeur, patron des pèlerins.

C'est l'un des monuments les plus riches de Jérusalem : l'or et l'argent y paraissent à profusion ; mais la décoration dans le goût asiatique laisse à désirer au point de vue de l'art. Un immense couvent-hôtellerie est attenant : il y a de la verdure; dans notre pays les jardins seraient mesquins, mais ici c'est une rareté.

Encore un arrêt à la maison d'Anne, une prière à la maison de saint Marc, où l'apôtre saint Pierre, miraculeusement délivré par l'Ange, de sa prison, vint rejoindre son petit troupeau. Mais tout décrire serait trop long et deviendrait peut-être fastidieux pour quelques lecteurs.

4. Séance récréative.

Le reste de la journée a été pris d'une agréable et charmante façon. A midi, dîner et réception chez le consul, puis salut solennel chez les Sœurs Réparatrices qui nous ont offert des rafraîchissements; enfin séance récréative chez les sœurs de Saint-Vincent de Paul. De véritables prodiges sont accomplis par les orphelins et les orphelines qu'élèvent les filles de la Charité. Un mot seulement sur cette grande représentation dont voici le programme :.

SÉANCE RÉCRÉATIVE

Offerte au XIXe pèlerinage de pénitence

PAR LES ENFANTS DE St VINCENT DE PAUL

le 3 Septembre 1899.

1. Salut à la France, *chant.*
2. Le musicien sans le savoir, *saynète par les petits garçons.*
3. Souvenir d'enfance, *compliment.*
4. Compliment des bébés de la crèche.
5. Trop gratter cuit, 1er acte, *comédie par les petites filles.*
6. Les petits pifferari.
7. Trop gratter cuit, 2e acte.
8. Les petits Calabrais, *opérette.*
9. Sermon du Cardinal.
10. Chant final.

Tous les acteurs ont rempli leur rôle à la perfection : nous avions la douce illusion de la France, car ces petits orphelins parlaient très purement le français.

Leurs compliments nous sont allés au cœur; leurs chants, ceux même dont l'harmonie offrait le plus de difficultés, ont été exécutés avec un brio, une sûreté

de voix remarquables; leur débit avait une aisance
gracieuse qui plaisait.

Certainement chez nous, des enfants du même âge
n'auraient pas mieux réussi. Le sermon du Cardinal
surtout a été une petite merveille : un véritable cardinal de quatre ans, s'il vous plaît, qui très sérieuse-
ment nous a sermonnés.

Tout y était, même le texte latin : sous sa barrette
rouge, ses jolis cheveux blonds et bouclés nous
donnaient l'illusion de cheveux blancs; il était debout
sur un escabeau. A ce charmant bébé, les applaudissements n'ont pas manqué, ni les caresses non plus.
Je ne puis résister au désir de citer son petit sermon
que j'ai pu me procurer à peu près; il l'a débité avec
de beaux gestes, des renflements de voix, et un petit
grasseyement tout à fait oriental :

« *Vanitas vanitatum et omnia vanitas.*
Tout n'est que vanité, hors aimer Dieu et ne servir que lui seul.
(Au livre de la *Sagesse*, chap. III, v. 16.) — Mes frères,
Si je savais déclamer comme il faut,
Je dirais des mondains les défauts,
Mais mon esprit est borné par mon âge.
Je vous dirai seulement de devenir plus sages. »
C'est ainsi que saint Paul, en parlant aux Galates,
N'a même pas épargné Cicéron ni Socrate.
Préservez donc votre âme de toute méchanceté,
Car, plaisirs, jeunesse, tout n'est que vanité.
Vanitas vanitatum et omnia vanitas.
Passons au deuxième point. Mais respirons un peu. »
(*Il prend son mouchoir et s'essuie la figure.*)

« Mais quoi, me direz-vous, un petit enfant osera-t-il
remplacer un prédicateur ?

Oui, certes, je le suis, et je m'en fais honneur.
La bouche des enfants du ciel est l'interprète,
Et procure au Seigneur une gloire parfaite.

C'est Dieu qui le dit. Savez-vous le latin ?
Soyez donc comme cet enfant, charitable, soumis,
Sans fierté, sans malice, et surtout sans avarice,
Par là, sur les démons, vous aurez la victoire,
Et vous irez régner avec Dieu dans la gloire.

C'est le bonheur que je vous souhaite en vous donnant ma bénédiction de cœur et d'affection. »

Notre Directeur en notre nom a remercié chaleureusement les sœurs de Saint-Vincent de Paul du véritable délassement (et ce n'était pas sans besoin), qu'elles nous avaient procuré. Il les a félicitées du bien qu'elles faisaient pour l'honneur de l'Eglise et de la France.

Après une quête fructueuse, nous sommes allés prendre notre repas du soir. Là, nous avons agréablement surpris les aimables pères assomptionnistes par lesquels nous étions si bien soignés, logés, guidés et traités.

Un chœur, une véritable maîtrise s'est formée parmi nous, sous la direction de mon aimable compatriote, M. l'abbé Marcel Roux, un chanteur émérite et un artiste musicien.

Avec leurs chants et leurs pièces de vers, les frères et les pères avaient si bien égayé nos repas, qu'il était juste de leur en témoigner notre reconnaissance. Donc, ce soir-là, nous avons chanté à Notre-Dame-de-France, une belle cantate que je regrette beaucoup de ne pouvoir reproduire.

C'était irréprochable comme musique, comme poésie et comme exécution. Désormais la maîtrise était fondée, et, pour le reste du pèlerinage, elle donna aux bons Pères de l'Assomption son concours le plus empressé.

5. Voyage en Samarie abandonné.

Un certain nombre de pèlerines et de pèlerins s'étaient fait inscrire pour le voyage en Samarie : Ils devaient partir demain matin et nous rejoindre à Nazareth en Galilée. Tous les ans cette expédition a eu lieu, mais en hiver ou au printemps. On pouvait alors supporter la chaleur ; en sera-t-il de même en plein été ? Pendant quatre jours, il faut aller à cheval au moins dix heures par jour, emporter sa nourriture, coucher sous la tente et rencontrer souvent des visages ennemis.

Les accidents sont fréquents : les selles tournent, les chevaux s'emballent ; mais on a le plaisir de suivre en Samarie les traces du Sauveur, de voir et de visiter El-Bireh, Silo, le puits de la samaritaine, Naplouse, Jesraël, Sunam, Naïm et la plaine d'Esdrelon, l'un des plus fameux champs de bataille de l'histoire depuis les temps les plus reculés.

Cette année, à cause de l'extrême chaleur et de la responsabilité qui lui incombait, le père Marie-Léopold nous a priés de renoncer à ce voyage fatigant, non par économie, mais dans l'intérêt de notre santé. Il y a réussi. Aussi, en guise de consolation, je ne puis m'empêcher de reproduire deux boutades écrites en vers et chantées par M. l'abbé Coldre, missionnaire, l'un de nos précédents pèlerins :

EN SAMARIE

Ier

Le matin, dans le campement,
Les gais pèlerins prestement,
Sautent de leur couverture
Sur tapis de verdure,
Ou bien les moukres vivement
Tirent la tente fortement,
Et leur mettent le nez au vent.
Voilà la vie. — En Samarie.

2e

On entend la messe en plein air
En chantant sous le ciel bleu clair :
« Gloire à Jésus! Gloire à sa Mère!
« Nous allons au Calvaire. »
Puis sur les rocailleux chemins,
Notre chapelet dans les mains,
En *Ave*, nous semons les grains,
Roses de vie, — En Samarie.

3e

Nous voyons les champs d'autrefois
Des patriarches et des rois,
Et, près des tombeaux des prophètes,
Nous célébrons nos fêtes.
Tous nous prions avec ardeur
Au puits où le béni Sauveur
Ouvrit les trésors de son cœur,
Sources de vie, — En Samarie.

4e

Les uns sur de fougueux coursiers,
Prennent des airs de chevaliers ;
Quelques-uns, sur de simples rosses,
Se font parfois des bosses.
Mais l'ensemble est plein de gaîté,
Car un peu de chair en pâté,
N'endommage pas la santé.
Voilà la vie, — En Samarie.

5e

Le soleil est un peu piquant
Et vous rend le nez rutilant,
Vraiment, c'est petite aventure,
L'envers d'une engelure.
Aux repas, c'est chèvre ou chameau,
Bœuf, poulet, mais jamais de veau.
C'est presque tendre comme agneau.
Voilà la vie, — En Samarie.

6e

On n'a pas vaisselle d'argent,
L'attirail est en vieux fer blanc.
Pour qui désire pénitence,
C'est fleur de patience.
Jadis, les croisés, combattant,
Dans leurs casques buvaient leur sang.
Nous, leurs fils, acceptons gaîment
La pauvre vie, — De Samarie.

7e

Vous croyez toujours arriver,
Le *Moine* sait vous captiver,
Sa mesure des kilomètres
Brave les géomètres ;
D'après son lumineux refrain,
L'étape est d'un très court chemin,
Et le déjeûner très prochain.
Voilà la vie, — En Samarie.

8e

Si votre fuyante santé,
Eprouve le besoin de thé,
Vite, buvez la camomille,
Sans pilule ou pastille.
Sœur Joséphine, c'est réel,
A pris les senteurs du Carmel
Pour composer son hydromel,
Nectar de vie, — En Samarie.

Perdez cravache *et cœtera*,
Le moukre le ramassera,
Heureux de demander Bakchiche.
Ne soyez pas trop chiche.
Mais tout en vous montrant bon cœur,
Sachez parler avec vigueur
A ce rapace quémandeur,
Mendiant à vie. — En Samarie.

Sous la tente on trouve des lits,
Que sans plumes je garantis.
Mais, fatigué, du ciel on rêve,
Près d'un concert sans trêve :
Les ânes donnent leurs braiements,
Les veilleurs leurs appels traînants
Et les chiens leurs longs aboiements.
Voilà la vie, — En Samarie.

LES ANES DE JÉRUSALEM

Les ânes de Jérusalem
Conduits par les fils Laquedem,
Ne vont pas toujours vite,
Malgré vos hop–là,
Ces anichons-là.
Mais y'a pas d'mal à ça.

Souvent, dès qu'on monte dessus,
Ils ont de très mauvais débuts :
Leurs quatre pieds fléchissent.
Ils s'abattent-là,
Ces anichons-là.
Et vous n'aimez pas ça.

3e

S'ils trouvent le Monsieur trop gros,
Ils courbent l'échine et le dos;
  S'affaissent dans les épines:
    Monsieur, piqué-là,
    S'écrie : oh ! la la.
  Il y'a du mal à ça.

4°

La demoiselle ayant ses nerfs,
Tire la bride de travers :
  Cadichon pétarade,
    La culbute là
    Et s'enfuit de là,
  Ne racontez pas ça.

5e

Quand on rencontre des chameaux
Malpropres comme leurs fardeaux,
  Les anichons vous cognent
    Dans ces bêtes-là
    Tout cahin-caha.
  Et se moquent de ça.

6e

La tête dure, ah ! C'est leur fait !
Tirez à droite... et brusque effet,
  Ils vont de suite à gauche.
    Ne vous fâchez pas,
    Ne les battez pas.
  Ils comprennent comme ça.

7°

Malgré tout, ces gris ânichons,
Très gaîment nous les enfourchons,
  Que de sites célèbres,
    Sans leurs petits pas,
    Nous ne verrions pas !
  Souvenez-vous de ça.

8ᵉ

Tous, n'oublions pas qu'une fois
On vit un bel âne de choix
Qui porta notre Maître,
Dans la ville entra
Et point ne broncha.
Tout leur honneur est là.

CHAPITRE XIX

1. Eglise paroissiale de Saint-Sauveur. — 2. Adieux à Jérusalem.

Lundi, 4 septembre.

1. Eglise paroissiale de Saint-Sauveur.

UJOURD'HUI la grand'messe a lieu dans l'église paroissiale de Saint-Sauveur, tout près du patriarcat latin : c'est là que réside le R. P. Custode de Terre-Sainte, et que se trouve le principal couvent des religieux Franciscains.

A la cérémonie assiste officiellement notre consul général, qui arrive précédé de ses quatre cawas, et accompagné de son personnel. Charmante allocution, excellentes prières, et beaux chants comme toujours.

L'église est l'un des édifices neufs les plus beaux de la ville sainte : de style Corinthien, elle est richement décorée de dorures, marbres et peintures, selon le genre italien. Cinq belles cloches garnissent la tour ; la plupart des autels latéraux proviennent de dons français.

Le couvent est un bâtiment lourd qui contient

soixante-dix religieux environ ; douze habitent la
petite résidence du Saint-Sépulcre comme nous l'avons
dit déjà.

L'Eglise dédiée au saint Sauveur sert de paroisse
pour les Latins. Les Franciscains ont toujours gardé
les Lieux-Saints : chassés et dépossédés plus d'une
fois, ils sont toujours revenus ; plus de 4000 d'entre
eux ont été martyrisés.

Ils possèdent un trésor d'une valeur considérable :
ce sont les objets précieux donnés au Saint-Sépulcre
par les princes catholiques et les fidèles chrétiens ;
ornements riches et antiques, pierreries fines, vases
sacrés, croix et chandeliers, etc.

C'est une véritable ruche ouvrière chez eux : fabrique
de pâtes, minoterie, panification, imprimerie en plusieurs langes, et cordonnerie. A la pharmacie, les
drogues sont renfermées dans une riche collection de
vases : ce sont de vieilles faïences, toutes aux armes
des donateurs, les ducs de Savoie.

Les religieux tiennent une école, et leurs bâtiments
servent d'hôtellerie, même pour les voyageurs non
chrétiens. Pour cela, ils ont fait construire la *Casa
Nova* qui peut offrir 300 lits aux pèlerins.

Dans leurs autres couvents de Palestine, ils re-
çoivent aussi les étrangers ; les ressources nécessaires
à de si lourdes charges, ils les tirent des quêtes des
Catholiques, principalement de celles du Vendredi-
Saint. Avec cela, ils entretiennent les écoles, les
Eglises et les couvents, et de plus ils hébergent les
pèlerins.

Après la cérémonie, nous avons fait visite au Révérendissisme père custode qui a remis à chacun de nous un diplôme et quelques souvenirs pieux.

2. ADIEUX A JÉRUSALEM.

La soirée a été occupée par le salut du Saint-Sacrement dans la coquette église de l'hôpital *Saint-Louis des Français*, et surtout par la fièvre des bagages ; hélas ! nous sommes à la veille du départ. Nos valises doivent partir les premières, il faut les étiqueter, et déclarer les objets de valeur que nous emportons, afin de payer le centime par franc de droits de douane.

Très pratiques les Turcs, puisqu'ils commencent par prélever un droit de sortie ; ils sont larges heureusement; une simple déclaration leur suffit.

Au dîner, le soir, une légère tristesse assombrit les visages. Quelques objets de piété feront des heureux à notre retour; voilà pourquoi nous avons dévalisé les magasins. Nous nous sommes rendus à tous les sanctuaires pour leur adresser un dernier adieu.

On voyait des pèlerins un peu partout : sur la Voie douloureuse, à Sainte-Anne, au Saint-Sépulcre, au Calvaire, à Gethsémani. Au dessert, les petits frères nous ont salué de leurs derniers chants. C'est avec émotion que nous répétions le refrain des : *adieux à Jérusalem* du père Marie-Jules. De sa voie harmonieuse, le père René nous en module les couplets mélancoliquement.

Puis M. de Bréon prend la parole : au nom de tous, il remercie les pères Assomptionnistes d'une façon très cordiale et très élevée ; il n'oublie personne, ni M. de Piellat, ni sœur *Camomille*, ni le père Marie-Léopold. Le père Athanase a répondu en termes excellents. Enfin pour la dernière fois au fond de la salle, nous voyons apparaître et resplendir la grande croix lumineuse ; c'est avec enthousiasme que nous lui adressons notre dernier salut : *O Crux ave !*

ADIEUX A JÉRUSALEM

1°

Il faut partir !
Tel est le cri d'alarme.
Reçois, chère Sion, une dernière larme,
Il faut partir !
Tel est le cri d'alarme.
Sion, de tes grandeurs, je garde souvenir.

REFRAIN.

Encore une prière
En quittant le Saint Lieu,
Plutôt que t'oublier s'éclipse la lumière !
Jérusalem ! Adieu !...
Jérusalem ! Adieu !...

II

Il faut partir !
Au jardin solitaire,
Où Jésus se plaisait à faire sa prière.
Il faut partir !
Au jardin solitaire,
Reverrai-je la rose et l'olivier fleurir !

III

Il faut partir !
Adieu, grotte bénie,
Témoin de la sueur de sang de l'agonie,
Il faut partir !
Adieu, grotte bénie,
Où l'on aime à verser les pleurs du repentir.

IV

Il faut partir !
O route douloureuse !
De pleurer sur ton sol mon âme fut heureuse.
Il faut partir !
O route douloureuse !
Puis-je espérer un jour de nouveau te gravir.

V

Il faut partir !
Adieu, mont du Calvaire,
L'empreinte des baisers restera sur ta pierre.
Il faut partir !
Adieu, mont du Calvaire,
J'ai lu sur tes rochers l'amour d'un Dieu martyr.

VI

Il faut partir !
Sépulcre plein de gloire,
L'alleluia sans fin célèbre ta victoire.
Il faut partir !
Sépulcre plein de gloire,
Ta poussière vaut mieux que l'or et le saphir.

VII

Il faut partir !
Mont de l'Eucharistie,
Sur ton sommet sacré, Jésus devint Hostie.
Il faut partir !
Mont de l'Eucharistie,
A ton Cénacle en deuil, un meilleur avenir !

VIII

Il faut partir !
Adieu, montagne sainte,
Où de son pied vainqueur Jésus laissa l'empreinte,
Il faut partir !
Adieu, montagne sainte,
Sur tes sommets, joyeux, j'aurais voulu mourir.

SUR LE CARMEL
(Cliché de Mlle Turpin.)

CHAPITRE XX

1. Départ pour Jaffa. — 2. Caïffa. — 3. Le Couvent du Carmel.

Mardi, 5 septembre.

1. Départ pour Jaffa.

AUJOURD'HUI, à Notre-Dame de France, la messe du pèlerinage a lieu en l'honneur des âmes du Purgatoire : dans cette chapelle élégante et splendide, au pavé de mosaïque et de marbre, au pur style gothique et à la voûte élevée, dans ce sanctuaire dédié à la Mère du Sauveur, nos chers défunts ne sont pas oubliés.

Puis le grand déjeûner étant avancé, nous nous empressons d'achever nos préparatifs de départ. Bientôt les voitures arrivent ; nous remercions nos hôtes avec effusion ; nous jetons un dernier regard sur la Ville Sainte que nous quittons à regret ; mais il faut partir !

A la gare, nous trouvons nos amis qui viennent nous saluer. Le vicaire custodial, les représentants du consulat, les délégués de toutes les communautés religieuses, les filles de la Charité avec leurs orphelins et des catholiques hiérosolymitains.

On crie : « Vive la France ». On agite les mouchoirs et les chapeaux ; bien des yeux sont mouillés ; le train nous emporte à Jaffa. Tandis que nous chantons un dernier cantique, la tour de David disparaît à l'horizon, oh ! combien grande est l'émotion qui saisit l'âme du chrétien, lorsqu'il voit et surtout lorsqu'il quitte les lieux où le Christ est né, a vécu, et où il est mort !

A travers les montagnes, nous descendons à toute vitesse : voici déjà sur une hauteur le tombeau de Samson, juge d'Israël, dont le souvenir plane spécialement sur la plaine de Saron.

La chaleur est toujours intense ; les stores sont baissés, et les panières de raisins d'Engaddi circulent dans nos rangs. Toujours aimables et prévoyants, les pères de l'Assomption !

A Jaffa nous sommes assaillis par les porte-faix : on ne s'en débarrasse qu'avec des arguments frappants, procédé qui est la monnaie courante en ce pays, car on sait que les fils d'Ismaël sont voleurs.

Nous sommes tous au complet : il y a eu quelques fatigues, quelques indispositions sans doute, mais aucune maladie sérieuse ; quelques accidents, voitures renversées ou brisées, cavaliers désarçonnés, mais aucun dommage important.

Ainsi un jour, entrant à Jérusalem, l'un de nos pèlerins ecclésiastiques est tombé de cheval dans le fossé des remparts, six mètres de hauteur à cet endroit ; il s'est relevé sans une égratignure ; c'est à croire que les anges le portaient.

Voici la *Nef* qui se balance gracieusement là-bas :
nous nous embarquons pour la rejoindre, toujours au
milieu des cris et des importunités des bateliers qui
demandent *bakchiche* avant l'heure, ou qui font dan-
ser la barque pour nous effrayer et nous rendre plus
généreux ; nous les connaissons heureusement.

Au bas de l'échelle de jetée, l'accueil aimable du
capitaine qui nous tend la main, fait largement oublier toutes ces misères et tous ces ennuis.

Quelques-uns d'entre nous ayant perdu l'habitude
du bateau, ont commencé à trouver la transition un
peu... désagréable ; mais la traversée de Jaffa à Caïffa
n'est pas longue. A minuit, nous étions arrivés ; il a
fallu attendre au jour pour débarquer.

2. CAÏFFA.

Bientôt les bateliers accostent le navire ; le R. P.
Brocard du couvent des Carmes est venu nous rejoindre à bord. En face de nous, les maisons blanches
de Caïffa ; à notre gauche, Saint-Jean-d'Acre avec ses
tours, son port et ses minarets ; à droite la montagne
du Carmel qui, semblable à une *harpe renversée*,
domine toute la contrée. Mais le soleil darde déjà des
rayons implacables, et nous devons monter au Carmel
en procession.

Après avoir débarqué, nous traversons la ville
composée de deux longues rues avec deux places :
l'une pour la mosquée et l'autre pour le khan. Toujours le même peuple apathique, inerte et tendant la

main; toujours le même refrain : *Bakchiche*. Mais nous n'en sommes pas surpris. Comme dans toute la Palestine, il y a des marchés dont la propreté est plutôt douteuse, des rues étroites aux bazars pittoresques plus ou moins bien parfumés. Quelques beaux établissements religieux reposent agréablement la vue.

La procession s'organise à l'église paroissiale; puis hors de la ville, nous gravissons lentement la pente escarpée de la sainte colline. Longue et rude est l'ascension : les chants pleins d'entrain au début se ralentissent bientôt; nous sommes en nage; seuls toujours intrépides, quelques frères assomptionnistes continuent; ils semblent ne s'épuiser jamais. Les pentes élevées d'un côté, semblent de l'autre se prolonger et s'abaisser insensiblement.

Une fois arrivés sur les terrasses, nous avons joui d'un coup d'œil admirable : au bas, les eaux bleues de la Méditerranée dont les vagues moutonnantes et leurs blanches cimes miroitaient au soleil; à gauche, la pleine mer dans l'azur; en face, le couvent des Carmélites; la ville un peu plus loin, et au delà, Saint-Jean-d'Acre avec son golfe; plus près dans la rade, notre navire pavoisé. A droite, la belle montagne du Carmel parée d'une luxuriante végétation. Vers le nord, d'autres montagnes s'élèvent d'étage en étage jusqu'aux sommets du Liban.

Autour de nous arbres et buissons forment un immense massif de verdure sombre : ce ne sont que fleurs variées, touffes de chênes, de genêts, de térébinthes et de caroubiers. D'après la sainte Ecriture, c'est le lieu de toutes les richesses et de toutes les beautés. Aussi nous sommes très agréablement surpris par les senteurs aromatiques qui montent jusqu'à nous ; de partout s'exhalent des parfums délicieux et exquis.

3. Le Couvent du Carmel.

Le couvent est très beau ; détruit en 1799, il a été rebâti en 1827. La messe solennelle est chantée dans la belle et grande église qui abrite la grotte d'Elie ; l'autel est dominé par une superbe statue de Notre-Dame du Mont-Carmel.

Le père Brocard nous adresse d'affectueuses paroles : « La France est ici la bienvenue, parce qu'elle a le culte de la Vierge ; à la Salette, à Lourdes et à Pontmain, elle a eu l'amour et les faveurs de Marie, etc. » — Après la messe chantée, nous célébrons le centenaire de la mort des soldats français blessés que les Turcs avaient poursuivis dans le couvent. Ils les ont massacrés avec les religieux qui, après le siège de Saint-Jean-d'Acre, les avaient recueillis et soignés. Dans le jardin, en face de l'église, le monument érigé à leur mémoire, a été nouvellement restauré.

C'est une bien modeste pyramide, surmontée d'une croix de fer, devant laquelle un autel est dressé, orné du drapeau national. Le *De Profundis* chanté pieusement produit la plus grande impression. On visite rapidement le couvent, le mont sur les flancs duquel existent plus de 2.000 grottes ou cavernes, la grotte des prophètes, la fontaine et le jardin d'Elie.

Puis on se rend au palais pour le petit déjeuner : désormais, comme à Jéricho, nous serons sous le régime turc, servis par des arabes aux mains sales, sous la direction de Djamil-Aouad, notre drogman. Il ne faut pas nous plaindre, car il paraît qu'en Samarie c'est bien pis. Les œufs frais abondent ainsi que le café.

Nos serviteurs cuivrés se précipitent, crient et versent à côté quelquefois; mais il paraît que nous sommes favorisés. Les couverts paraissent antédiluviens ; en cet endroit où l'eau manque, les étameurs sont inconnus en effet. On nous dit cependant qu'ils sont neufs et nouvellement arrivés de Paris. Ceux de l'an dernier, les gobelets surtout, devaient descendre en droite ligne du père Abraham.

Les voitures arrivent bientôt et nous attendent en bas; pour les rejoindre, nous descendons la colline de Saint-Elie, sans oublier de voir en passant l'école des prophètes et la chapelle de saint Simon Stock à qui la Mère de Dieu inspira la dévotion du scapulaire.

CHAPITRE XXI

1. Départ de Caïffa pour Naʒareth.

1. Départ de Caïffa pour Nazareth.

A dix heures, départ pour Nazareth : l'excursion de Samarie ayant été supprimée, nous sommes mal montés en voitures et en chevaux que l'on recrutait à Damas habituellement. Hélas ! Ce ne sont plus des calèches ou des victorias comme à Jérusalem, ce sont des tapissières ou des breacks plus ou moins logeables; on a même dû réquisitionner des chariots ou chars à bancs montés sur essieux simplement. Et nous sommes en pleine canicule ! Qu'on vienne dire après cela que nous ne faisons pas un pèlerinage de pénitence !

Avec les belles routes de ce pays-ci, gare les cahots et les accidents ! Quelques harnais brisés, quelques haridelles maigres et incapables de servir ont contraint deux ou trois pèlerins de retourner à bord et d'y passer une journée rendue charmante par l'amabilité du commandant. Le lendemain, ils ont pu nous rejoindre après avoir trouvé des voitures à Saint-Jean. d'Acre.

En sortant de la ville pour traverser la plaine d'Esdrelon, nous sommes surpris de trouver quelques mètres de voie ferrée ; c'est l'annonce que d'ici peu, on pourra se rendre à Nazareth en chemin de fer ; nos successeurs seront plus heureux que nous.

A droite, sur le flanc de la montagne, nous voyons Balad-ech-cheich, Yadjour, village habité par les Druses. Après deux heures et demie de marche, on franchit le Cison, à sec en été comme tous les torrents de Palestine. Du reste, nous passons sur un pont tout neuf, genre Européen ; désormais les accidents seront évités.

Voici El-Hartiey avec ses collines boisées : c'est la halte traditionnelle pour le déjeûner ; nous sommes sous des chênes verts qui donnent une ombre bien réduite, mais elle nous suffira. Assis ou à demi-couchés sur des cailloux, car l'herbe en cette saison est inconnue, nous voyons sur un mauvais tapis les plats se succéder abondants et même multipliés.

Mais, hélas ! C'est toujours les mêmes sauces, et le même goût inénarrable ; le vin serait bon, mais il est chaud et possède l'odeur particulière de son récipient, une outre en peau de bique ; il en est de même de l'eau qui n'est pas toujours très limpide. Tous ces liquides nous accompagnent pendant toutes nos pérégrinations ; secoués et ballottés sous un climat de feu, ils ne servent guère à nous désaltérer.

Le café arrange tout, heureusement, et puis la sœur

Camomille est là avec sa bienfaisante liqueur ; déjà elle a coupé le mauvais goût de notre eau avec de l'acide tartrique et du bicarbonate de soude, ce qui nous donne l'illusion de la limonade. Nous plaisantons et la gaîté française ne nous abandonne pas. Dans les cas les plus difficiles, les dames elles-mêmes donnent l'exemple de la bonne humeur et de l'entrain.

On sonne bientôt le boute-selle, et nous voià partis. De Caïffa à Nazareth il y a 50 kilomètres environ : voici la plaine de Jedda, les villages de Djebata et Maloul. Pas un brin d'herbe sur les côteaux dénudés ; les chameaux, les ânes, les chèvres broutent au milieu des rochers. Quoi ? je l'ignore, car on ne découvre rien même avec une longue-vue.

Les villages sont un ramassis de chaumières intercalées dans des ruines : de là s'échappent une âcre fumée et d'invraisemblables odeurs. Des êtres hâves, déguenillés, aux cheveux sordides et à la peau tannée ; de nombreux enfants à peine vêtus ; des femmes au teint jaune et brûlé, aux yeux noirs et brillants, nous persécutent et nous fatiguent en larmoyant d'une voix traînante et lamentable : Bakchiche, bakchiche ! A l'ombre, les hommes indolents fument leurs longues pipes qui plongent dans des bouteilles ; ils sont oisifs et se drapent dans leurs manteaux sales et troués. Ce peuple est complètement abruti par la religion de Mahomet.

A travers la poussière, nous apercevons bientôt, venant à notre rencontre, les prêtres maronites et les pères franciscains. Des enfants nous saluent en faisant le signe de la croix. On aperçoit déjà la ville de Nazareth en amphithéâtre sur une coline en forme d'abside, maisons blanches avec terrasses qui s'étagent dans deux ou trois vallons, à l'abri du vent du Nord.

A mi-côte, au milieu de cette oasis formée par la verdure et les constructions, s'élève un clocher rouge qui fait bien dans ce cadre gracieux, c'est l'église de l'Annonciation. Mais voilà les frères des écoles chrétiennes, les sœurs avec leurs élèves aux costumes multicolores ; une foule considérable est massée sur la route, sur les terrasses et sur les murs, saluant et criant : « Vive la France ! Vivent les pèlerins ! » Nous répondons de notre mieux avec des larmes émues. « Les PP. Salésiens avec leur fanfare se mettent à notre tête, dit Christian, nos quarante voitures et nos soixante chevaux marchent dans un ordre superbe. Bientôt la procession s'organise et nous faisons une entrée triomphale dans la basilique de l'Annonciation. La prière et la joie y raniment tous les cœurs. »

Les pèlerins sont reçus à Casa-Nova, l'hôtel des franciscains ; les pèlerines, chez les *Dames de Nazareth* et les sœurs de Saint-Joseph. Tous ensemble nous prendrons nos repas sous la grande tente.

Quel bonheur d'aller visiter la grotte sainte où le Verbe s'est fait chair, de saluer Marie en récitant le chapelet !

Nazareth, c'est le mystère des mystères ! c'est l'Incarnation, la maternité divine de Marie ! C'est l'aimable adolescence de Jésus ! C'est le réconfort de la piété méditative et recueillie !

Afin de maintenir la circulation du sang, et aussi comme remède préservatif, l'infusion obligatoire de camomille nous a été servie après le dîner. Elle ne nous a pas garantis de l'extrême chaleur, même la nuit, malheureusement.

CHAPITRE XXII

1. Nazareth, la ville des fleurs. — 2. Tibériade, mer de Galilée.

1. Nazareth, la ville des fleurs

APRÈS un office solennel et d'éloquentes allocutions, nous avons parcouru les rues de la ville en procession : les cantiques français les plus populaires alternaient avec l'*Ave Maris stella* et le *Magnificat*. Nous avons visité la fontaine de la Vierge, l'atelier de Saint-Joseph, l'église des Maronites, l'ancienne synagogue et la *Mensa Christi*. Partout nous avons prié pour gagner les indulgences, et nous avons reçu d'utiles explications.

Nazareth si cher à une âme chrétienne, mérite une description détaillée : Les habitants au nombre de 7.000 environ, sont catholiques en majorité ; c'est ce qui explique l'accueil enthousiaste qu'ils nous ont fait. Ils sont aimables et gracieux ; paraissent plus ouverts, plus francs et plus intelligents que les autres Palestiniens rencontrés jusqu'ici.

Les femmes, agréables, souriantes et comme enchantées d'être les *cousines de la Vierge*, ont une tenue modeste, une allure vive qui ne manque pas de charme. A la fontaine de Marie, celles qui portent une amphore penchée sur le côté, ont des mouvements simples et naturels qui n'excluent pas la coquetterie inhérente à toutes les filles d'Eve. Un voile sur la tête, une longue jupe-blouse serrée à la taille, cela suffit pour les habiller.

Au milieu des rochers arides de la Judée, Jérusalem paraît triste et désolée ; sur le penchant d'une colline, Bethléem présente un aspect joyeux ; au-dessus d'une paisible vallée, sur un coteau en pente douce, Nazareth qui en hébreu veut dire : « La *cité des roses et des fleurs* », s'élève dans un site gracieux et embaumé.

Il est vrai que sur près de 100.000 âmes, il n'y a guère que 4.000 catholiques dans la cité qui fit mourir Jésus. Ici les rues vont en pente pour la plupart ; cela permet à presque toutes les maisons d'avoir des appartements extérieurs et des chambres creusées dans le roc. Cette disposition protège à la fois contre l'excessive chaleur de l'été, et contre les pluies ou le froid de l'hiver.

C'est ce qui nous explique pourquoi la demeure de la sainte Famille était composée d'une petite maisonnette et d'une grotte assez profonde ; voilà pourquoi aussi le sanctuaire de l'Annonciation tenu par les franciscains, forme aujourd'hui, par suite de l'exhaussement du terrain, une crypte à laquelle on descend au moyen de deux larges escaliers de dix-sept marches.

C'est là qu'eut lieu le ravissant colloque entre Marie et l'ange Gabriel : « Je vous salue, Marie, pleine de grâces, vous êtes bénie entre toutes les femmes ! — Voici la servante du Seigneur ! etc. » C'est là que, pour revêtir la nature humaine, Dieu est entré dans le sein de la plus pure des Vierges ; c'est là le premier sanctuaire de Jésus sur la terre.

Une colonne de marbre à moitié brisée indique le lieu où se tenait l'ange, une autre celui où était Marie. Au pied de l'autel principal on lit cette inscription : « *Verbum caro hic factum est!* C'est là que le Verbe s'est fait chair ! » Derrière l'autel, il y a une chambre taillée dans le rocher ; quelques-uns prétendent, qu'après le retour d'Egypte, elle fut habitée par Notre Seigneur.

On sait que la maison de la Mère de Jésus fut soustraite à la profanation des infidèles en 1291, et transformée en chapelle par sainte Hélène ; elle fut miraculeusement transportée deux fois, en Dalmatie, et à Lorette en Italie où l'on peut encore la visiter.

Au-dessus de la crypte s'élève la basilique dite de l'*Ave Maria :* ce petit édifice a trois nefs ; il possède des tableaux assez remarquables et une belle décoration. A quelques pas du couvent, se trouve l'atelier de Saint-Joseph : de l'ancienne église, il ne reste qu'un pan de muraille ; une modeste chapelle recouvre l'endroit où a travaillé l'Homme-Dieu.

Une église arménienne a remplacé la synagogue d'où il fut chassé. A quatre kilomètres environ, se trouve la *montagne du Précipice,* du haut de laquelle les Juifs voulaient le précipiter. C'est un rocher escarpé et très élevé. Tout près est la chapelle de *No-tre-Dame de l'Effroi*, à l'endroit où accourut Marie angoissée, lorsqu'elle apprit le danger qui menaçait son Fils.

Au nord de la ville coule une fontaine abondante où l'on vient puiser de l'eau : c'est la *fontaine de Marie*. Après avoir rempli un large bassin, l'onde pure et fraîche s'écoule à travers un massif de beaux arbres. C'est là, sans doute aucun, que souvent la Mère de Dieu venait remplir son urne, ainsi que le font aujourd'hui les femmes aux costumes bariolés.

En haut de la ville, les pères Franciscains ont une chapelle renfermant une table de pierre oblongue et grande que nous avons religieusement baisée. C'est la *Mensa Christi*, sur laquelle, d'après la tradition, le Christ aurait pris avec ses disciples, plusieurs repas. Après une visite à l'église des Maronites qui sont les Français d'Orient, nous avons reçu la bénédiction du Saint-Sacrement dans l'église des Grecs-unis.

Le prêtre qui nous y a reçus, nous a adressé une allocution d'autant plus charmante qu'elle ne manquait pas d'une certaine naïveté. Après d'excellents souhaits de bienvenue, il parle de son amour pour la France, puis ajoute quelques réflexions dont voici le résumé :

— « Le mot Grec signifie fourbe et voleur, ce qui nous donne une mauvaise réputation ; mais aujourd'hui votre bonne réputation est atteinte, car il se passe des choses peu convenables dans votre pays; c'est pourquoi nous allons prier pour sa prospérité. »

La fanfare Salésienne, qui égaye notre repas de midi, a joué la *Marseillaise* que nous avons applaudie et réclamée trois fois. Une nuée d'enfants rôde autour de notre tente : aussi, par dessous, voit-on apparaître des mains indiscrètes? Mais on s'en aperçoit bientôt, et les pillards terrifiés s'enfuient derrière les cactus. Plusieurs pèlerins chantent avec joie les strophes

LA FONTAINE DE LA VIERGE A NAZARETH
(Cliché de M. Maillard.)

toujours délicieuses du P. Marie-Jules sur la ville des fleurs.

Les voici :

NAZARETH

I.

Chers pèlerins, au vrai berceau du monde,
Chantons unis,
Sous le regard de la Vierge féconde,
Tous réunis.

REFRAIN :

O Nazareth, à bon droit l'on t'appelle
Ville des fleurs.
Nos yeux ravis en te voyant si belle
Versent des pleurs.

2.

Ici vécut la très pure Marie,
Mère de Dieu,
Son pied foula cette même prairie,
Ce même lieu.

3.

Ici, Jésus dans les bras de sa mère,
Son ostensoir,
Bénit ces monts, ces jardins, cette terre,
Fiers de le voir.

4.

Ici, Jésus forma sa main docile
Au dur métier,
C'est bien le fils, disait-on dans la ville,
Du charpentier ;

5.

Ici Jésus enseigna sa docrine ;
Sa bouche d'or
Fit tressaillir l'écho de la colline
Et du Thabor.

Dans son *Voyage en Orient*, Lamartine a écrit
quelques lignes admirables sur Nazareth.

« A visiter, dit-il, les lieux consacrés par un de ces
mystérieux événements qui ont changé la face du
monde, on éprouve quelque chose de semblable à ce
qu'éprouve le voyageur qui remonte laborieusement
le cours d'un vaste fleuve, comme le Gange ou le Nil,

pour aller le découvrir et le contempler à sa source inconnue et cachée.

« Il me semblait à moi aussi, gravissant les dernières collines qui me séparaient de Nazareth, que j'allais contempler à sa source mystérieuse cette religion vaste et féconde qui, depuis deux mille ans, s'est fait son lit dans l'univers, du haut des montagnes de Galilée, et a abreuvé tant de générations humaines de ses eaux pures et vivifiantes !

« C'était là la source, dans le creux de ce rocher que je foulais sous mes pieds ; cette colline dont je franchissais les derniers degrés avait porté dans ses flancs le salut, la vie, la lumière, l'espérance du monde ; c'était là, à quelques pas de moi, que l'homme modèle avait pris naissance parmi les hommes, pour les retirer, par sa parole et par son exemple, de l'océan d'erreur et de corruption où le genre humain allait être submergé.

« Si je considérais la chose comme philosophe, c'était le point de départ du plus grand événement qui ait jamais remué le monde moral et politique, événement dont le contre-coup imprime seul encore un reste de mouvement de vie au monde intellectuel.

« C'était là qu'était sorti de la misère et de l'ignorance, le plus grand, le plus juste, le plus sage, le plus vertueux des hommes ; là était son berceau, là le théâtre de ses actions et de ses prédications touchantes !

« De là il était sorti jeune encore, avec quelques hommes obscurs et ignorants, auxquels il avait imprimé la confiance de son génie et le courage de sa mission, pour aller sciemment affronter un ordre d'idées et de choses pas assez fort pour lui résister, mais assez fort pour le faire mourir !...

« De là, dis-je, il était parti pour aller avec confiance conquérir la mort et l'empire universel de la postérité ! De là avait coulé le Christianisme, source obscure, goutte d'eau inaperçue dans le creux du rocher de Nazareth, où deux passereaux n'auraient pu s'abreuver, qu'un rayon de soleil aurait pu tarir, et qui aujourd'hui, comme le grand océan des esprits, a comblé tous les abîmes de la sagesse humaine, et baigné de ses flots intarissables le présent, le passé et l'avenir.

« Mais à considérer le mystère du Christianisme en chrétien, c'est là, sous ce morceau de ciel bleu, au fond de cette vallée étroite et sombre..., le point du globe que Dieu avait choisi de toute éternité pour faire descendre sur la terre sa vérité, sa justice et son amour incarné dans un Enfant-Dieu.

« Comme je faisais ces réflexions, j'aperçus à mes pieds, au fond d'une vallée creusée en forme de bassin, les maisons blanches et gracieusement groupées de Nazareth sur les deux bords et au fond de ce bassin. L'Eglise Grecque, le haut minaret de la mosquée des Turcs, et les longues et larges murailles du couvent des Pères Latins se faisaient distinguer d'abord ; quelques rues formées par des maisons moins vastes, mais d'une forme élégante et orientale, étaient répandues autour de ces édifices plus vastes, et animées d'un bruit et d'un mouvement de vie.

« Tout autour de la vallée ou du bassin de Nazareth, quelques bouquets de hauts nopals épineux, de figuiers dépouillés de leurs feuilles d'automne, et de grenadiers à la feuille légère et d'un vert tendre et jaune, étaient çà et là semés au hasard, donnant de la fraîcheur et de la grâce au paysage, comme des fleurs des champs autour d'un autel de village.

« Dieu seul sait ce qui se passa alors dans mon cœur; mais d'un mouvement spontané et pour ainsi dire involontaire, je me trouvai à genoux dans la poussière. »

2. Tibériade. Mer de Galilée

La trompette sonne : c'est l'annonce du départ pour Tibériade de 180 d'entre nous ; nous voilà bientôt prêts. Nous nous mettons en route au milieu d'un nuage de poussière : au passage, on salue le mont Thabor, Cana et Loubieh. Nous gravissons des coteaux qui se succèdent régulièrement.

Voici déjà les rochers volcaniques qui forment le bassin du lac de Génésareth : on voit que souvent les tremblements de terre ont bouleversé cette région. A notre droite, les deux sommets appelés *Cornes d'Hittin;* d'une cime élevée ou aperçoit bientôt la mer de Galilée. Il faut descendre plus de 600 mètres dans des chemins atroces et poussiéreux.

Pas de villages sur le parcours! Seules, par ci par là, quelques tentes de bédouins vivant comme des sauvages dans les bois. Voici une immense plaine dont nous admirons la fertilité ; voilà enfin Tibériade ou Tibérias ! Quels souvenirs pour le chrétien !

Autour du lac azuré, se pressaient jadis au milieu de la verdure les belles cités de Génésareth, Magdala, Corozaïn, Tibériade et Capharnaüm, centres de commerce et de plaisirs.

Là, l'Eglise fut fondée et les apôtres trouvèrent leur vocation ; là eurent lieu la tempête et la pêche miraculeuse, la triple confession de saint Pierre et sa triple élection. Tout ce passé évangélique apparaît devant nous et nous impressionne fortement.

Nous nous rendons processionnellement à l'église où le père Gardien nous adresse quelques mots de bienvenue. Puis nous regagnons la tente dressée à l'entrée de la ville afin de nous reposer un instant avant le repas du soir : excellent accueil comme toujours car la camomille fume et la sœur Augustine se multiplie.

Les plus intrépides ont le temps de prendre un bain dans le lac fameux. L'indéfinissable cuisine de nos moukres nous retrouve toujours souriants et dispos : quelques favorisés doivent coucher sous la tente ; les dames sont installées à l'autel Tibériade, les autres chez les pères franciscains et chez le curé Grec.

La nuit était délicieuse, mais tellement chaude que je me suis levé pour porter mon lit sur une petite terrasse dominant la mer : les étoiles du ciel limpide se réflétaient dans les flots azurés. Je revoyais en rêve le drame touchant de la vie publique, de l'enseignement de mon Sauveur, de ses miracles et de ses bienfaits.

Un tel spectacle m'attendrissait et me faisait penser au ciel ; j'avais l'esprit tranquille et reposé, malgré mon insomnie. Vers les deux heures du matin, la psalmodie nasillarde et monotone des moines grecs qui chantaient l'office dans leur chapelle, le pas sonore et lent des chameaux frappant les larges dalles de la cour, ne parvenaient pas à me tirer de ma douce et consolante rêverie.

Ici pas d'humidité comme à Jérusalem, pas d'étouffement comme à Jéricho, mais un bien-être qui vous rend frais et dispos.

Après un bain prolongé, je me rends à l'église du *Pasce agnos* pour célébrer la sainte messe, retrouver mes co-pélerins et assister à l'office solennel. Avant d'y entrer, nous baisons avec ferveur la statue en bronze de saint Pierre ; c'est une réduction de celle de Rome ; un de nos pèlerinages l'a offerte en 1883.

LA MOSQUÉE DE TIBÉRIADE
(Cliché de Mlle Turpin.)

CHAPITRE XXIII

1. Promenade sur le lac. — 2. Le Thabor et Cana.

Vendredi, 8 septembre.

1. Promenade sur le lac.

APRÈS le petit déjeûner composé d'œufs frais, de pain arabe et de café, nous devons faire un voyage d'exploration sur le lac qui est à deux pas. Nous nous hâtons, car le soleil est brûlant déjà. Sur le rivage des barques sont amarrées ; sur des pans de murailles ou des touffes de tamaris des filets sont étendus.

Bientôt quinze esquifs, toute une flottille, sont montés par nous, au chant de l'*Ave Maris Stella*. Sur les abords de cette petite mer, on voit çà et là quelques lauriers-roses vigoureux. Voici la ville de plaisance de Marie-Madeleine, Medjel, l'ancienne Magdala ; Karbel-Arbel, Ouadi-Hamman, la vallée des colombes ombragée par de beaux jujubiers et sillonnée par de nombreux ruisseaux. — Plus loin, c'est Bethsaïda, la patrie de Pierre, Philippe et André; puis Tel-Houm, l'ancienne Capharnaüm, près de l'embouchure du Jourdain. On prévoit qu'au milieu de ses blocs de trachyte, de ses fûts de colonnes couchées, de ses misérables masures arabes et de ses murs écroulés, des fouilles intelligentes amèneraient des découvertes très précieuses pour l'archéologie.

Les rivages sont désolés; partout des ruines et des rochers. Quinze villes se groupaient autour du lac autrefois; merveilleuse était la fécondité du pays. Là, près du champ célèbre par la multiplication du pain et des poissons, on voit la *Montagne des Béatitudes*, au pied de laquelle se trouve le petit village de Hattin, et sur laquelle Jésus-Christ fit le remarquable sermon sur la montagne : « Bienheureux ceux qui souffrent, etc.! »

Les roches brûlées et déchirées qui environnent la mer de Galilée prouvent que son lit est le cratère immense d'un volcan rempli d'eau. L'ancienne ville de Tibériade s'étendait plus au midi que la ville actuelle; elle se prolongeait presque jusqu'aux bains d'eau chaude d'Emmaüs qui sont à une demi-lieue.

Nos bateliers ne nous amènent pas tout à fait jusqu'au rivage; afin d'avoir bakchiche, ils se procurent le plaisir de nous porter sur leur vilain dos. C'est surtout les dames qui ne riaient pas!...

Maintenant, avant de gagner notre camp, disons un mot du Tibériade actuel : presque entièrement juive, la population habite des rues étroites, tortueuses, malpropres et empestées ; les visages sont sinistres, les corps dépenaillés, les yeux brillants et méchants.

Les Juifs sont très nombreux ici, dit Christian, ils ont un singulier aspect avec leurs bonnets en poils de chameaux. Très zélés talmudistes, ils ont la curieuse habitude de laver dans les eaux du lac les cadavres de leurs morts. Le rabbin prie pendant la baignade du défunt. C'est macabre, horrible et dégoûtant.

Par malice, ce lavage s'accomplissait sous les fenêtres du curé grec orthodoxe ; de là des paroles, des invectives, des menaces et des coups. Le malheureux Grec a reçu la bastonnade et a failli en mourir. Les Turcs se sont fâchés ; on s'est battu dans les rues ; les portes et les fenêtres ont été brisées, là où il y en a.

Au moment de notre arrivée, l'émeute était à peine apaisée, et l'affaire était pendante devant les autorités.

La mer de Galilée a vingt kilomètres de long sur une moyenne de huit kilomètres de large selon la saison. Son niveau est à 230 mètres au-dessous de la Méditerranée ; des eaux thermales jaillissent dans le voisinage. L'eau est douce et limpide, agréable et légère à boire.

2. LE THABOR ET CANA.

Nous repartons avant l'extrême chaleur ; nos vaillants petits chevaux grimpent la côte abrupte qui s'élève au milieu des forteresses et des vieux châteaux démantelés, des ruines, des anciennes constructions démolies, des rochers et des scories.

Nous laissons à droite la colline de la multiplication des pains, et au-dessus la montagne des Béatitudes et nous arrivons à Loubieh. Le déjeûner nous est servi sous l'ombre assez problématique de quelques oliviers. Beaucoup d'indigènes descendus du village sont autour de nous : l'un d'eux vend une paire de pistolets d'arçon ; ils embelliront la panoplie de l'acheteur.

De nombreux arabes ou bédouins en loques nous tendent la main : pour quelques bakchiches, un pèlerin se procure le malin plaisir de leur faire crier : « Vive la France ! Vive le Christ ! etc. » Parfois ces exercices sont interrompus par les fouets de nos conducteurs ; ce qui n'empêche pas ces guenilles ambulantes, après une fuite plus ou moins longue, de revenir nous importuner.

En passant près du Thabor, nous retrouvons ceux des nôtres qui, de Nazareth, s'y étaient rendus en excursion. Leur caravane se joint à nous, afin de faire ensemble une halte à Cana.

La célèbre montagne du Thabor s'étend en pente douce vers la plaine ; elle est couverte d'une abondante végétation : chênes minuscules, térébinthes et caroubiers. Son sommet élevé de 585 mètres au-dessus du niveau de la mer, forme un plateau de deux kilomètres de circonférence légèrement incliné vers l'ouest ; il est couvert d'yeuses, de noyers, de lierres, de ruines antiques et de bosquets odorants.

Le lieu de la transfiguration de Notre-Seigneur est situé dans la partie Sud-Est. De trois églises, il ne reste plus qu'une crypte ; le lierre enveloppe des

LA MESSE AU THABOR

monceaux de pierres ; c'est le silence et le désert, refuge assuré des bêtes sauvages, car on y rencontre souvent des chacals, des sangliers, des panthères et des léopards.

De cette hauteur les pèlerins jouissent d'un splendide panorama qui ramène les souvenirs de l'histoire
profane et de l'histoire sacrée. Au couchant, la splendide plaine d'Esdrelon, et dans le lointain les collines
boisées du Carmel dont les crêtes découpées décom-
posent la lumière ainsi que dans un prisme.

Au midi, les collines de Gelboé et le petit Hermon ;
à l'horizon, les âpres montagnes d'Ephraïm et de Juda
ressemblent à des vapeurs bleuâtres qui se confondent
avec l'azur du ciel. Au nord et à l'est, la Galilée, dont
chaque bourgade rappelle quelque fait évangélique.
Au loin, la mer de Tibériade, la vallée du Jourdain,
les plateaux de Galaad, Naïm et les plaines d'Hattin ;
puis les solitudes d'Hauran, les sommets du grand
Hermon et de l'Anti-Liban, presque toujours neigeux ;
enfin la plaine d'Esdrelon qui nous parle de Gédéon,
Débora, Saül, Godefroy de Bouillon, Raymond de
Toulouse, Tancrède, saint Louis et Napoléon.

Mais nous voici rendus à Cana à cinq ou six kilomètres de Nazareth : les maisons s'étagent sur les
flancs d'une verdoyante colline ; dans la fertile vallée
se plaisent les oliviers, figuiers, caroubiers, orangers
et surtout grenadiers. Les buissons sont environnés
de liserons en fleur dont la corolle, au lieu d'être
blanche, est d'un jaune clair. Les jardins sont clos au
moyen de haies de nopals. La population de 800 âmes
environ est composée de Grecs non unis et de
musulmans. Cette charmante bourgade est à deux
lieues de Sephoris, patrie présumée des parents de la
très sainte Vierge.

Une belle église était autrefois à la place de la mai-

son de Nathanaël, fils ou gendre de Simon le Chana-
néen, plus tard saint Barthélemy, croit-on ; c'est dans
cette maison que, sur la prière de sa Mère, Jésus fit
son premier miracle. A côté d'un couvent de franciscains se trouve une petite abside bysantine ; de l'ancienne église, il ne reste que quelques débris.

Plus bas la nouvelle église des Grecs sert de temple
et d'école ; on y voit deux grandes urnes en pierre,

A LA FONTAINE DE CANA
(Cliché de M. Maillard.)

qu'il est difficile d'admettre comme contemporaines
du Sauveur ; du reste, dès les premiers temps du
Christianisme, les urnes de Cana avaient été trans-
portées en Occident.

Une fontaine abondante et limpide se trouve au
pied du coteau : c'est là que fut puisée l'eau changée
en vin, lequel fut trouvé délicieux par les convives
des jeunes mariés. Autour d'elle des arbres touffus,

des troupeaux qui viennent se désaltérer dans des auges de pierre dont l'une est un sarcophage antique orné de sculptures et sans inscription.

Des femmes vêtues de longues tuniques bleues, une garniture de sequins dans leur chevelure noire, un léger tatouage autour de la bouche et des yeux, portent de grandes amphores en terre cuite et font leur provision d'eau. Comme ceux de Judée, les vins de Galilée, similaires des meilleurs vins d'Espagne, seraient délicieux si la vendange était bien soignée et si les outres ne servaient pas de récipient. Les religieux nous ont offert des rafraîchissements dont le vin de Cana était le principal ornement. Fatigués de notre course sous un soleil ardent, nous avons accepté volontiers; et après un chaleureux merci, nous reprenons la route de Nazareth.

Voici El-Mesched, la fontaine du Cresson, Er-Reineh et le champ des épis. Partout, c'est la grande vision du Christ : les herbes, les pierres, les sentiers et les champs, les ombres et la lumière, les plaines et les montagnes redisent le même nom : *Jesus pertransivit.*

ECHOS DE PALESTINE

Lettre d'un jeune cavalier à sa mère. (Tibériade, sous la tente.)

1.

Maman, je t'écris de Tibériade,
Un soir, sous la tente, auprès du beau lac.
« Ici, disait-on, ah ! quelle grillade !
On s'y trouve au frais comme au fond d'un sac. »
Eh bien ! je t'assure, un bon vent nous gâte,
Le lac nous sourit en ses flots d'azur ;
L'on y voit toujours bateliers en hâte
Ramer en chantant sous un ciel si pur.
    Sur tes ondes limpides,
    Demain je voguerai ;
    Lac aux vagues rapides,
De mon Jésus, là, je me souviendrai.

2.

Si tu m'avais vu du Carmel descendre,
Avec mon couffié et mon dextrier,
Ton cœur maternel eût pu s'y méprendre.
Est-ce bien mon fils, un vrai cavalier ?
C'était lui pourtant, ton cher petit Pierre,
Passant le Cison, jadis si fameux.
A voir son maintien, sa démarche fière,
On eût dit Bayard ou l'un de ses preux.
    Adieu, coursiers agiles,
    Il faut vous retirer.
    Des rosses malhabiles
Demain encore doivent nous voiturer.

3.

A l'entraînement doit-on l'héroïsme ?
Quelques jouvenceaux, naguère indécis,
N'auraient pu, dit-on, sans un cataclysme,
Monter sur leur bête, y rester assis ;

Mais un petit moukre veillait en croupe,
Et père Marcel avait l'œil à tout.
Hélas ! à son tour le chef de la troupe
Mordit la poussière et reçut un coup.
  A quels malheurs expose
  Un méchant animal !
  Une sangsue est cause,
O Dieu du ciel, d'un désarroi final.

4.

Un tel accident ne nous émeut guère ;
Notre cavalier, fier, se redressa.
Je te dis en hâte, ô petite mère !
Que jamais cheval ne me renversa.
Ah ! que n'es-tu là, couturière agile,
Pour remettre au point mon accoutrement !
Que ne trouves-tu pommade subtile
Pour d'autres accrocs que chacun comprend !
  Rien de plus à te mettre,
  Et c'est en t'embrassant
  Que je finis ma lettre.
Ton grand chéri, Pierre, ton fils aimant.

CHAPITRE XXIV

1. Retour de Nazareth. — 2. Terre Sainte, adieu!

Samedi, 9 septembre.

1. RETOUR DE NAZARETH

NCORE une visite aux bons Frères des écoles chrétiennes qui ont été si aimables pour nous ! Encore des prières plus ardentes que jamais aux divers sanctuaires, surtout à celui de l'Annonciation !

Encore un adieu à toute la population si avenante, à ce joli coin de terre si gracieux, si consolant pour l'âme et pour le cœur ! Et puis vers dix heures, en route pour Caïffa !

Ils sont partis les cavaliers, les voitures, les *arabas* ou chars à bancs, qui nous entretiennent dans un trémolo continuel. Au sommet de la côte, nous jetons un dernier regard sur les collines verdoyantes et sur les coteaux enchanteurs de la ville des fleurs. O Nazareth, adieu !

La course par monts et par vaux devient échevelée :

un brave ecclésiastique a la surprise désagréable de voir son cheval lui glisser entre les jambes et galoper dans la direction du Carmel. Allait-il annoncer la prochaine arrivée de son maître en vigilant éclaireur ? Pour cela, c'était trop se presser. Une voiture recueillit le cavalier, malheureux sans doute, mais indemne de toute blessure, exempt de tout mal.

Afin d'éviter d'autres inconvénients de ce genre, un abbé portant un drapeau fut, pendant la halte, nommé capitaine de cavalerie ; il devait servir de surveillant et de guidon, car les autres avaient la consigne de ne pas le perdre de vue.

L'arrêt a lieu au même endroit qu'à l'aller ; la chaleur est toujours intense, et beaucoup sont harassés ; avec du vin ballotté, de l'eau bourbeuse et chaude transportée à dos de chameau, il n'est pas facile de se désaltérer. Le repas est bientôt terminé.

Au départ, j'aperçois le Père capucin qui prend place dans une voiture en compagnie d'une vieille demoiselle de 83 ans, notre doyenne, qui a déjà fait plusieurs chutes et qui, l'année prochaine, se propose de recommencer. Un pressentiment vague me fait prévoir un accident. En effet, le cocher fouette ses chevaux, les fait bondir au galop à travers les haies, les blocs de rocher et les ravins nombreux à cet endroit. Tout à coup un craquement se fait entendre ; la voiture plonge dans un précipice et y reste partagée en deux.

Les voyageurs, étonnés d'être assis sur le sol, en sortent aussitôt non blessés et souriants. Le conducteur reçoit une maîtresse râclée, ce qui ne l'empêchera pas de recommencer une autre fois; il ne regrette qu'une chose, c'est le fort bakchiche sur lequel il comptait s'il était arrivé bon premier.

Imposante est notre entrée à Caïffa : au chant du *Magnificat*, rangés sur deux files, apparaissent 60 cavaliers; les 40 voitures suivaient. La rade est devant nous; tout enguirlandé, le navire nous attend; personne ne manque à l'appel.

On embarque : le commandant, ses officiers, ses matelots nous accueillent comme toujours avec la plus franche cordialité ; nous sommes rompus, mais joyeux, malgré l'heure de la séparation. Pendant plus d'une heure ce sont des acclamations et des adieux touchants.

Nos jeunes guides, les Frères assomptionnistes sont venus à bord, ainsi que le consul de Caïffa ; ils vont se reposer au Carmel pendant quelques jours. L'ancre va être levée. On crie : « Vive la France ! Vive la Sœur Camomille ! Vivent les Pères ! Vive le consul ! »

Des barques viennent chercher ceux qui restent en Palestine; on les remercie, on les salue et on les acclame une dernière fois, les larmes aux yeux. Bientôt la nuit arrive, et le navire commence à s'éloigner. Les cris redoublent et les mouchoirs s'agitent toujours.

2. Terre Sainte, adieu !

En disant adieu à nos frères, nous disons aussi adieu à la Terre Sainte, à Bethléem et à Nazareth, au

Calvaire et à Jérusalem, au Cénacle et au mont des
Oliviers.

Nous disons adieu aux impressions touchantes, aux
souvenirs célestes que nous venons de quitter. Seules,
des grâces abondantes, de multiples faveurs spiri-
tuelles restent avec nous comme la meilleure des
consolations.

Notre vie à bord va reprendre son cours ordinaire
et familial : au loin le phare du Carmel brille de ses
feux multicolores ; tout autour des gerbes de fusées,
dernier adieu des Pères de l'Assomption, s'élèvent
pour retomber en pluie de diamants dans les flots. En
guise de réponse, des feux de bengale illuminent la
Nef-du-Salut. Sans cesser de prier, nous allons continuer de remplir notre programme si varié. Côtoyer
l'Europe et l'Asie, longer la Syrie, Chypre, Rhodes,
les îles de l'Archipel, le Bosphore et la Corne-d'Or ;
puis visiter Constantinople, Athènes, Naples et Pompeï, Rome et l'Italie. Le temps devient plus frais ; la
traversée du retour va devenir pour nous un véritable
enchantement, car elle nous permettra de goûter un
repos bien nécessaire et bien mérité.

CHAPITRE XXV

1. L'île de Chypre. — 2. Poésies.

Dimanche, 10 septembre.

1. L'ILE DE CHYPRE

Ce matin, le navire a repris sa physionomie du commencement : allures joyeuses, cordialité et piété. La chapelle ne désemplit pas, et la vie de famille satisfait tous les pèlerins.

Nous longeons la côte sud-occidentale de l'île de Chypre, la plus vaste de la Méditerranée puisqu'elle a 540 lieues carrées. Cette île a été tour à tour phénicienne, grecque, égyptienne, romaine, vénitienne et turque. Aujourd'hui les Anglais la gouvernent moyennant une redevance annuelle de deux millions au sultan. C'est une position stratégique de la plus haute importance, car, à l'embouchure de l'Euphrate, elle commande les routes de l'Ararat, du golfe Persique, de l'Anatolie, de la Syrie et du Liban : voilà ce qui explique le sens pratique des Anglais.

Sa riche végétation fournit le *Henné*, couleur dont se servent les musulmanes pour se teindre les ongles et les mains et le *mastic*, parfum très apprécié qu'on extrait d'un buisson aromatique. La richesse principale est le vin qui est considéré comme un trésor inestimable et un nectar embaumé.

Après la presqu'île d'Akrotiri et les ruines de l'ancienne Curium, voici Paphos avec quelques vestiges de ses vieux temples dédiés à Vénus. A Cythère d'abord, puis sur les rives enchanteresses de Chypre, la déesse avait surgi de l'écume des flots.

Les contre-forts de l'Olympe sont au bout de nos lunettes ; ce n'est pas l'Olympe de Galatie dont de Constantinople nous verrons les crêtes vaporeuses, encore moins l'Olympe de Thessalie chantée par les poètes.

De la fable et de la mythologie passons à saint Paul.

Il vint d'Antioche de Syrie jusqu'à Paphos ; avec Barnabé, il prêcha dans les synagogues juives et chercha à confondre les astrologues.

D'un seul regard, il rendit aveugle le magicien Elimas, convertit le gouverneur et changea son nom de Saul en celui de Paul.

C'est dimanche ; la grand'messe est chantée en présence de l'équipage.

Dans sa conférence de Midi, le père Marie-Léopold

... s rapelle les souvenirs historiques de Chypre, de
l'... odes et des îles de la mer Egée que nous verrons
d... ain.

LE CURÉ D'AMBERNAC   LE MÊME EN PÈLERIN SUR LE PONT

LE MÊME EN COUFFIEH ARABE

... soir, réapparition du journal du bord, et à la
s... récréative les poètes ont retrouvé leurs inspira... ns ; en voici quelques échos :

2. Poésies :

A Monsieur le Consul Général.

CHANTÉ A JÉRUSALEM

Refrain.

Gloire au fils de la France,
Qui maintient aux Saints Lieux,
Toujours plein d'espérance,
Le drapeau des aïeux.
C'est la Patrie absente
Qu'on revoit triomphant
A l'ombre bienfaisante
Des couleurs qu'il défend.

I

Sur la terre étrangère,
Quel charme pour les cœurs
A voir notre bannière
Flottant à plis vainqueurs!
Comme on tressaille d'aise
A voir à l'étranger
L'oriflamme française
Si bien nous ombrager.

2

La France, en Terre Sainte,
Garde bien tous ses droits,
Soldat du Christ, sans crainte,
Elle défend la Croix.
A son mandat antique,
Jamais n'a dit adieu,
Et, soldat pacifique,
Fait les gestes de Dieu.

3

Pour un si noble rôle
Que la France soutient,
Pour porter sa parole,
Et son drapeau chrétien,
La France, à cette terre,
Lègue ses plus parfaits,
Et je ne saurais taire
Les beaux choix qu'elle a faits.

———

Au Père Directeur.

Ne me gourmandez pas, cher père Léopold,
Si je suis indiscret... Mais puisqu'on l'a pu dire,
Je puis le répéter sans crainte de médire :
« Avec vous, on irait volontiers jusqu'au Pôle ! »

Aux sermons, aux avis comme à la conférence,
Vous nous charmez, cher père, et votre seul défaut,
C'est d'échapper trop vite à notre impatience ;
On 'dit, quand vous partez : « Il a fini trop tôt ! »

Près de vingt jours encore à rester près de vous !
Constantinople à voir, Athènes la savante,
Naples la merveilleuse et Rome la puissante !
Puissent durer les jours car les jours nous sont doux!

J'achève en saluant une dernière fois
Par delà les flots bleus et les vagues fuyantes
La terre où fut Jésus, où nos âmes priantes
Ont suivi pas à pas les croisés d'autrefois.

Que nos derniers baisers sur l'aile de la brise
Aillent se reposer là-bas sur les Saints Lieux...
Nous avons vu le Christ... Nous allons voir l'Eglise...
Rome et Jérusalem, ce sont deux coins des cieux.

ARTHUR.

BALLADE DES SABOTS

Au beau pays d'Armorique
Tout là-bas sur l'Océan
Où fleurit l'ajonc celtique,
Où vole le Cormoran,
Il est une jouvencelle
Fille du preux duc François
Qui pour parure, la belle,
N'a que des sabots de bois.

Elle a, dit-on, mine fière,
Anne, duchesse d'Arvor,
Sa couronne est de bruyère,
Son sceptre est de genêt d'or.
Elle règne en souveraine
Sur des barons fort courtois,
Portant veste de futaine
Et ses pieds sabots de bois.

Monseigneur Charles de France
Epris de cette beauté,
La voulut par alliance
Sur le trône à son côté;
Mais la sauvage bretonne
Répondit d'un ton narquois :
Point ne veux pour ta couronne
Quitter mes sabots de bois.

Quand viendra l'heure dernière,
Sur le seuil du Paradis
O bon Monseigneur saint Pierre
Oyez bien ce que je dis :
Puisque Jésus, notre Sire,
Au ciel a gardé sa croix,
Laissez-moi dans votre empire
Garder mes sabots de bois.

Abbé SEDILOT.

SALUT A L'ETAT-MAJOR, AUX MATELOTS, A L'ÉQUIPAGE

Après le commandant, voici l'état-major.
Capitaine... charmant ! Lieutenant... au cœur d'or !
Il faut, maître Pillard, que je vous félicite.
D'avoir, pour vous aider, ces trois marins d'élite.

Notre cher capitaine a pour nom « Suzoni ».
Un Corse, celui-là, et des plus authentiques ;
Solide au poste et dur à l'égal du granit ;
Coureur de mer, déjà, par delà les tropiques.

A son franc dévouement comme à sa bonhomie,
Pour tous les pèlerins du bord je dis merci.
Fréquentez-le, messieurs, et vous aurez senti
Combien est chaud son cœur, combien sa main, amie.

Paraissez, cher docteur, disciple incomparable
D'Esculape le Vieux, l'illustre, le savant ;
Je suis navré, vraiment, que sur le pont, qu'à table,
Il y ait à vos soins à peine un prétendant.

Dieu sait pourtant s'il est aimable, le docteur :
Un sourire, un bon mot... qu'il donne à forte dose,
Chez lui sont un moyen presque toujours vainqueur ;
De ses succès, dit-on, c'est la plus sûre cause.

Le premier lieutenant, quand je l'aurai nommé,
Sera pour vous, messieurs, un symbole, un programme ;
Vaillance, ardeur, succès, enthousiasme, flamme,
Son nom dit tout cela : Il a nom Bienaimé.

Laissez-moi saluer, près du maître Pillard,
L'élève qu'il forma, valeureux, intrépide,
Calme dans le danger, malgré son air timide :
Le fils reproduira le père tôt ou tard.

Lieutenant, permettez que, sur la mer immense,
Du cœur à notre lèvre un cri monte vibrant :
Gloire au grand amiral, au vainqueur pour la France !
Honneur au vrai marin, Bienaimé le Vaillant !

Le second lieutenant... Son nom finit en « i »,
Admirez quel beau nom : Lieutenant « Bellini » ;
Il est sur notre nef encore un peu novice,
Mais on me dit qu'il l'aime autant que son doux Nice.

Et nos mécaniciens, et maître Gilibert,
Et Cabel et Vidal ! Qui va leur dire en vers
Les éloges bien dus à leur belle machine ?
Elle file, elle file, et jamais ne s'échine.

Malgré son gros volume et son souffle puissant,
Tel bateau qui précède et qui voudrait nous vaincre
N'y réussira pas... Car, pour vous en convaincre,
Gilibert est au fond et Pillard à l'avant.

J'ai pour vous un couplet, cher monsieur Nicolas,
Maître d'hôtel parfait, restaurateur habile,
La qualité, le nombre et l'exquis de vos plats
Vaut bien qu'on remercie, et je le fais sans style.

Quel désastre, grand Dieu ! que personne à la table
Ne manque un seul repas... C'est l'effet du beau temps,
Dit quelqu'un ; quant à moi, sans crainte je prétends
Que la faute en est seule au traiteur trop aimable.

J'achève en acclamant le vaillant équipage
Qui seconde le chef et son état-major :
Vivat au commandant, aux officiers du bord !
Vivat aux matelots, aux mousses de tout âge !

ARTHUR.

LES MOUTONS BLANCS

Dédié à la jeune pèlerine de douze ans.

Sur la mer bleue et profonde,
Tandis que s'agite l'onde,
Tout autour de ce bateau
Vois, Augusta, que c'est beau !

Cent moutons à blanche laine
S'élancent à perdre haleine
Pour voir passer le bateau !
Vois, Augusta, que c'est beau !

Ils bondissent, ils tressautent,
Tandis que les flots clapotent
Contre les flancs du bateau...
Vois, Augusta, que c'est beau !

Mais, sitôt qu'il apparaissent,
Sans tarder ils disparaissent
Dès qu'ils ont vu le bateau...
Vois, Augusta, que c'est beau !

Ils viennent fêter la France
Et redire l'espérance
Aux passagers du bateau...
Vois, Augusta, que c'est beau !

Ils savent que du Calvaire
Nous rapportons, l'âme fière,
Deux croix, précieux fardeau...
Vois, Augusta, que c'est beau !

Ils viennent courber leur houle
Comme nous, comme la foule,
Devant les croix du bateau...
Vois, Augusta, que c'est beau !

Mais quelqu'un tout bas m'inspire
Qu'autre chose les attire
Près de notre cher bateau...
C'est Jésus... divin Agneau !

CHAPITRE XXVI

1. Rhodes. — 2. Pathmos.

Lundi 11 septembre.

1. RHODES.

VERS sept heures du matin, nous sommes en face de l'île de Rhodes. Toujours aimable, le commandant donne des ordres pour que nous passions le plus près possible de la ville : sur le pont, les lorgnettes ne sont pas inactives.

C'était jadis la *Makaria*, l'île heureuse ; Rhodes est surtout intéressant par le souvenir des chevaliers de Saint-Jean qui, pendant trois siècles, y bravèrent les fureurs de l'Islam. Son fabuleux colosse a disparu : les deux rochers qui lui servaient de base sont remplacés par deux grosses tours reliées par un mur, au fond du port.

Au soleil levant, l'aspect est imposant : la coquetterie des constructions ressort merveilleusement ainsi que leur blancheur. On aperçoit la tour Saint-

Jean, témoin de la défense héroïque de Villiers de l'Isle-Adam.

On devine la rue des Chevaliers avec les fenêtres ogivales de ses prieurés, et les portes encore blasonnées de ses auberges de diverses langues...

Nous chantons le *De Profundis* en souvenir d'une pieuse pèlerine, Mme Baudin de Laval décédée en 1896 et enterrée ici.

Nous entrons enfin dans la région qui nous intéresse le plus au point de vue des souvenirs. En travers de l'Asie Mineure, nous saluons sur le littoral les anciennes églises de l'Apocalypse, Milet, Ephèse, Smyrne, Pergame.

Là-bas, au loin, dit Christian, est la cité d'Ephèse, honorée par les prédications et par une épître de saint Paul, Ephèse où séjourna quelque temps la sainte Vierge et où mourut saint Jean, Ephèse, la ville du célèbre Concile proclamant la maternité divine, tandis que le peuple acclamait avec enthousiasme la Panaghia θεοτοκος : La Vierge Mère de Dieu.

Ce matin, la messe de pèlerinage a été célébrée par un ecclésiastique du diocèse de Versailles, M. l'abbé Huguenot dont nous fêtions les noces d'argent. Les prêtres chantaient le psaume des ordinations dont chaque verset alternait avec le *Dominus pars hereditatis meæ*. Le père Directeur a prononcé une courte allocution, rappelant la grandeur du sacerdoce, ses consolations et ses bienfaits.

Avant la fin, tous les pèlerins ont défilé devant l'heureux jubilaire pour lui baiser les mains que l'onction sacerdotale a consacrées.

On découvre bientôt que l'abbé Maupetit du diocèse de Limoges possède également ses vingt-cinq ans de sacerdoce ; on le félicite, on prie pour lui. C'est la plus douce des fraternités.

C'est en leur honneur que le repas ordinaire a été changé en véritable festin. La vie de famille continue toujours.

Les panoramas qui se déroulent devant nos yeux sont de plus en plus pittoresques ; nous passons à travers les Sporades : plages riantes, falaises grises, roches dentelées, se détachent de la mer d'azur et prennent les reflets d'or du soleil d'Orient.

Voici Tylo, Nisyros, Piscopi, Krio, Symi, Kos, Kalymnos, Leros, Pathmos et Samos. Dans cette dernière ville est né Pythagore à qui on attribue la table de multiplication et le célèbre théorème du carré de l'hypothénuse, le pont aux ânes des pauvres écoliers.

2. PATHMOS.

Mais ce qui attire surtout notre attention, c'est Pathmos, côte volcanique, sauvage, rugueuse et ardue : presque pas de verdure, une vingtaine de cyprès, un palmier solitaire et de chétifs oliviers décorent tristement le lieu où saint Jean fut déporté, l'endroit où il eut la vision de l'Apocalypse et le spectacle de l'éternelle patrie.

Le navire côtoie de très près : nous apercevons la ville située à une très grande hauteur au-dessus de la mer, dominée par deux couvents Grecs qui semblent la protéger.. Saint Christodule a élevé une chapelle. au-dessus de la grotte habitée par saint Jean, grotte que nous distinguons très bien et qui n'est qu'à vingt minutes du port.de la Scala.

Nous invoquons le disciple chéri du Sauveur par des prières et des chants, tandis que quelques habitants nous saluent et improvisent un feu de joie en notre honneur.

Ce soir la température se rafraîchit à mesure que nous avançons; la mer devient houleuse et les malades plus nombreux. La séance récréative a lieu tout de même et a été fort goûtée.

Après le couvre-feu, les rares promeneurs qui s'obstinent à rester sur le pont, ont une allure excessivement drôle : on dirait des gens qui courent au feu ou des aveugles qui cherchent leur bâton. La mer est très agitée ; plus mauvais et plus désagréable que le roulis, le tangage devient de plus en plus fort.

Extraits de la *Croix de la Nef* :

QUESTIONS RUSSO-PERSANES. — Malgré l'avis donné d'une mobilisation des rats à fond de cale, nous apprenons qu'une jeune personne a vu sa cabine, quelques-uns même disent son cadre-couchette, visité par une jolie souris blanche, d'où peur bleue !... ... Se méfier des souris, style propre ou figuré.

ECHOS DES GAILLARDS. — Le Français né malin créa le vaudeville ; or, grâce à certains professeurs, à certains pèlerins absolument incorrigibles, le spectacle que présente quelquefois le navire et surtout les bords de notre flottante, mouvante et chancelante demeure, a réveillé dans certains esprits, des souvenirs tout classiques. En voici pillés à droite, volés à gauche, quelques échantillons :

> Deux plaisants échappés des rives de la Seine,
> De douloureux efforts impassibles témoins,
> « Travaillez, disaient-ils, et prenez de la peine,
> C'est le fond qui manque le moins ! »

> Après de vains efforts pour contenir l'orage,
> Le tout s'enfuit au loin en hoquets éclatants,
> « Patience ou longueur de temps
> Font plus que force ni que rage. »

Puisque je cite, impossible de ne pas reproduire la fable express suivante :

> Penché mélancolique au-dessus des abîmes,
> A certains quolibets quelqu'un après repas,
> Répliquait tout dolent en ces termes sublimes :
> « Je plie et ne rends pas ! »

Vocation. — Le docteur a trouvé pendant la conférence d'hier son chemin de Damas : Un peu forcément et pour cause, il s'est vu un bon quart d'heure durant, admis sans noviciat, chez les Carmes Déchaus. — Simple feu de paille, hélas ! — Ayant reconnu ses bottines aux objets trouvés, l'esprit du siècle a repris son cœur, et il se refusa absolument à rester dans l'ordre, même comme frère lai. — Quelques plaisants pèlerins avaient profité du sommeil mystique dans lequel, pendant la conférence, il s'était tout entier plongé, pour le soulager de ses chaussures !... »

CHAPITRE XXVII

1. Les Iles de marbre. — 2. Les Dardanelles.

Mardi, 12 septembre.

1. LES ILES DE MARBRE

LA mer se fâche toujours ; les vagues se pressent nombreuses, menaçantes, et sur le pont quelques embruns viennent aider à entretenir la fraîcheur. Le navire est transformé en salle de bal, et la danse est plus ou moins forcée.

Beaucoup de prêtres ont renoncé à dire leur messe. Comme je ne me suis jamais mieux porté, je me rends à la chapelle pour célébrer les saints mystères ; c'est un bonheur que j'ai goûté tous les jours depuis mon départ, et dont je ne veux pas me priver aujourd'hui. Le tangage toujours très violent, m'oblige à la prudence pendant le saint sacrifice, afin d'éviter tout accident fâcheux ; je me tire d'affaire très honorablement, heureux d'avoir acompli mon devoir de piété. Beaucoup de pèlerins sont arrêtés par le mal de mer ;

le pont n'est plus autant encombré. Je prends un plaisir extrême à me tenir accoudé sur les bastingages, afin d'admirer les vagues courroucées. De véritables montagnes d'eau se présentent autour de moi : elles se poursuivent et se précipitent les unes sur les autres, soulevant le bateau à la poupe, tandis que s'enfonce la proue, et réciproquement. Le sommet de ces grandes vagues irrégulières présente toutes les couleurs de l'arc-en-ciel ; l'écume blanche qui les couronne s'agrandit de plus en plus jusqu'à ce qu'elle est arrêtée par la coque du vaisseau.

Ces collines, ces vallons, ces montagnes liquides qui se meuvent, se lèvent et s'abaissent tour à tour, présentent un tableau admirable à l'œil d'un chrétien. Au milieu de toutes ces forces soulevées par la main du Créateur, nous sommes si petits dans notre maison ballottée ! Je reste longtemps dans l'enthousiasme et dans l'admiration.

Après les Sporades méridionales viennent les Iles de marbre : Voici Nicaria, Chio, Mytilène, Tenedos, Imbros, Lemnos, en face de la plaine de Troie et du mont Ida. Voilà de quoi mettre en veine tous les professeurs : « L'aurore aux doigts de rose s'avance sur son char des sommets de l'Ida, etc.» .

Nous longeons l'antique Lesbos, la patrie de Sapho et d'Alcée, célèbre jadis par sa végétation et ses voluptés. En face est la plaine fameuse du Simoïs et du Scamandre, où se dressèrent autrefois les hautes tours d'Illion et les portes Scées.

La chaîne de l'Ida qui l'enserre au sud et à l'est

est une suite gracieuse de sommets onduleux, de crêtes dentelées, de cônes de verdure étagés entre la terre et le ciel, dans une symétrie parfaite et une harmonie de lignes et de formes dignes du meilleur pinceau.

Le sommet principal, longue croupe sinueuse, se détache et s'élance au milieu de ses contreforts comme un vigoureux jouteur dont la robuste épaule et la fière stature défient la foudre et l'ouragan.

Ce sommet est le Gargare d'Homère : là résidait le père des dieux, protégeant par sa présence ses chers Troyens contre les embûches de Neptune, qui, du haut des pics de Samothrace, les épiait d'un œil jaloux.

Là se trouvaient ces profondes vallées, ces taillis épais si complaisamment décrits dans l'Iliade, ces chênes majestueux qui servirent au bûcher de Patrocle, et ces sombres nuées, promptes messagères du dieu de la foudre, et les sources des fleuves sacrés, le Simoïs et le Scamandre, et les pins gigantesques dont la cime touche aux cieux, et les troupeaux des fils de Priam, et les creuses tanières des fauves de l'Ida, et l'autel de Jupiter, toujours enveloppé d'un nuage de pur encens. »

En face des champs où fut Troie se dresse, comme un rocher aigu, l'île de Tenedos ; sur les côtes, un village et des moulins à vent.

Tandis que les souvenirs d'Homère, d'Horace et de Virgile nous occupent l'esprit, les vagues toujours blanches et écumeuses, ne cessent pas d'onduler sur les flancs de la *Nef-du-Salut*.

2. Les Dardanelles

A notre gauche, Imbros la rocailleuse, puis Samothrace qui domine toute la basse plaine de Troie ; enfin
nous entrons dans le détroit des Dardanelles. « Traversée très intéressante, dit M. Roux, on voit parfaitement les deux rives. De gros yeux ronds nous regardent partout ; ce sont les gueules des canons qui
reposent sur leurs terrassements ; mais malgré tout,
la flotte turque n'a pas l'air terrible, car nous savons
qu'elle est anémiée. »

De très bonne heure nous sommes à Kanack-Ka-
lessi, où il faut prendre la santé. Le P. Alfred, un
Neptune à la barbe puissante, supérieur des maisons
Augustiniennes de la Turquie quitte le Lyod autri-
chien qui le porte pour se jeter dans une barque et
venir au devant de nous. Il nous aborde tout mouillé
par les embruns.

Nous l'accueillons de notre mieux ; une fois les
formalités accomplies, nous avançons pour faire une
seconde halte en face de Gallipoli. Là nous attend le
P. Joseph, procureur général des missions de l'Assomption qui vient à bord, malgré l'opposition des
Turcs.

A Gallipoli, nous chantons le *De profundis* pour
saluer le cimetière des soldats français tombés au
champ d'honneur pendant la guerre de Crimée. Il est
gardé par un couvent de l'Assomption.

Le consul de France et sa famille nous saluent
de leurs fenêtres donnant sur la mer. Devant le
représentant de la France, le navire amène son

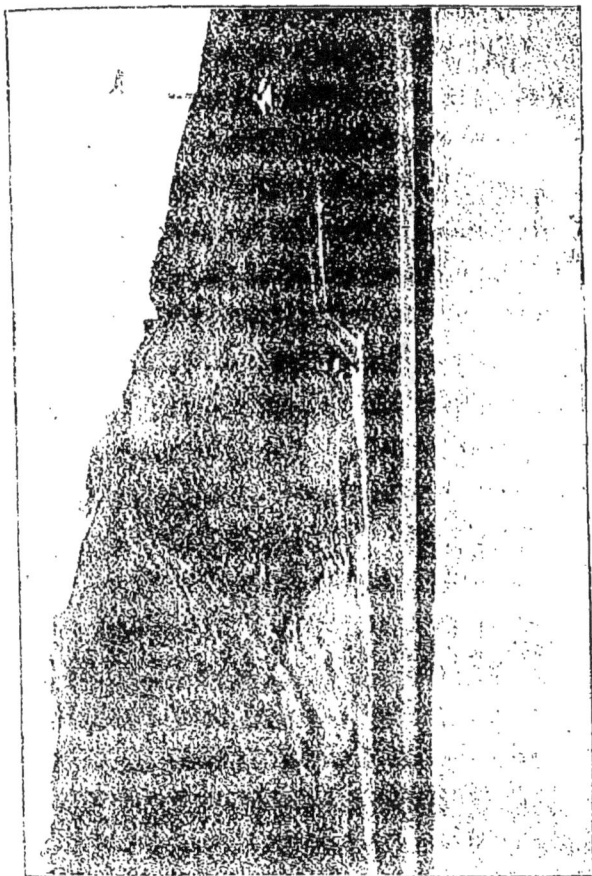

LES DARDANELLES

pavillon, et ralentit sa marche, puisque nous ne
pénétrerons dans la Corne d'Or que demain matin;
c'est afin de ne pas stationner toute la nuit à l'entrée
du port.

AU NAVIRE

AIR : *Petit oiseau sous la feuillée.*

1.

Où vas-tu gracieux navire,
Où portes-tu tes deux grands mâts,
Tes trois couleurs que l'on admire
Et tes deux croix aux larges bras ?
La mer sourit à ton passage,
Les flots bleus deviennent plus bleus...
Savent-ils qu'en pèlerinage
Tu nous conduis jusqu'aux Saints Lieux ?

Je vogue sur la mer immense
Sans jamais demander pourquoi.
Suis-je l'envoyé de la France ?
Je l'espère, mais dis-le moi.

2.

As-tu vu, le long de la route,
Les îles saluer ton bord,
Et, pour te célébrer, sans doute,
Dérouler leur chapelet d'or ?
Elles avaient sur ton passage
Revêtu leur plus blanc manteau,
Sachant bien qu'en pèlerinage
Tu nous conduis, charmant bateau.

Je vogue sur la mer immense
Sans jamais demander pourquoi.
Je porte le cœur de la France
Et ne vois rien autour de moi.

3.

Tandis que, dans la Ville sainte,
Heureux croisés, nous entrions,
Et que, dans son auguste enceinte,
Joyeux, nous nous agenouillions,
Que faisais-tu loin du rivage,
Loin du Calvaire et du Thabor ?
Belle *Nef* du pèlerinage,
Que pouvait-on faire à ton bord ?

Je voguais sur la mer immense
Sans jamais demander pourquoi ;
Pour tous je faisais pénitence...
Nul n'était plus heureux que moi.

4.

Quand près de la grande Bysance,
Sur les flots de la Corne d'Or,
Loin, bien loin des rives de France,
Dormira ton gracieux bord,
Belle nef, dans ton dur veuvage,
Que feras-tu sans tes enfants ?
Que feras-tu sans leur tapage,
Et que feras-tu sans leurs chants ?

Je me souviendrai de la France,
J'évoquerai sa vieille foi...
Pour elle faisant pénitence,
Qui sera plus heureux que moi ?

5.

Quand, dans Athènes la savante,
Où l'esprit fit germer sa fleur,
Où toute âme était éloquente,
Où tout homme était orateur,
Nous irons voir l'Aréopage,
Que deviendra ton triste bord ?
Solitaire, près du rivage,
A quoi vas-tu penser encor ?

Je me souviendrai que la France
Fut en tous siècles, en tous lieux,
Le missionnaire de la science,
Comme l'apôtre du bon Dieu.

6.

Quand enfin dans la grande Rome
Nous irons chanter notre foi
Et saluer celui qu'on nomme
Si justement : « le Pape Roi »,
Comme Paul, quand nous *verrons Pierre*,
Quand nous lui redirons *vivat*,
Que feras-tu, *Nef* solitaire,
Au port de Civita-Vecchia ?

Je me souviendrai que la France
Sut lutter, mourir pour sa foi,
Donner du sang en abondance
Pour défendre le Pape Roi.

(*Du journal du Bord*).   ARTHUR.

« ECHOS DU PONT. — Les pèlerins observateurs ont pu remarquer que notre pèlerinage contient, comme les précédents, de dévouées saintes Marthes qui dépensent leur activité et leur dévouement à certains humbles et forts utiles travaux de ménage; leur modestie et leur simplicité ne dispense aucunement du merci naturel qui leur est dû. — Voilà actions de grâces remplies.

« Au surplus, la confection de toutes ces coiffures aussi variées qu'excentriques parfois, qui se sont épanouies aux routes de Palestine, laisse bien des doigts agiles, même coquets, dans la plus complète inaction. — A peine quelque accroc à raccommoder ou quelque vêtement à décrasser. — L'heure, il faut le comprendre, n'est plus au bédouin. — Le couffieh a vécu !... — Le chapelet du reste remplace merveilleusement l'aiguille. — Le pèlerinage n'y perd donc rien. »

« CHANTS. — Que faisiez-vous hier ? demandait à une pèlerine un brave pèlerin. — Je chantais, ne vous déplaise ! — Eh bien, dansez maintenant : le bal bat son plein. » (Entendu entre cinq et six heures du matin.)

La gaîté française ne perd jamais ses droits, comme on voit.

CHAPITRE XXVIII

1. Constantinople. — 2. Sainte-Sophie. — Visite des bazars.

Mercredi, 13 septembre.

1. CONSTANTINOPLE.

ON traverse de nuit la mer de Marmara ; de grand matin tous les passagers sont à leur poste d'observation : Nous sommes en vue de San-Stefano ; bientôt les côtes deviennent moins désolées ; on entrevoit déjà des villas, des édifices et des palais.

Nous sommes prêts à jouir d'un spectacle unique au monde ; mais hélas ! un épais brouillard s'étend autour de nous ; toute la côte d'Asie est couverte d'un linceul uniforme et gris. A travers cette vapeur et cette buée, les cyprès et les minarets présentent l'aspect d'une forêt dépouillée... Nous sommes désolés.

Heureusement qu'en quelques minutes cette brume désagréable fut balayée par le vent du Nord. Oh ! le grandiose panorama !... Devant nous et à l'horizon, les dômes des mosquées, les minarets se perdent dans l'azur d'un ciel incomparable. La mer est calme et le temps s'est remis au beau.

Au milieu de la verdure, on aperçoit les îles des Princes, le Bosphore avec ses palais de marbre, la haute tour de Galata. Après avoir doublé la pointe du Sérail et avoir plongé nos regards ravis dans la Corne-d'Or, d'où émerge une véritable forêt de mâts, nous avons éprouvé une sorte d'éblouissement, en face de cette féérique cité.

L'effet du mirage produit par ces immenses quartiers surmontés de leurs minarets, par cette verdure et toutes ces couleurs orientales qui viennent se refléter dans la mer, ajoute à la magie du rêve et nous offre un des plus beaux points de vue de l'univers.

La *Nef* manœuvre habilement pour aborder au cœur de Constantinople, sur le quai de Galata et à l'entrée de la Corne-d'Or, en face de laquelle le Bosphore s'étend jusqu'à la mer Noire. Toute pavoisée, elle a grand air avec le fanion de Terre-Sainte et le drapeau français.

Une fois amarrés, nous sommes envahis par les sœurs de charité, les oblates de l'Assomption, et les religieux assomptionnistes qui viennent se mettre à notre disposition pour visiter la capitale de la Turquie. Les Pères ont ici trois couvents : un noviciat à la pointe de Phanaraki, une paroisse et une maison d'études à Kadi-Keuï, l'ancienne Chalcédoine sur la côte d'Asie, une paroisse et une mission pour les Grecs à Stamboul, dans le quartier de Koum-Kapou.

Pour obéir au désir du Saint-Père, plusieurs d'enire eux ont quitté le rite latin et embrassé le rite Grec, afin de favoriser l'union des Eglises. C'est pour cela que les schismatiques se montrent à notre égard plus aimables et moins défiants qu'autrefois.

Etant professeur dans un collège de Pères jésuites, j'avais un jeune collègue qui professait la quatrième et qui avait un goût très prononcé pour l'étude du Grec.

LA TOUR ET LE PONT DE GALATA
(Cliché de M. Maillard.)

Je l'avais perdu de vue depuis bientôt vingt ans, lorsque je le reconnus ici, parmi les religieux Augustiniens, malgré sa longue barbe et son costume de prêtre Grec. C'est le Père Rabois-Bousquet, un périgourdin très-savant. L'abbé Roux eut aussi la bonne fortune de rencontrer parmi les assomptionnistes un de ses anciens condisciples de Richemont, le père Blaise Pascail.

Mais le temps presse, et nous avons bien des choses à voir. Nous voici sur le quai divisés en groupes de

quinze à vingt personnes : un guide nous conduit.
Nous sommes tout près de trois ponts de bateaux qui
traversent la Corne-d'Or et qui relient la côte d'Asie
à la côte d'Europe, le quartier de Galata à celui de
Stamboul. Les planches sont disjointes et en mauvais
état. Pour le traverser, ce qui nous arrivera souvent,
les Turcs perçoivent un péage ; malheur à qui n'a pas
le sou arabe ! En voyageurs prudents, nous nous
sommes procurés des métalliques, heureusement.

Sur le pont comme sur le quai et dans les rues, la
foule est très animée ; on voit que nous sommes dans
une ville très cosmopolite et très affairée ; il y a des
gens de tous costumes, de toute langue et de toute
couleur, des représentants de toutes les races, et de
toutes les nations.

Le turban blanc roulé fin indique les gens des
mosquées, les softas, les étudiants destinés à devenir
imans ou muphtis.

Les femmes musulmanes avec leur visage masqué,
ressemblent à des suaires ambulants. Il y a partout
des pastèques, des raisins, des fruits et des marchands.
Sur la place de l'Hippodrome, voyant de très jolis
marrons grillés, l'envie nous est venue, au Père capucin et à votre serviteur de goûter à ce fruit nouveau
dont la couleur dorée nous tentait ; nous les avons
trouvés délicieux.

Devant des porteurs qui marchent au pas gymnas-
tique, nous sommes obligés de nous garer ainsi que
les voitures, les chevaux et les passants ; la règle le
veut ainsi ; ils sont six ou huit habituellement, ayant
sur l'épaule de fortes triques au moyen desquelles ils

emportent ainsi et assez loin quelquefois, un fût contenant deux cents litres environ.

Nous cédons la place aux maîtres de la cité, les seuls chargés de la voirie : ce sont les chiens, on en compte 50.000 au moins dans cette ville de huit à neuf cent mille habitants. Ces malpropres et vilains citoyens à quatre pattes vivent très indépendants : chaque bande a son quartier et défend ses droits contre les citoyens rivaux; devant la largeur d'une seule maison, on en trouve quinze ou vingt couchés ou endormis. Ils font un tapage infernal la nuit dans cette ville mal éclairée.

Ces *messieurs* ne se dérangent jamais; il faut passer à côté ou les enjamber. Le quartier de Pera est habité par les ambassadeurs et les Européens; c'est pourquoi il est plus propre, plus aligné et mieux construit.

Dans tout le reste de la ville, les rues sont étroites, infectes et mal tenues; l'hygiène est inconnue. En résumé, les scènes vulgaires de l'intérieur font oublier le magnifique panorama qui se déroule à l'extérieur.

2. Sainte-Sophie

A la porte des mosquées, nouvel embarras, car il faut quitter sa chaussure ou revêtir les encombrants escarpins. Le premier, le père capucin entre comme une lettre à la poste; le Turc gardien, la bouche fendue dans un large sourire en voyant des *abatis* semblables aux siens, s'écrie joyeusement : « Ça, babouche ! bien, bon ! passez. »

Notre première visite est pour Sainte-Sophie dont les voûtes sont en réparation, ce qui nous empêche de jouir de l'aspect imposant de cette vaste coupole, chef-d'œuvre de l'art byzantin. Ce monument est splendide, et c'est l'un des plus grandioses du monde. Il est situé à Stamboul et possède cinq ou six minarets.

On distingue non sans émotion, la célèbre image du Christ, la divine Sagesse, que les badigeons n'ont pas entièrement dissimulée. Les mosaïques des bas-côtés et celles de la galerie supérieure sont encore en bon état; tout le reste est badigeonné.

Comme décoration, il y a un vieux tapis suspendu à un pilastre, un member (chaire) délicatement découpé, des estrades, des disques verts portant des versets du Coran, et des lampes pour éclairer.

« Qu'on se représente, dit Christian, les longues galeries, les cent sept colonnes dont les ombres s'allongent sur l'immense pavé de marbre de l'île de Prochonèse, les cent portes de bronze décorées de bas-reliefs d'argent; puis un dédale de salles, de chapelles, d'oratoires et d'escaliers.

« A travers toutes ces merveilles, représentez-vous les ornements somptueux de la liturgie orientale, les costumes étincelants de la cour de Byzance, puis la foule aux vêtements de nuances vives, avec un mélange de capes pourprées, de colliers de pierreries, de simarres de soie; elle s'agite et se presse sous l'immense nef éclairée par 6.000 candélabres. Telle était Sainte-Sophie aux temps heureux d'autrefois. »

Elle a vu aussi des jours de sinistre horreur : au jour de la prise de Constantinople par les Turcs, 100.000 personnes emplissaient le vaste édifice aux marbres splendides et aux nefs dorées, lorsque les portes furent enfoncées par les haches ottomanes.

Les autels, les statues, les pierres d'or des mosaïques et les vases précieux sont mis au pillage ; les hommes, les prêtres, femmes et enfants sont impi-

MOSQUÉE DE SAINTE-SOPHIE
(Cliché de M. Clec'ch.)

toyablement enchaînés ou massacrés. Il faudrait être Jérémie pour peindre la désolation entrée dans le lieu saint.

Le fléau de Dieu, Mahomet II, arrive dans l'église dévastée et fait arborer sur le dôme l'étendard du prophète, qui flotte toujours sur la cité. Et si l'empire Turc usé, étiolé, semble une proie que les nations s'apprêtent à partager, le schisme vaincu dans cette terrible journée, plus humilié et plus esclave que jamais depuis qu'il s'est soustrait à l'autorité du

pape, reste encore plus décrépit et plus abaissé sous
le cimeterre musulman qui le régit toujours.

On montre sur la muraille l'empreinte sanglante
de la main rougie de sang qu'y avait appliquée le
vainqueur entrant à cheval dans l'église profanée.

Devant toutes les mosquées se trouvent installés
des lavabos que supportent des portiques ou des
kiosques plus ou moins importants. C'est pour per-
mettre aux musulmans de faire leurs ablutions.

Nous voyons encore les principales mosquées de
Yeni-Validé-Djami et du *sultan Achmet,* ainsi que
l'ancien monastère de Saint-Antoine.

Voici sur la célèbre place du Méidan l'ancien hippodrome avec ses obélisques, l'église des saints Serge
et Bacchus, le musée des janissaires qu'on inaugure
aujourd'hui.

3. Visite des bazars. — Koum-Kapou

Mais il se fait tard et il faut rentrer pour le déjeûner. Le soir, visite aux bazars. La monnaie turque
nous sert encore, puisque nous traversons le pont de
Galata et nous retournons à Stamboul. Le fameux
bazar, unique au monde, comprend plus de quinze
rues couvertes et compte, dit-on, plus de 10.000 marchands. Sous d'immenses galeries s'allongeant de plusieurs kilomètres, on trouve toutes les variétés du
costume oriental et toutes les richesses des broderies
d'or ou d'argent, etc., etc.

Nous nous dirigeons du côté du ministère de la

guerre : voici la haute tour du Seras Kierat; que de marches, grand Dieu ! Notre doyenne elle-même veut tenter cette rude ascension.

Mais aussi combien magnifique est le spectacle dont on jouit quand on est parvenu au sommet : les dômes, les minarets, car il y a plus de 300 mosquées, la Corne-d'Or, Galata, Pera, Scutari et ses cyprès, les Iles des princes, tout cet ensemble est merveilleux.

Il faudrait accumuler ici toutes les expressions du vocabulaire admiratif. Nous descendons ravis pour visiter la mosquée Suleymanié qui est tout près. Je ne la décrirai pas, car tous ces monuments se ressemblent et cela nous entraînerait trop loin. Seule, Sainte-Sophie n'a pas de *mihrab* placé au centre de l'édifice; et comme toutes les églises chrétiennes, elle est orientée dans la direction de l'est à l'ouest. On y montre un bloc de marbre rouge creusé qui passe pour la crèche de Jésus-Christ.

Dans la mosquée Suleymanié mon attention est attirée par un certain nombre de musulmans agenouillés sur les nattes et faisant la prière présidée par leur *iman*. Nous les voyons se lever comme des automates, étendre les bras, saluer profondément et se remettre à genoux avec un ensemble si parfait qu'on a l'illusion d'assister aux exercices du soldat sans armes.

Sur la grande place, les troupes manœuvraient; le pas raide, automatique et compassé du soldat turc nous rappelle l'influence des instructeurs allemands.

Nous nous rendons enfin au couvent de Koum-Kapou; après un moment de repos dans le jardin des

Pères où d'abondants rafraîchissements nous sont gracieusement offerts, nous pénétrons dans l'église de l'Anastasie pour le salut du saint Sacrement.

Le R. P. Joseph nous adresse une pieuse allocution sur l'union des Eglises et l'œuvre de l'Assomption en Orient. Quelle émotion nous saisit lorsqu'à nos motets latins, se joignent les chants du séminaire grec. Voilà bien l'union des Eglises et l'affirmation de cet apostolat au milieu des Grecs dissidents qui entourent cette pieuse maison. C'est ce que le Père Marie-Léopold nous fait comprendre à son tour. Il nous demande en termes émus de prier pour les religieux qui, avec la permission du Pape, ont embrassé le rite Grec afin d'atteindre le schisme plus efficacement. Une archiconfrérie a été érigée dans ce but.

C'est par le chemin de fer que nous revenons près du pont et de la *Nef.* Après dîner, je considérais le mouvement des quais et des mariniers, ainsi que les éclairs ou zigzags électriques qui sillonnaient la mer, lorsque j'aperçus au clair de la lune un muezzin portant une lanterne et occupant le sommet du minaret d'une mosquée voisine. Le fils d'Allah tournait autour du balcon circulaire afin de convoquer ses coreligionnaires à la prière. Pendant un quart d'heure au moins, sa silhouette apparaissait fantastique au-dessus de nous.

Il récitait à haute voix cette formule sans vie et sans amour : « Il n'y a pas d'autre Dieu qu'Allah, et Mohammed est son prophète. — *La ilah illa Allah wa Mohammed reçoul Allah !* » De nuit comme de jour, pendant quatre fois, le muezzin fait la même promenade circulaire au-dessus de la ville et jette le même appel monotone à tous les échos.

Le musulman est armé d'un chapelet dont 99 grains représentent les attributs de la divinité ; le centième plus gros figure le nom d'Allah ; il tourne rapidement ces grains entre ses doigts et fait son *salam* ou salut vers la Mecque. Sa religion consiste surtout en prostrations, aspersions ou ablutions.

En dehors de cela, tout lui est permis ; dans son intérieur, il a droit de vie et de mort. Le Coran ou *lecture par excellence* est une rapsodie fastidieuse de 6.000 vers, contenant des histoires plus ou moins altérées des fables de l'Inde, des contes arabes, de la Bible et du christianisme.

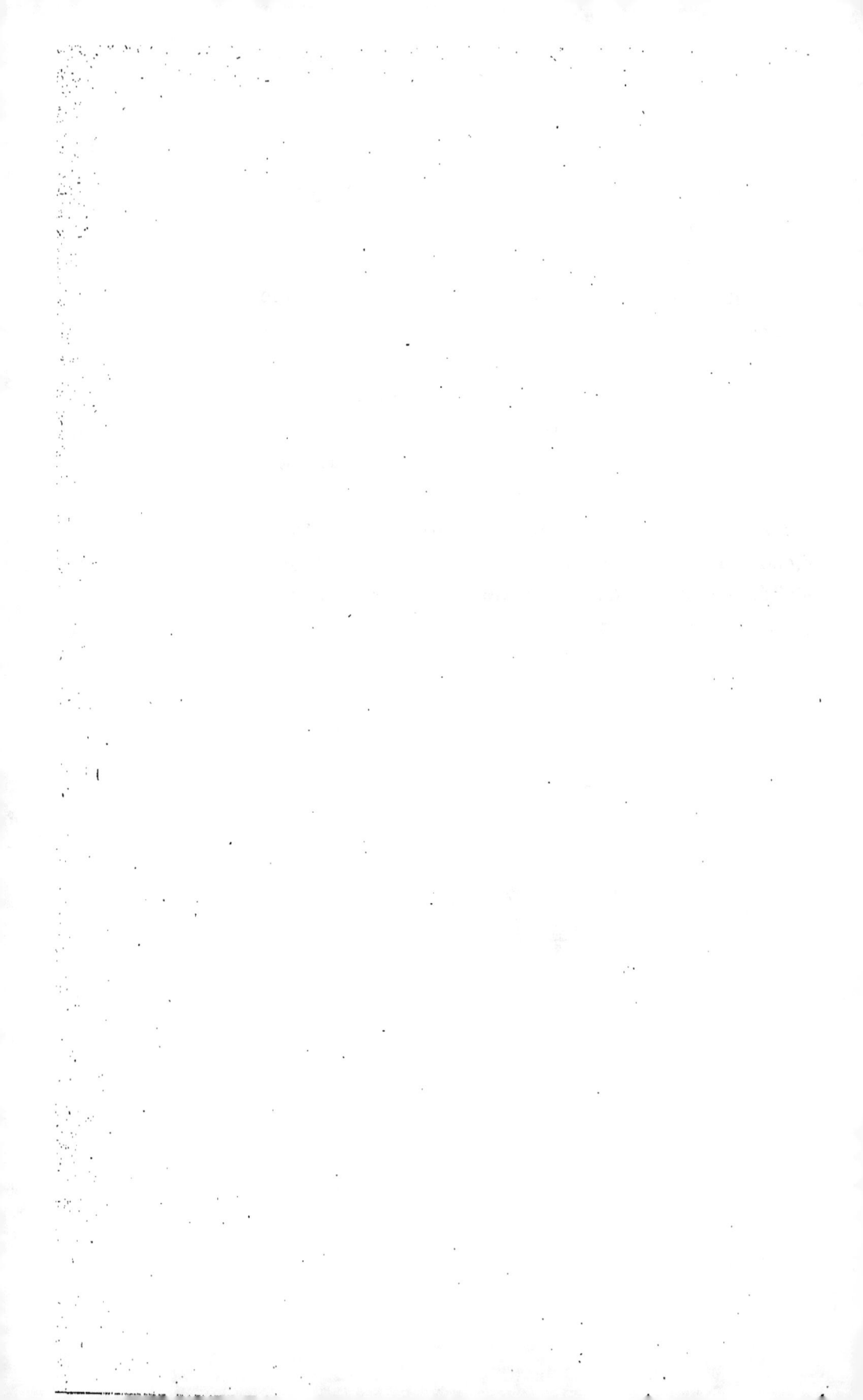

CHAPITRE XXIX

1. La Corne d'Or. — 2. Le château des Sept-Tours et les vieux remparts.

Jeudi, 14 septembre.

1. LA CORNE-D'OR.

LE deuxième jour, après la messe célébrée à bord, nous prenons place sur deux vapeurs afin de visiter la Corne-d'Or et le quartier d'Eyoub. Nous circulons au milieu des barques légères, des caïques et des mouches qui fendent les flots avec une étonnante rapidité.

Nous admirons cette Corne-d'Or en forme de croissant, ce golfe profond qui s'enfonce au cœur de Constantinople dans la côte Européenne, ce port unique, le plus sûr du monde où mille vaissaux peuvent tenir à l'aise ; nous la parcourons jusqu'au bout ; à gauche nous avons les quartiers de Stamboul et d'Eyoub, à droite celui de Galata à l'extrémité duquel, lors des derniers troubles, furent massacrés en une nuit et jetés à la mer 15000 Arméniens.

Les Juifs ne les avaient hospitalisés que pour mieux les trahir. Cette lâcheté assombrit notre pensée, car ce souvenir est poignant.

Nous faisons une station au Phanar, résidence du patriarche orthodoxe ; nous revenons jusqu'au vieux sérail, ancien séjour des sultans où nous sommes admis à visiter le musée.

On y remarque de nombreux sarcophages et le prétendu tombeau d'Alexandre, une merveille de sculpture.

La ville de Constantinople, l'ancienne Bysance, est à 2600 kilomètres de Paris ; elle est située par 41° 0' 16" de latitude Nord et 26° 38' 58" de longitude Est, sur la mer de Marmara, à l'entrée du Bosphore qui sépare l'Europe de l'Asie.

Bâtie sur sept collines, elle se divise en seize quartiers ; *Kum-Kupi* est celui des Arméniens, le *Balat* celui des Juifs, le *Fanar* celui des Grecs, etc., etc. Par son prolongement dans l'intérieur de la ville, le Bosphore en formant la Corne-d'Or, la divise en deux parties : 1° *Stamboul*, le cœur de l'Islam est situé sur une péninsule en forme de triangle dont l'angle Est, nommé pointe du Seraï, fait face à la ville asiatique de Scutari.

2° Au delà du port, à l'est et au nord-est, les faubourgs Galata, Pera, Top-Hané, Foundouklu, etc., sont reliés à Stamboul par le fameux pont aux planches disloquées sur lequel passent quotidiennement plus de 100.000 personnes ; c'est un bénéfice énorme pour le sultan dont les caisses sont à sec.

Péra où sont les principaux commerçants et hôtels

européens est situé sur une colline conique :
quant au sérail, à la pointe de la Péninsule, il a été
en partie détruit par le feu, et il est entouré de murs
crénelées ; il renferme le trésor où l'on remarque des
manuscrits rares et des armes curieuses.

Le Seras-Kierat, Sainte-Sophie, la Sublime-Porte,
palais du grand vizir, l'université moderne, l'ancienne Sublime-Porte, ministère du commerce, quel-

LA CORNE D'OR
(Cliché de Mlle Levent.)

ques autres grandes mosquées, le bazar avec ses
ruelles voûtées, des khans ou caravansérails, telles
sont les principales curiosités de Stamboul.

Comme restes de la domination grecque et romaine,
il n'y a plus que les citernes Basileia et des Mille et
Une colonnes, le tombeau d'Irène, la colonne Ser-
pentine, l'obélisque de Théodose, la Pyramide murée, les ruines de l'aqueduc de Valens, la colonne
Brûlée et les colonnes de Marcien et d'Arcadius.

2. LE CHATEAU DES SEPT-TOURS ET LES VIEUX REMPARTS

Le soir, nous prenons le train jusqu'à Yedi-Koulé où se trouve l'emplacement du monastère des Studites : là, les moines se succédaient sans qu'il y ait jamais interruption dans la psalmodie.

Nous arrivons enfin jusqu'au château des Sept-Tours, du haut duquel nous avons une vue très pittoresque des anciens remparts. « Ces derniers, dit Christian, comptent parmi les plus beaux monuments de l'architecture militaire. Ce développement de murailles rehaussées de nombreuses tours et percées de distance en distance de portes monumentales est très imposant.

Là-bas, la porte Dorée, la porte Sélemi, tout près du monastère de Baloukli, consacré à la Panaghia.... Celle qui nous intéresse surtout est la porte Saint-Romain, dite « porte du Canon ». C'est par là que fut ouverte la brèche principale par ou pénétrèrent les assaillants, près de trois ou quatre cent mille ottomans.

L'empereur Constantin combattit vaillamment; c'est sous un monceau de cadavres que son corps fut rétrouvé. C'était fini de l'empire d'Orient. La grandeur de ce héros fera un éternel contraste et un éternel reproche à la déchéance de sa nation.

La chaleur m'avait altéré : j'ai profité des quelques instants disponibles avant le passage du train qui devait nous ramener, pour me rafraîchir. Dans les hôtels peu confortables de ce pays, on trouve des boissons glacées. Il y a des bouteilles de limonade parfaite depuis 0 fr. 10 jusqu'à 0 fr. 30, selon qu'elles contiennent depuis un quart jusqu'à un litre.

La bière est délicieuse et pas trop chère ; chaque bock est accompagné d'une soucoupe portant une tranche de pain avec une tranche de saucisson, ou même une tartine de confiture. On trouve aussi du café excellent ; la tasse vaut 0 fr. 10 ou 0 fr. 20 ; il faut le boire très chaud, et il est toujours accompagné de son marc.

Le château des Sept-Tours ainsi que les vieux remparts s'allongent de six kilomètres sur la côte de la mer de Marmara ; les murailles sont en ruines et délabrées surtout depuis le dernier tremblement de terre ; les tours étaient distantes de 50 mètres l'une de l'autre ; trois murs parallèles s'élevaient, défendus par des créneaux et des fossés : c'était la puissance la plus formidable qui existait autrefois. Par ces remparts reliés aux défenses maritimes, Constantinople devenait imprenable. Malgré cela, le schisme grec a été puni, car rien n'est impossible à Dieu.

CHAPITRE XXX

1. Galata. — Le Selamlick. — 2. Derviches tourneurs.

Vendredi, 15 septembre.

1. Galata. — Le Selamlick

A messe est célébrée dans le quartier de Galata, chez les R.R. P.P. lazaristes qui sont à Constantinople depuis de longues années; les élèves sont très nombreux dans leur splendide collège Saint-Benoît que nous visitons avec plaisir. Plusieurs d'entre nous font dans le voisinage l'ascension de la tour Galata, du haut de laquelle se déroule un panorama presqu'aussi beau que celui aperçu de la tour du Seras-Kierat. Beaucoup de pigeons à l'intérieur; il sont sacrés ici, tout comme les chiens; malheur à celui qui veut les détruire !

Nous allons tous prier devant la célèbre madone

des Blachernes, dans l'église Saint-Pierre des dominicains.

Le soir une cérémonie d'un autre genre attendait
les pèlerins français : tous les vendredis, le sultan
assiste à la prière dans une mosquée ; pour cela il
s'entoure d'un appareil militaire très imposant. Cette
cérémonie a un caractère de gravité qui n'est pas sans
faire quelque impression.

Pour être témoins de ce spectacle militaire et religieux, les étrangers de distinction ne sont admis que
sur la recommandation des ambassadeurs. Les pères
de l'Assomption s'étaient d'avance entendus avec
M. Constans pour vaincre toutes les difficultés, et
obtenir toutes les autorisations.

Vers deux heures, en voiture ou à pied, nous arrivons tout près d'Ildiz-Kiosk et de la mosquée, nous
prenons place sur les terrasses et dans les salons en
bordure sur la route que devait suivre Sa Majesté.
A côté, à l'une des fenêtres du salon faisant partie du
palais, nous voyons apparaître notre ambassadeur
que nous saluons courtoisement.

Les musiques militaires retentissent : c'est une
musique européenne, toute différente par conséquent
des sonneries exotiques et étranges des autres villes
turques. Les troupes arrivent et prennent position
pour former la haie. La foule est calme, plutôt
silencieuse, dit Christian. C'est l'habitude des Turcs
et le caractère de l'Oriental.

Les yeux sont immobiles et ouverts ; aucune flamme
n'en jaillit. Il semblerait que le Turc ne pense pas ;
en tout cas, s'il pense il ne le dit pas. Par nature, il

est sobre, robuste et soldat; ici il a une tenue plus soignée que dans les autres villes de l'empire.

Nous remarquons les lanciers, sanglés dans une veste bleue, aux plastrons rouges, le shaspska sur la tête; les chasseurs, les culottes bouffantes dans leurs bottes, les zouaves et les turcos qui ressemblent aux nôtres, quant au costume et au turban; on retrouve la formation allemande, ainsi que je l'ai dit déjà, dans la marche lourde, qui dément la souplesse native des soldats turcs.

A trois heures, une sonnerie de trompettes avertit du prochain passage du sultan. Le silence devient plus froid et plus solennel. Voici les grands de la cour, à pied; seuls les fils du sultan sont à cheval. Nous voyons des enfants de dix à quinze ans sous l'habit militaire, traînant leur sabre, couverts de dorures et chamarrés de décorations. Où va donc se placer l'amour du panache et des honneurs!

S. M. Abdul-Hamid est en voiture, ayant à ses côtés Osman Pacha, le vainqueur de Plewna, l'homme le plus populaire de la Turquie. Les soldats et la foule poussent un hurrah formidable, mais un seul. Ce n'est pas un élan spontané, mais un cérémonial glacé... toutefois, c'est austère, grave et grand.

La figure du sultan se détache en jaune mat sur le bleu foncé du landau impérial; le nez recourbé, pâle et vieilli, il porte un costume très simple : une sorte de long caftan vert sombre, avec le fez rouge traditionnel. Sa tenue est aussi sévère que ses officiers sont galonnés. A sa suite, s'avancent les maréchaux; puis, après une interruption, une escorte d'eunuques d'un noir de jais. Ils précèdent les favorites, deux ou trois sultanes en robe de soie et soigneusement voilées chacune dans sa voiture. La mosquée apparaît un peu plus bas; elle est gracieuse et en marbre blanc.

Du haut de l'un de ses minarets, un iman chante la prière; pendant que des muphtis en longues rangées font à l'extérieur les prostrations usuelles, le souverain disparaît dans le lieu saint.

Pour le retour, il y a cette curieuse particularité: Abdul-Hamid lui-même conduit ses deux superbes pur sang, tandis que les grands de l'empire suivent à pied. Derrière le carrosse, les vieux officiers, quelques-uns un peu épais, suent et soufflent, car la montée est rude et les chevaux sont très vifs.

Sur les terrasses et dans les salons, on offre aux invités, même aux dames, des cigarettes, des gâteaux et du thé; de la part de Sa Majesté, le chambellan vient remercier le directeur du pèlerinage français, et le saluer avec la plus parfaite courtoisie.

Du reste pendant notre séjour, la police turque nous protège avec soin; les habitants sont sympathiques, curieux ou indifférents. Au point de vue de l'influence, notre passage en Orient fait toujours bonne impression.

2. DERVICHES TOURNEURS

Je prends aussitôt une voiture pour aller voir les derviches tourneurs. Quelle singulière et diabolique religion! Ces pauvres gens sont là, devant une multitude de spectateurs, sur un parquet ciré et pieds nus. Leur tête est couverte d'un bonnet gris et long, en poils de chameau probablement; au son d'une musique étrange, pauvre et criarde, ils marchent les uns derrière les autres autour d'une enceinte circulaire; arrivés en face de la Mecque, celui qui précède se retourne vers celui qui le suit et il le salue profondément. La promenade continue ainsi très gravement et très silencieusement, interrompue par les mêmes salutations.

Tout à coup, la musique devient pressante; alors ces malheureux, l'esprit sans doute dans une sorte d'ivresse, pivotent sur eux-mêmes, les yeux mi-clos et les bras tendus. Leurs robes blanches se mettent à flotter tandis que le mouvement de rotation devient de plus en plus rapide; c'est fantastique et vertigineux.

Je me retire triste et écœuré : au même moment les derviches hurleurs donnaient une séance à Scutari sur la côte d'Asie. Je ne regrette pas de n'y pas avoir assisté, ne serait-ce que pour conserver la délicatesse de mon tympan et la rectitude de mon esprit.

Nous achevons la visite de Péra et des églises surtout. Ce quartier comme tenue diffère du reste de la ville; c'est là que sont les palais et les demeures aristocratiques. Les casernes, comme construction, sont superbes extérieurement; il paraît que l'intérieur est abominablement mal tenu. Les rues et les faubourgs paraissent européens.

Nous arrivons enfin à la cathédrale pour y vénérer

les reliques de saint Jean Chrysostome, l'éloquent
défenseur et presque le martyr de l'indépendance de
l'Eglise. Nous y avons prié pour les œuvres catholiques de Constantinople et nous avons assisté au
salut du Saint-Sacrement.

CHAPITRE XXXI

1. Kadi-Keuï et Scutari. — 2. Visite du Trésor. — 3. Le Bosphore.

Samedi, 16 septembre.

KADI-KEUÏ ET SCUTARI

AUJOURD'HUI nous prenons un bateau à vapeur pour nous rendre à Kadi-Keuï, sur la côte asiatique : la messe du pèlerinage était célébrée à Chalcédoine le jour même de la fête de son illustre martyre, sainte Euphémie.

Cette paroisse latine confiée par Léon XIII aux pères assomptionnistes est une paroisse modèle : toutes les œuvres y sont florissantes, écoles, confréries, conférences de Saint-Vincent-de-Paul.

La grande et belle église de l'Assomption était comble; aux pèlerins s'étaient unis de nombreux catholiques de la ville; beaucoup de communions.

Dans une allocution pieuse et instructive le |père Théophile, sous-directeur, a fait connaître la vierge martyre qui est une des gloires de Chalcédoine et rappelé les grands souvenirs du quatrième concile

général. C'est alors que les Pères réunis ici acclamè-
rent la papauté, et déclarèrent que l'Esprit-Saint
parlait par la bouche de Léon.

Nous avons prié sainte Euphémie et saint Léon
pour l'union des églises et pour les œuvres chrétiennes
de Kadi-Keuï. Les Augustiniens ont organisé ici un
centre d'études pour les questions orientales, ainsi
qu'un séminaire grec ; c'est pourquoi les Pères et les
frères nous ont chaleureusement accueillis.

Pendant la collation, des cantates à la France très
émouvantes et très harmonieuses ont été exécutées à
la perfection par les assomptionnistes de Chalcédoine
et par leurs novices de Phanaraki.

Les pèlerins ont été fêtés et magniquement reçus
dans le superbe pensionnat des Dames-de-Sion, dans
le beau collège des frères des écoles chrétiennes ainsi
que chez les Sœurs de l'Immaculée-Conception de
Lourdes. Dans cette ville qui possède au moins douze
chapelles catholiques, on se croirait en Europe et en
France.

Nous retournons déjeûner à bord soit directement
soit par Scutari. Pendant tout notre séjour à Constantinople, les visiteurs n'ont pas cessé d'affluer sur la
Nef-du-Salut. Les élèves de Koum-Kapou sont venus
chanter les vêpres aujourd'hui ; notre gracieux navire
a été visité par les élèves des Sœurs Oblates, des
Lazaristes et des Capucins, par les Pères Jésuites et
les Pères Géorgiens qui ont à Kadi-Keuï la célèbre
grotte de Lourdes où s'opèrent des miracles comme à
Massabielle.

C'est le dernier repas que nous prenons avant notre

départ. Comme invités d'honneur nous avions Son Excellence Mgr Bonnetti, délégué apostolique, accompagné de son vicaire général et de son chancelier, plusieurs représentants des communautés françaises avec son Exc. M. le général baron de Toustain, pacha; M. Martin des Pallières, agent des Messageries, qui ne cesse de nous entourer de mille attentions.

Au dessert, en termes très délicats, notre directeur porte la santé du délégué du Saint-Siège et salue les représentants des œuvres françaises en Turquie. Mgr Bonnetti parle de la France et de son rôle de nation chrétienne; il félicite les pèlerins de leur bonheur d'aller à Rome après avoir prié à Jérusalem.

2. Visite du Trésor.

Le commandant Pillard salue Sa Majesté le sultan qui avait assuré notre sécurité et qui avait facilité nos visites partout.

Une dernière faveur très difficilement accordée vient en effet de nous être octroyée : un firman nous autorise à entrer au trésor du vieux sérail.

C'est un amas de richesses incalculables accumulées là depuis des siècles : diadèmes, riches étoffes, vêtements princiers, armes de prix, perles fines, pierres précieuses et diamants. Les chambellans et les gardiens ont fait à leurs visiteurs les honneurs de la confiture à la rose et du café sur un balcon superbe, en face du plus beau panorama que l'on puisse rêver.

Mais toutes ces merveilles des mille et une nuits...

22

ne nous font pas oublier que l'ancre va être levée. Le bateau est rempli de visiteurs et d'étrangers, frères et élèves des divers collèges français, sœurs de charité, etc. Il n'y a pas moyen de faire un pas.

Mgr Bonnetti donne à la chapelle le salut solennel ; sous la direction de l'abbé Roux, la maîtrise chante ses motets les plus beaux. Le Père Marie-Léopold prononce une chaude et éloquente allocution : il faut se quitter sans doute, mais les cœurs restent unis et les âmes ne se séparent pas.

Après la bénédiction apostolique, ceux qui doivent rester nous font de touchants adieux. La foule est immense sur le quai. Les fenêtres sont toutes occupées par des amis sympathiques et respectueux. On ne voit que turbans, tarbouchs, costumes européens ou orientaux. Nous chantons l'*Ave, maris stella*, tandis que retentissent les cris de : Vive la France, et que s'agitent les mouchoirs, tandis que s'éloignant lentement jusqu'au milieu de la Corne-d'Or, le navire fait son entrée dans le Bosphore, après une habile évolution.

En passant, nous saluons un vaisseau russe qui va partir, et qui emporte M. Adamski, notre prêtre polonais ; c'est avec enthousiasme que des deux côtés éclatent les hourrah !

3. LE BOSPHORE.

Maintenant je décris le Bosphore d'après les indications de Christian. On a vanté cent fois les bords de ce fleuve au cours rapide qui relie deux mers. Sa longueur est de 27 kilomètres, sa largeur varie de 500 à 2.000 mètres.

En face de ses rives enchanteresses, l'admiration n'a plus de mots; on est ébloui devant Dolgma-Bagchté, le palais splendide où vient le sultan pour les cérémonies officielles. Ses marbres blancs resplendissent sous les rayons du soleil couchant.

LA FOULE SUR LE QUAI AU MOMENT DU DÉPART
(Cliché de M. Poncet.)

Sur les côteaux s'étagent les villas princières, les ambassades et les consulats : plus loin, Thérapia, la résidence d'été de l'ambassadeur français. Semblable à une vallée de montagnes, le détroit serpente en brusques sinuosités; chaque rive se creuse en golfe et s'avance en promontoire, se resserre, s'échappe jusqu'à ce qu'elle se perde dans l'infini de la mer Noire.

Après Dolgma-Bagchté, on nous montre le palais où Mourad agonise. De l'autre côté Scutari; plus loin, les eaux douces d'Asie, Roumelti-Hissar et

Anatoli-Hissar, deux vieilles forteresses génoises qui sembleraient la limite extrême des maisons de plaisance et des villas, encadrées dans les bosquets de la forêt de Belgrad.

Les Turcs ont le goût des massifs d'arbres ; le platane, le térébinthe et le cyprès croissent à l'envi et entourent les rochers escarpés de dolorite et de porphyre qui, au-delà de Thérapia et de Bujuk-Déré, se prolongent jusqu'au Pont-Euxin.

C'est le soleil couchant : il se reflète sur toutes les fenêtres qui lui font face, et en fait autant d'astres étincelants.

Après un tour jusqu'à l'entrée de la mer Noire la *Nef* revient se rapprochant de la côte d'Asie. Après avoir admiré les formidables défenses du détroit, nous croisons le stationnaire russe pour la deuxième fois ; les marins de la nation amie nous ont prévenu.

Rangés sur les vergues et sur les haubans, ils nous saluent de leurs joyeux hurrahs, auxquels nous répondons de notre mieux : Vive la France ! Vive la Russie !

En face de Constantinople, nos principaux invités, Mgr Bonnetti, M. le général de Toustain, les religieux de Kadi-Keuï qui ont fait avec nous la délicieuse promenade du Bosphore, vont nous quitter ; deux mouches à vapeur sont venus les chercher. Des adieux très émouvants sont échangés ; pensez donc ! Nous retournons en France, tandis qu'ils restent sur la terre étrangère !

Pendant que le navire met le cap sur la mer de Marmara et les Dardanelles, nous jetons encore un regard admiratif sur les deux côtes asiatique et européenne, sur l'île des Princes; nous admirons le magnifique spectacle de la capitale de la Turquie et de ses environs disparaissant sous les derniers feux du soleil mourant.

SUR LE BOSPHORE

CHAPITRE XXXII

1. Repos, Conférence et Poésies.

Dimanche, 17 septembre.

1. Repos, Conférence et Poésie.

HIER soir, après avoir admiré Constantinople
s'estompant au loin dans une dernière en-
soleillée, Scutari éteignant l'une après
l'autre ses féeriques illuminations, les gerbes de
flamme faisant place à une ligne de plus en plus vaporeuse, vague et indécise, nous avons été heureux
de goûter un instant de repos et de délassement.
Pendant la nuit, le rêve succédait à la réalité.

Il nous semblait voir encore les deux navires russe
et français se rencontrant et nous rappelant Cronstad
et Toulon en miniature ; il nous semblait entendre
les hourras frénétiques des matelots, la sirène jetant
un dernier adieu. Sur le quai la foule enthousiaste et
sympathique ajoutait à tout cela un caractère d'indi-

cible grandeur ; on voyait encore le magique tableau
de la traversée du Bosphore ; et pour rendre tous les
sentiments éprouvés, il faudrait terminer le récit en
points... d'exclamation !

Aujourd'hui, le rêve a cessé pour nous montrer une
autre scène ; voici déjà Kanak-Kalessi avec son cadre
merveilleux de collines, villages, escadre, forteresses
et rade, tout cela éclairé par les feux du soleil levant ;
nous recevons le firman de passage, et le salut du
vaisseau amiral.

Nous avons repris avec plaisir la vie de famille ; la
grand'messe est chantée en présence de l'équipage.
Pendant le cours de la journée, M. le curé d'Asnières
nous fait une très vivante conférence sur l'origine des
noms de famille. Le P. Adéodat nous entretient de
l'Orient et de son avenir politique et religieux.

Nous avons déjà traversé les Dardanelles, et nous
espérons arriver au Pirée dès la première heure du
lendemain.

Extraits de la *Croix de la Nef*, n° du dimanche
17 septembre 1899 :

« CARNAVAL. — Aux babouches, couffiés, fez, tarbouchs turcs, ne pas oublier de joindre la petite
fustanelle grecque. — Que les poètes songent aussi
à une équipée au Parnasse, sur Pégase, 198e de
nom.

TRÉSOR. — Il ne s'agit pas de celui du sultan, mais
c'est à son occasion : trois pèlerins ou pèlerines s'es-
timant à un assez haut prix naturellement, ont failli
rester en gage aux mains des gardiens du sérail et
prendre place parmi les diamants gris et topazes. —

On levait l'échelle quand ils sont enfin arrivés tout essoufflés. — On prétend en certains cercles que les susdits pèlerins s'étaient attardés aux confitures de rose et aux cigarettes parfumées! — Pure médisance. »

Ce soir, à la séance récréative, projections sur les termes de marine par le P. Marcel; poésies chantées ou débitées! Notre directeur, dans ses avis, nous parle d'Athènes où nous irons demain : il nous rappelle les souvenirs de saint Paul et son discours à l'Aréopage, la conversion de saint Denis; et il indique les traits principaux de l'histoire ancienne qui se rapportent aux monuments de l'Acropole.

EN PALESTINE

Refrain.

Bel Orient, pays rose, au ciel bleu,
Où le soleil réfléchit son image,
Combien nous sommes davantage
Loin du monde et plus près de Dieu!

I

La Palestine a des attraits touchants;
Chers compagnons du grand pèlerinage,
Dieu nous invite au sublime voyage;
Consacrons-lui nos vœux, nos cœurs, nos chants,
Que prévenus des bienfaits du Seigneur,
Tout pénétrés de sa sainte présence,
Nous opposions la prière à l'offense,
Afin d'en obtenir grâce et faveur.

II

Les rois pasteurs, toute l'antiquité
Me semble ici frôler gras pâturages ;
Hommes, enfants, beautés des anciens âges
Ont à leur front l'air de la liberté...
De la toison de brebis revêtus,
Majestueux dans les plis de leurs voiles,
Guidés la nuit, par des milliers d'étoiles
Ils vont chercher des pays inconnus...

III

Voici là-bas la tribu de Juda
Où les bergers, les anges, les rois mages,
Vers l'Enfant-Dieu déposent leurs hommages,
Heureux mortels, que l'étoile guida!...
Hélas! pour fuir Hérode — un roi méchant! —
L'humble Joseph, la Vierge Mère en fuite,
Aux oasis de la lointaine Egypte
S'en vont chercher un refuge à l'enfant.

IV

Jésus grandit! Sa noble et douce voix.
Prêche l'amour et la paix à la terre...
Mais, déicide! on l'immole au Calvaire!...
Pour nous sauver, il meurt sur une croix!...
Le ciel voilé redevient radieux ;
Dieu ressuscite!... et tout rempli de gloire,
Promet le ciel, l'éternelle victoire
A tous les cœurs croyants et généreux.

LE VÉRITABLE PELERIN

Refrain.

Ce qui fait un
Ce qui fait deuss'
C'qui fait un véritabl' pèl'rin !!!

I

C'est de rentrer en longue file
C'est d'être à Jéricho l'matin,
Le soir en cellule tranquille.

II

C'est de s'attendre aux aventures ;
S'nourrir de poussière en chemin,
Craindre les accidents de voitures.

III

C'est d'être à courir dans la ville
Avec une ombrelle à la main
Et boire aux sources d'camomille.

IV

C'est d'être pieux en voyage,
Tout plein de ferveur et d'entrain
Avec un étonnant courage.

PARTANT POUR LA SYRIE

I

En partant pour la Syrie
Nous avions l'âme ravie,
Voguant sur un bateau
Confortable et bien beau,
Bateau des congréganistes
Qu'on nomme Assomptionnistes,
Fervents religieux
Doux et pieux.
L'commandant,
L'lieutenant,
Le capitaine,
Les mat'lots,
Sur les flots,
L'âme sereine,
Commandaient,
Manœuvraient :
Sans nulle peine
Tous à bord,
Sans effort,
Marchaient plein d'accords.
Et tandis que sur les vagues tranquilles
La chèr' *Nef* qui nous portait
Comme sur de l'huil' glissait
On admirait les verdoyantes îles
Qui passaient, qui fuyaient
Et disparaissaient.
L'aspect de ce paysage qui fuit
N'cessait qu'à la nuit.

II

Devant chaque sémaphore,
De Marseill' jusqu'au Bosphore,
La sirène sifflait
Et l'écho répondait.
Puis, au grand mât de misaine,
Sur l'ordre du capitaine

Notre drapeau montait
Et saluait.
  Sans attendre
  Pour nous rendre
Not' politesse,
  A son tour,
  Sur la tour,
L'gardien s'empresse
  D'arborer,
  D' fair' flotter
Avec noblesse
  Son drapeau
  Long et beau
Qui se mir' dans l'eau.
Puis, pour donner des nouvelles bien fraîches
Aux parents et aux amis
De notre si cher pays,
Par l' mêm' moyen s'envolaient des dépêches
Disant : ell' fil' vers son but,
  Not'-Dam'-du-Salut,
Et tout ce monde chrétien
  Se porte fort bien.

III

Parfois, aimable rencontre,
Au fond de l'horizon se montre
  Un navire étranger
  Qui sembl' ne pas bouger.
Pourtant l'vent dans sa mâture
Tend et gonfle la voilure
  Et lui fait fendr' la mer
  Comme un éclair.
    Aussitôt,
    En sursaut,
  Tout's les jumelles
    Sont tirées,
    Arrachées,
  De leurs bretelles.
    Tout œil s'ouvre
    Et découvre
  Des voil's nouvelles.

« Cadédis !
« J'en vois six.
« Troun d'lair en v'la dix ! »
Quand paraissait quelque navire russe,
On faisait de grands signaux,
On criait comme des veaux,
Tandis qu'au coin d'l'œil un'larme se musse.
On bourrait le canon.
Et puis... patapon !
Et les Russ'après tout ça
Criaient tous : hourra !

IV

Le soir, quel spectacl'magique,
Ravissant et magnifique,
On avait du tillac,
Bercé dans un hamac !
On voyait la pâle lune
Mettre au bout du mat de hune,
Comme un point sur un i,
Son typ'jauni.
Nous voyons
Ses rayons,
Sur la mer belle,
S'refléter
Et baigner
Notre nacelle ;
Chaqu'étoile,
Sans nulle voile,
Vive étincelle,
Ne cesser
De briller
Et de scintiller ;
Puis dans la nuit silencieuse et calme,
Au doux bruit mélodieux
Des flots bleus harmonieux,
On entendait se disputant la palme,
Orphéon, violon
Et harmonium,
Très beaux solos, gais duos
Et jolis trios.

V

D'autre fois un savantasse,
Des lunettes sur la face,
Devant un tapis vert,
Assis et découvert,
Faisait une conférence
Et nous bourrait de science,
Nous parlant de sanscrit
Et d'autr' écrit.
Mais soudain,
On éteint
Toute lumière.
Un écran
Vaste et blanc,
Bientôt s'éclaire.
Nous voyons
Projections
Pleines de mystères;
Not' regard
Voit quelq' part
De Madagascar.
Un aut' moment on causait d'télégraphe
Devenu tell'ment subtil,
Qu'on n'peut plus couper son fil.
Mais rien n'valait l'curieux phonographe.
Qui jouait, qui chantait,
Et mêm' discourait.
Oui vraiment, c'était charmant
Et fort amusant.

VI

Enfin, notre *Nef* arrive
A demi mill' de la rive
Du beau port de Jaffa
Et l'ancre s'agraffa.
Par Monsieur Cook affrétées,
Arriv'nt des barques montées
Par des arab's noirauds
D'laids moricauds.

Dieu ! quel bruit
Se produit
Quand cette foule
Sur ton blanc
Bâtiment,
Déferle et roule ;
Oui, dans l'air,
C'est d'la mer
La grande houle.
Cependant,
Sur le banc,
Chacun descendant,
Qu' c'était touchant lorsque, tous à la file,
Nous voguions le cœur content
Un beau cantique chantant.
Fini le trajet sur cette onde mobile !
Quel transport, quand au port
De la barque on sort,
Tout près de Jérusalem,
Au pays de Sem.

A MON CHAPEAU

I

Je t'ai pleuré mon chapeau feutre
Si gentil au jour du départ,
Qu'un distrait à l'œil un peu neutre
Mit sur sa tête à tout hasard.
Depuis Agen jusqu'à Marseille
Tous les passants nous regardaient
Tous les deux comme une merveille,
Même je crois qu'on nous suivait.
En revenant en France
Quel peu brillant retour !
Un véritable four ! (*bis*)
J'en rougis par avance.

2.

Aux rigueurs de la canicule
Désirant ne pas t'exposer
Je te quittai dans ma cellule
Où tu pouvais te reposer.
Après le saint pèlerinage,
Je me disais, je te prendrai
Frais et coquet pour le voyage
Et avec toi triompherai.
> Mais une main caduque
> Osa te décrocher
> Et même te percher (*bis*).
> Sur une grosse nuque.

3.

Sur les chemins de Palestine
Sous les traits d'un soleil de feu
Sans même un voile d'étamine
On te fit rôtir plus qu'un peu.
Ta belle coiffe violette
Subtilisée en tapinois
Pour mettre à l'aise cette tête
Fut projetée au coin d'un bois.
> Puis sur un large crâne
> Disproportionné
> On te vit enfoncé (*bis*)
> Pour couvrir cet organe.

4.

Quand au retour de Terre-Sainte
Au champignon je t'ai cherché
Mon cœur fut tout rempli de crainte
Ne t'y voyant plus accroché.
Un jour enfin dans la vitrine
Je t'aperçus sale et crasseux
Honteux et faisant piètre mine
Tu paraissais bien malheureux !
> Je te passai la brosse
> Aussi fort que je pus
> Mais tu ne seras plus (*bis*)
> Jamais rien qu'une rosse.

5.

En vain j'épuisai ma benzine
Pour te rendre propre et luisant,
Malgré même la menfaline
Tu seras toujours repoussant.
Le seul bonheur ici sur terre
Qu'ensemble nous pourrons goûter,
Joie hélas! triste et bien amère
C'est de dire et de répéter :
    Soit honni téméraire
    Qui nous fit si crasseux.
    Ah! que de tous les dieux (*bis*)
    T'écrase la colère.

QUATRAINS DIVERS

I

Du médecin du bord, femme, fille ou fillette,
Si vous aviez besoin, par hasard, quelque jour,
Méfiez-vous bien car en guise de lancette
Il emprunta dit-on une flèche à l'amour.

AUTRE

Qui donc ne l'entendit invitant les poulettes
A boire ou à manger ses drogues, ses boulettes,
Sur la *Nef-du-Salut*. Le docteur Coquerel
Sur ce beau paquebot est bien un coq réel.

AUTRE

Pères, par le docteur délaissés, les barbus
Du bord, redoutant tout, vous disent éperdus :
Opposez-vous au mal avant qu'il s'enracine
S'il séjourne il rend vain l'art de la médecine.

AUTRE

Une jeune personne hôte aux premières classes,
A vu blanche souris sur son lit trottinant.
On frémit ; non pas moi, car quoi donc d'étonnant
A ce que les souris rendent visite aux grâces.

CHAPITRE XXXIII

1. Athènes ancienne. — 2. Athènes moderne. — 3. Le pèlerin perdu.

Lundi, 18 septembre.

1. ATHÈNES ANCIENNE.

DÈS la première heure, la *Nef* est en face du Pirée : Mgr Paléologue, curé latin de cette ville de 21.000 habitants, vient à bord, accompagné des cinq guides qui doivent nous faire visiter les ruines, de M. Pons, vice-consul français, du R. P. Berthet, des PP. de Saint-François de Sales, de Troyes, et des sœurs de Saint-Joseph qui nous sont toujours si dévouées.

Après les formalités et le déjeûner, nous débarquons et nous prenons place dans le train qui doit nous conduire à Athènes éloignée de deux lieues du Pirée. Sur la voie ferrée et sur les routes, il y a comme bordure des aloès et des cactus comme en Palestine. On salue Phalère en passant, et on descend à la station la plus proche de l'Acropole.

La campagne est assez aride, la terre végétale est

rare sur le sol crayeux et poudreux. Les plantes sont clairsemées; le long de la route quelques maigres tamaris, des platanes, et la plaine blanche que dominent les ruines grandioses dorées par le soleil. — Pour mieux intéresser nos lecteurs, je me vois encore dans la nécessité de consulter et même de citer *Christian* qui voudra bien me le pardonner : « Nous gravissons l'Acropole au sommet de laquelle le Parthénon se profile dans l'azur d'un beau ciel. Sur cette hauteur l'air est d'une merveilleuse limpidité. Il enveloppe doucement les objets. Du sommet, près de ce vieux temple à la noble architecture, l'œil va se perdre à l'horizon sur les montagnes aux noms classiques, dont les harmonieux contours font à la cité d'Athènes une ceinture radieuse.

« Nous visitons d'abord les ruines glorieuses de l'ancienne Athènes, et nous écoutons le français pittoresque de nos guides; leurs expressions doivent posséder le sel... attique naturellement.

« A propos du temple de Thésée, il est question du labyrinthe et de la *ficelle d'Ariane*. Une autre fois, c'est Xerxès assistant à une bataille assis sur son *trône d'or*.

« Sur cette colline de l'Acropole où se sont accumulées tant de merveilles, on pense à Cimon et à Périclès, au ciseau de Phidias et de ses disciples ou rivaux qui ont exécuté de véritables chefs-d'œuvre; l'*Acropole* d'une hauteur de 5o mètres, forme un plateau de 15o mètres de largeur et de 3oo de longueur.

« Au sommet se dressent les ruines majestueuses des *Propylées*, de l'*Erechtéïon* et du *Parthénon*. Avant

d'y arriver, nous nous arrêtons devant le temple de
Thésée, admirable édifice dorique, de toutes les ruines
a mieux conservée puisqu'elle date du ve siècle avant
Jésus-Christ.

« A droite de la route, creusée dans les rochers et
fermée par un grillage, la prison de Socrate ; au sud
l'Aréopage, et la fameuse tribune en plein air de
l'*Agora*, d'où saint Paul fit connaître le *Dieu Inconnu*.

L'ERECHTÉION ET LES CARIATIDES
(Cliché de Mlle Levent.)

« Au sommet de toutes ces ruines et presqu'au
centre de toutes ces classiques antiquités, de tous ces
restes grandioses, quels souvenirs et quel tableau !
Tout près le *Lycabète* couronné par un couvent ; à l'est
le mont *Hymette* ; au nord le *Pentélique* et le *Parnès*
qu'il ne faut pas confondre avec le Parnasse ; à l'ouest
le mont *Icare* et par dessus, la cime du *Cithéron* ; et
enfin au sud la mer, le Pirée, les côtes de Salamine,
d'Egine, d'Epidaure et la citadelle de Corinthe.

« Dans la plaine coulent le Céphèse et l'Ilissos; voici les collines de l'*Aréopage*, des *Nymphes* et du *Pnyx*. Au-dessous de nous la ville moderne d'Athènes avec ses 70.000 habitants. A nos pieds les débris du théâtre de *Bacchus* et d'*Hérode Atticus*, et les grandes colonnes corinthiennes et isolées du temple de Jupiter Olympien. Comme M. Roux, je n'ose pas risquer un commentaire.

« J'ai vu du haut de l'Acropole, dit Chateaubriand, le soleil se lever entre les deux cimes du mont Hymette; les corneilles qui nichent autour de la citadelle, mais qui ne franchissent jamais son sommet, planaient au-dessous de nous; les ailes noires et lustrées étaient glacées de rose par les premiers reflets du jour; des colonnes de fumée bleue et légère montaient dans l'ombre le long des flancs de l'Hymette et annonçaient les parcs ou les chalets des abeilles.

« Athènes, l'Acropole et les débris du Parthénon se coloraient de la plus belle teinte de la fleur du pêcher; les sculptures de Phidias frappées horizontalement d'un rayon d'or, s'animaient et semblaient se mouvoir sur le marbre par la mobilité des ombres du relief; au loin la mer et le Pirée étaient tout blancs de lumière; et la citadelle de Corinthe renvoyant l'éclat du jour nouveau, brillait sur l'horizon du couchant comme un rocher de pourpre et de feu. »

Sans avoir l'âme et la plume de Chateaubriand, sans être poète ou littérateur, devant un pareil spectacle nous n'en sommes pas moins impressionnés.

Les célèbres *Propylées* étaient un édifice à plusieurs portes, orné de sculptures et de colonnes, et

formant l'entrée principale de l'enceinte d'une citadelle, d'un temple; construit par Mnesiclès, il a été
dégradé par les Ottomans. Décrire en détail l'Erec-
theïon et le Parthénon serait trop long. Le premier
de ces monuments d'ordre ionique était célèbre par
des cariatides et renfermait l'olivier sacré, don de la
déesse et richesse par excellence du sol attique ; le second renfermait dans la *cella* l'antique statue d'Athena
ou de la Minerve que l'on croyait tombée du ciel.

Le Parthénon était en marbre pentélique, d'ordre
dorique et formait un parallélogramme long de 74 mètres et large de 35. Le fronton oriental représentait
la naissance de Minerve, le fronton occidental la victoire de Minerve sur Neptune.

La Minerve de Phidias que renfermait ce sanctuaire
était en or et en ivoire, et avait une hauteur de
37 pieds. L'entablement était peint rouge, bleu et
doré. Les frises étaient admirables. De tout cela, il
ne reste que quelques cariatides, des escaliers, une
vingtaine de colonnes et quelques parties des murs.

« Sur les frises des temples les ors et les teintes
vives étincelaient au soleil, non moins que les bou-
cliers d'or qu'Alexandre y avait fait suspendre. On se
représentait la grande fête athénienne alors que tout
le peuple accompagnait le peplum ou manteau qui
devait couvrir la statue de la déesse. Voici les cané-
phores, les victimes pour les sacrifices, les joueurs de
flûte et de lyre, les scaphéphores, les spordophores,
les tallophores, les chars et la suite brillante des cavaliers. »

Après avoir admiré les portiques d'Attale et

d'Adrien, nous avons visité la *Lanterne de Démos-
thène*, colonnade circulaire sur piédestal, la *Tour des
Vents*, le théâtre de Bacchus, le théâtre-Odéon
d'Hérode Atticus et celui de Dyonisios; nous saluons
l'Aréopage où retentit la grande voix de saint Paul,
et le *Stade panathénaïque* nouvellement restauré, où
l'on a dernièrement célébré les jeux olympiques. Avec
les Propylées, nous avons vu aussi le temple de la
Victoire aptère, les monuments de Lysicrate et de
Trasyles et le tombeau de Cimon.

2. Athènes moderne

En descendant vers la ville actuelle, nous marchons
non sur des pierres et des cailloux, mais sur des blocs
de marbre de toutes les couleurs. Nous voici en pays
civilisé. On nous montre le palais du roi, l'Ecole
Française et le musée très riche en antiquités. Nous
sommes reçus à la métropole latine, par le secrétaire
général de l'archevêché, et par les sœurs de Saint-
Joseph dans leur très beau pensionnat.

Mgr Paléologue nous conduit dans les églises
hellènes où, à cause des élections, il est difficile d'entrer. Nous arrivions au lendemain des élections muni-
cipales; il y avait encore une grande effervescence,
ainsi que des chants et des manifestations. On parlait
même de plusieurs assassinats. Ici, les églises superbes
et très bien décorées, sont transformées en salles de
scrutin.

Il s'agit d'élire le maire, et la ville est assez agitée

dans certains quartiers : de là l'aventure plaisante
d'un groupe de pèlerins. La chaleur est grande; un
marchand de raisins fait ses offres aux étrangers.
Dans son enthousiasme pour Mercuris, le candidat
de son cœur, il s'écrie : « Vous aurez le raisin gratis
si vous criez avec moi : « *Zito Mercouris !* Vive
« Mercuris ! »

Si Mercuris importait peu aux pèlerins étrangers,
le raisin importait beaucoup aux voyageurs altérés.
« Zito Mercouris ! » clame le marchand avec enthousiasme. Pardon de la traduction, mais c'est de l'histoire : « Zut à Mercuris ! » crie un de nos jeunes gens,
enchanté de montrer qu'en route il ne perdait ni le
sel gaulois, ni la gaîté, ni l'esprit français. Après lui,
ses compagnons et ses compagnes s'écrient joyeux et
épanouis : « Zut à Mercuris ! »

Ravi, le marchand leur fait les honneurs de sa
boutique et leur permet de la dévaliser. Certains de
plaire, nos pèlerins à chaque coin de rue, fût-elle
d'Éole ou d'Hermès, de Pysistrate, d'Homère ou de
l'Académie, ne manquent pas l'occasion de s'écrier :
« Zut à Mercuris ! »

A la porte d'une église que je désire visiter, j'ai la
bonne fortune de rencontrer un conseiller municipal
nouvellement élu et parlant un peu le français. Il a la
complaisance de donner aux soldats l'ordre de me
laisser entrer; et, leur faisant admettre que la consigne
n'existait pas pour moi, il est assez aimable pour
m'accompagner et me donner des renseignements inté-
ressants. Très curieux en Grèce, le système électoral !
Le vote a lieu dans les églises; la troupe en assure

— 362 —

l'indépendance et le libre fonctionnement. Des bara-
quements dressés dans la nef, ont une forme circulaire
et contiennent autant d'urnes qu'il y a de candidats.
Chaque urne a deux ouvertures dont l'une, celle de
droite, sert pour affirmer, et l'autre, celle de gauche,
pour refuser, ce qui rend le contrôle très facile et très
expéditif. L'électeur reçoit autant de boules qu'il y a
d'urnes à son arrivée; les militaires assurent sa
liberté tandis qu'il fait le tour des urnes, et qu'il
dépose dans chacune sa boule, soit à droite soit à
gauche, selon qu'il veut se prononcer pour l'affirma-
tive ou la négative, dire oui ou dire non.

J'entends encore mon cicérone, le brave conseiller
Athénien, faisant fièrement valoir ce mode de scrutin,
et me disant qu'il n'existait dans aucun pays. D'après
lui, la Grèce seule avait trouvé le moyen de rendre
réellement indépendant, le vote de l'électeur.

Je remerciai chaleureusement mon guide volon-
taire et improvisé, tout en lui faisant délicatement
observer, que la transformation pendant un jour ou
deux, d'un lieu de prière en salle de scrutin n'était
guère convenable, et qu'on devait manifester plus de
respect pour la maison de Dieu.

Avant de regagner la gare, le père Ismaël songe à
la procession du Saint Sacrement qui doit se faire à
bord; comment se procurer de la verdure au milieu
de cette terre poudreuse et desséchée? Les sœurs de
Saint-Joseph lui promettent de ravager les jardins
royaux. Comme incidents de séjour ici je pille encore
dans la *Croix de la Nef* :

« Un comble : — Au sortir du musée d'Athènes,

une dame réclamait à grand renfort d'épithètes peu flatteuses, une pauvre petite ombrelle déposée à la porte. — Un gardien, képi à la main, s'incline très sérieux : « Elle n'a pas pu être volée, Madame, dit-il, il n'y a pas de Grecs ici. » Pas de Grecs, mon Dieu ! En pleine Athènes, plus de Grecs ! O Trasybule ! Epaminondas ! Coquinopoulos ! Volapük ! — Imaginez

UNE RUE AU PIRÉE

cinq pèlerins à Athènes, rue de Léonidas, demandant à qui mieux mieux du geste et de la voix un liquide quelconque, bière, limonade, cognac ou café; ils voient, amenés triomphalement par le patron du débit, deux descendants d'Atrée, armés... d'une boîte dorée pour cirer les bottes !.... plus trois narghilés et une caisse de lokoum (espèce de bonbon turc) !... tableau ! »

Mais le temps presse; nous montons en wagon pour regagner le Pirée, puis le port, et le navire que les élèves des sœurs sont en train de visiter. Le vent s'élève; on va lever l'ancre, et déjà l'hélice fait entendre sa cadence rythmée. Adieu Mercure, Minerve et Jupiter! Adieu surtout aux amis dévoués qui nous ont si bien accueilli.

Un Pèlerin perdu

« Tandis que la *Nef* disparaît derrière le môle et les quelques canons qui lui servent de gardiens, M. L... un jeune pharmacien, vif et roué, alerte et débrouillard heureusement, arrive dans un canot faisant force de rames, et fait des gestes désespérés. Inutile ! Nul ne le voit, et le navire à toute vapeur gagne la haute mer. Le soir à table, on s'aperçoit de cette absence, mais trop tard. M. L... était très estimé; depuis trois jours, pendant la maladie du docteur, il prodiguait ses soins les plus intelligents aux pèlerins indisposés. Que s'était-il passé? S'étant attardé au télégraphe, notre jeune homme s'empressait de regagner la gare, lorsqu'il dut s'arrêter devant un long cortège formé de voitures précédées de fanfares.

C'était le cortège triomphal, le monôme, la manifestation pour Mercuris le nouveau maire, arrivé bon premier, la bière et la limonade aidant, d'une longueur de 200.000 francs. Nos farceurs et malins français avaient donc bien raison, lorsqu'affectant la pronon-

ciation moderne, ils répétaient carrément, effronté-
ment, inconstitutionnellement : « Zut à Mercuris ! »

Pressé, archipressé, L... veut traverser ; on l'arrête
comme un séditieux, comme un anti-mercuriste, quoi !
Il proteste, il s'explique vivement et en français naturellement. Les mercuristes n'entendent pas. Tandis
que l'on cherche quelqu'un qui puisse comprendre ce
terrible étranger, les minutes s'en vont et le train du
Pirée est parti, et le bateau va appareiller.

Après explications, notre pèlerin est enfin relâché ;
il saute dans un dernier train, se précipite sur le
quai, se jette dans un canot espérant que, malgré
l'ombre qui s'allongeait, on pourrait l'apercevoir du
navire qui s'éloignait majestueusement.

Que faire ? M. L... désespéré revient à terre et
s'aperçoit qu'il n'a qu'une somme bien restreinte, sa
réserve de voyage ayant été mise en sûreté entre les
mains du commandant. Mgr Paléologue lui fait bon
accueil sans doute, mais cela ne suffit pas. Il prend
alors le train pour nous rejoindre à Patras.

Mais l'infortuné ne savait pas que, vu l'état du
canal de Corinthe, et aussi pour arriver à Rome assez
tôt, nous avions modifié notre itinéraire et pris une
autre direction. En contournant la presqu'île de Mo-
rée nous allions au sud, tandis qu'il se dirigeait vers
le nord. Heureusement il trouve un bateau en partance pour Brindisi ; il prend une troisième qui
achève de vider son portemonnaie. Il rencontre un
Anglais à qui il compte ses malheurs et qu'il séduit à
force de bonne humeur.

Grâce aux libéralités de cette nouvelle connais-

sance, il gagne son dîner. A Naples, la première figure
que nous verrons, ce sera celle du pèlerin perdu et
retrouvé. Bravo! Et vive Mercuris alors! Inutile de
faire connaître les sympathies et les applaudissements qui l'accueillirent, lorsqu'il parut sur le quai
de Santa-Lucia!

Ce sont des raisons supérieures de prudence qui
ont nécessité un changement de route et qui nous ont
empêché de débarquer à Patras pour y fêter le saint
Sacrement et saint André ; en cette saison le canal de
Corinthe est étroit et dangereux, et puis nous séjour-
nerons plus longtemps près du Vatican! Les souvenirs de Lépante n'en restent pas moins au cœur, et
nous continuerons à prier pour le monde catholique
dont le sort s'était décidé là autrefois.

Donc nous sommes en train de contourner le Pélo-
ponnèse. *Patras de Corinthe!* disait quelqu'un tristement. »

4° AUTREFOIS ! — AUJOURD'HUI !

AIR : *Si la Garonne avait voulu.*

Ah ! Quel Argus l'aurait prévu !
Lanturlu
Jadis l'audacieux Prométhée,
Volant par delà sa portée,
Au ciel pour dérober ses feux,
Se hissa, fier, impétueux.
Grèce, chez toi tout se dérange,
Ah! Quel Argus l'aurait prévu !
Lanturlu
Prométhée est agent de change.

Ah ! Quel Argus l'aurait prévu !
       Lanturlu
De Leuctres et de Mantinée
Qui peut oublier les journées ?
D'Epaminondas le grand nom
Retentit comme le clairon.
Que deviens-tu, bravoure antique ?
Ah ! Quel Argus l'aurait prévu !
       Lanturlu
Epaminondas tient boutique.

Ah ! Quel Argus l'aurait prévu !
       Lanturlu
De Périclès la politique,
Jadis d'un prestige magique,
Ceignit ton front victorieux,
T'orna d'un éclat radieux,
Aujourd'hui, plus d'hommes d'élite.
Ah ! Quel Argus l'aurait prévu !
       Lanturlu
Périclès préside à la fuite.

Ah ! Quel Argus l'aurait prévu !
       Lanturlu
Quand Socrate au cœur magnanime,
Mourait pour un prétendu crime,
Contre la foule il était beau
De lui voir dresser son drapeau,
Plus de héros de cette teinte !
Ah ! Quel Argus l'aurait prévu !
       Lanturlu
Socrate est débitant d'absinthe.

Ah ! Quel Argus l'aurait prévu !
       Lanturlu
Quand Zénon à l'allure austère,
Prêchait sa doctrine sévère,
Qui l'aurait dit qu'un jour viendrait
Où sa morale fléchirait?
Le Zénon d'aujourd'hui s'inquiète
Ah ! Quel Argus l'aurait prévu !
       Lanturlu
De grimer les acteurs en fête.

Ah! Quel Argus l'aurait prévu !
Lanturlu
Du sort, trop cruelle ironie !
Quand Platon de son harmonie,
Charmait poètes et penseurs
Et les renvoyait tous rêveurs,
Comment le dire en bonne forme ?
Ah ! Quel Argus l'aurait prévu l
Lanturlu
Platon en barbier se transforme.

Ah ! Quel Argus l'aurait prévu !
Lanturlu
A son passé, toujours fidèle,
Athènes aujourd'hui se rappelle
Qu'à Mercure, Dieu des voleurs,
Des commerçants, des orateurs,
Elle a dû son titre de reine.
Ah ! Quel Argus l'aurait prévu l
Lanturlu
Mercuris est maire d'Athènes.

(Père THÉOPHILE).

CHAPITRE XXXIV

1. Procession du saint Sacrement.

Mardi, 19 septembre.

1. Procession du Saint Sacrement.

CE matin, au cap Matapan, la sirène du bateau a réveillé l'ermite qui habite là dans les rochers. Comme il est habitué à cette marque de sympathie, il sort avec un fanal et fait un grand signe de croix pour donner sa bénédiction. Une fusée partie du bateau lui répond que l'on a compris.

« Comme, dit notre journal de mer, il n'y a que la *Nef* qui le salue dans sa solitude, il a dû dire en terminant : A l'année prochaine !... *Si j'y suis !* Cette petite scène s'est passée à quatre heures du matin. On nous l'a racontée, bien entendu, car tout le monde dormait à bord, excepté le pilote et l'officier de quart qui a fait à lui tout seul les frais de conversation avec le vieux solitaire. »

Le temps est incertain ; le vent s'est levé et il y

24

a du tangage qui fatigue beaucoup ; certains estomacs ont des remords. Pourra-t-on faire la procession du très saint Sacrement et renouveler sur mer la grande et touchante célébration de l'Hommage solennel ? Il est permis d'en douter.

« On met les violons sur les tables ! gare la danse !... On signale plusieurs éclipses probables de l'une... ou de l'autre parmi les pèlerines. » La mer fait de la *Nef* un trop bel encensoir pour que la manifestation projetée puisse avoir lieu.

La côte est triste et rocailleuse ; bientôt cependant arrive un calme relatif ; les dames et les pèlerins établissent aussitôt un très joli reposoir sous la dunette : Guirlandes de roses, bannières, oriflammes, tentures, rien ne manque au coup d'œil. Les riches verdures et les palmes royales des jardins d'Athènes font à l'autel une merveilleuse décoration.

Vers trois heures le signal est donné et la procession organisée : A l'aller, c'était Notre Dame de Lourdes ; au retour, c'est le saint Sacrement, porté par M. de Bréon, curé de Saint-Germain-l'Auxerrois. Le dais est soutenu par MM. de Fourcroy, de Puisaye, Lefur et Poncet.

Les dames ouvrent la marche, puis les hommes et les prêtres en noir avec des cierges ; une quarantaine d'ecclésiastiques revêtus de la chasuble terminent le défilé. C'était solennel et imposant sur ce navire ballotté. Derrière le saint Sacrement marchent le Directeur, le commandant et son état-major.

Les matelots présentent les armes autour du reposoir ; la maîtrise chante ses harmonieux motets ; c'est

une véritable Fête-Dieu ! Le père Marie-Léopold prononce une courte et vibrante allocution. « Il salue
Jésus, roi du ciel et de la terre. Il y a une consolation
à offrir à Jésus-Hostie, à l'ombre du drapeau de la
France dont les plis flottent au-dessus de nos têtes,
l'hommage de notre foi. Il y a une joie à lui offrir ce
témoignage d'amour sur mer. Peut-être la *Nef* est le
seul navire qui offrira jamais cet hommage au Sacré-
Cœur. Selon la devise de l'Assomption, qu'elle soit
vraiment son royaume, que son règne y arrive, ainsi
que sur la France et sur le monde entier... » Aussitôt
après retentissent les acclamations !...

Le canon tonne, et sous le commandement du
maître d'équipage, le piquet d'honneur manœuvre à
la perfection.

Retour à la chapelle, deuxième bénédiction avec
lecture de la formule de consécration.

C'est avec une émotion toujours nouvelle que
nous répétons : *Loué soit le divin Cœur qui nous a
acquis le salut !*

De cette fête nous garderons tous un inoubliable
souvenir.

CHAPITRE XXXV

1. Sacrifice et douleur.

Mercredi, 20 Septembre.

1. SACRIFICE ET DOULEUR

AUJOURD'HUI, le temps s'est remis au beau ; l'Italie nous présente la pointe de sa botte; la côte de Calabre est en vue, et nous entrons bientôt dans le détroit de Messine que nous pouvons considérer en plein jour. Voici Reggio à droite et Messine à gauche; et enfin Charybde et Scylla, l'invisible gouffre et le fameux rocher.

Sur la rive nous voyons le chemin de fer; les trains circulent devant nous. Au loin l'Etna fume (sa pipe) comme un pacha turc; avec sa ceinture de nuages, il a un air grandiose et imposant. Après, Pharo, nous verrons le Stromboli; c'est à notre gauche que son panache apparaîtra.

Dans quelques heures nous serons en vue de
Naples, du Vésuve et de Pompéï. On connaît le
proverbe : « *Vedere Napoli, et poi mori.* — Voir
Naples et mourir. » Inutile de se conformer au proverbe ; il y a plus beau que Naples et on n'en meurt
pas.

Nous devons avoir une conférence sur cette ville et
une séance récréative avec projections ; mais, hélas !
une préoccupation vient nous attrister ; nous avons
ici un prêtre dont la maladie s'est subitement aggravée
et pour lequel nous avons fait le chemin de la croix.
On vient de lui donner le saint Viatique et l'extrême
Onction.

« M. l'abbé Renouf, prêtre très pieux du diocèse de
Coutances, était miné par la fièvre depuis quelques
jours ; il avait commis l'imprudence, malgré le vent
et le mauvais temps, d'assister à la procession du
Saint-Sacrement. Ses forces diminuaient à vue d'œil.

« Il souffrait avec d'admirables sentiments, ayant
déjà fait le sacrifice de sa vie et pris ses dernières dispositions. Il fut entouré de soins dévoués non seulement par la direction, mais aussi par son ami,
M. l'abbé Lécluze et les autres prêtres de son diocèse
qui ne le quittaient ni le jour, ni la nuit.

« Une complication avait déterminé une congestion
pulmonaire des plus graves ; son état empirait visi-
blement. Tandis que le père Marie-Léopold le prépa-
rait à la réception des derniers sacrements, tandis que
tous ses co-pèlerins attristés priaient pour lui, il offrait
sa vie pour sa paroisse, pour l'Eglise et pour la
France.

« Une légère amélioration s'étant produite dans son
état le lendemain matin, il put être débarqué à Naples
après la visite de la santé.

« On le transporta à l'hospice international où il
reçut les soins les plus délicats, assisté d'une sœur de
l'Espérance, de quelques religieux assomptionnistes
et de ses amis.

« La nuit suivante son sacrifice fut consommé, et son
pèlerinage s'acheva dans le ciel. M. Renouf avait 54
ans ; l'abbé Lécluze exécutant ses dernières volontés,
a fait transporter son corps dans sa paroisse où furent
célébrées de solennelles funérailles en présence de
cinquante prêtres et d'un concours considérable de
fidèles. »

Il était nuit : Je me disposais à regagner mon cadre
lorsque ma patience a été couronnée de succès. J'atten-
dais en effet une irruption du Stromboli, près duquel
nous venions de passer. Nous le regardions fumer
tranquillement, espérant qu'il se montrerait gentil
pour nous.

Tout à coup, dit M. Roux, pris de remords sans
doute, il a lancé vers le ciel (en notre honneur peut-
être) une belle gerbe de flammes qui, le long de ses
flancs, est retombée lentement dans la mer, comme
du métal en fusion. Nous avons applaudi et crié :
« Vive le Stromboli ! » C'était de rigueur.

Le bruit a fait accourir du plus profond des cabines,
de nombreux passagers, demandant avec effroi ce
qu'il y avait.

« Pendez-vous, mes amis, le Stromboli s'est payé
une fusée !... Et vous n'y étiez pas ! »

LES DEUX CORTÈGES

1.

La bise soufflait au large,
Le ciel bleu s'obscurcissait,
Le Nord-Ouest donnait la charge
Et le navire dansait ;
Mais sous le vent, sous l'orage,
Tous les fronts
Etaient gais et sans nuage,
Nous chantions.

2.

La croix, aux deux bras austères,
Se couvrait de riches fleurs ;
La verdure, les bannières,
Se mêlaient aux trois couleurs ;
La nef ne semblait plus être
Qu'un bouquet
Quand Jésus, le Roi, le Maître,
Y passait.

3.

Sur un trône de dentelle
Dont nos mains avaient formé
Une brillante chapelle,
Jésus-Christ fut acclamé.
Aux échos du saint cantique,
Le canon
Mêla la note énergique
De son son.

4.

Puis, en deux mouvantes files,
Que précédait la croix d'or,
Nous nous déroulions tranquilles,
Par bâbord et par tribord ;
Les marins de l'équipage,
O bonheur !
S'inclinaient sur le passage
Du Sauveur.

5.

L'allégresse fut complète,
Au ciel, dans le Paradis;
Pour nous, ce fut une fête
Dont tous les cœurs sont ravis..
Mais fallait-il que l'Hostie
    Des grandeurs
Par nous fut sitôt suivie
    Dans les pleurs !

6.

Ce ne fut plus dans sa gloire
Que Jésus fut escorté...
Le triomphe, la victoire,
Fit place à l'obscurité...
Dieu descendit à la cale
    Humblement
Et visita dans sa salle
    Le mourant.

7.

La prière fut fervente,
Nous étions tous consternés...
L'âme broyée et dolente,
Nous nous tenions prosternés.
Enfin le grand sacrifice
    S'acheva,
Et le prêtre dans la lice,
    Succomba.

8.

Dieu pour oublier le crime
Et nous donner le pardon,
Exigeait cette victime
Et voulait une rançon...
Comme la faulx qui détache
    L'épi d'or,
Sur la victime sans tache
    Vint la mort.

9.

Espère encore, ô ma France,
Tes enfants meurent pour toi!
Leur mort, c'est ta délivrance
Et ton retour à la foi.
Pour nous, célébrons l'Hostie
      De la mort,
Et chantons l'Eucharistie
      Du Thabor.

P. Arthur.

CHAPITRE XXXVI

1. Naples. — 2. Pompéi.

Jeudi, 21 Septembre.

1. Naples.

ÈS l'aube, nous passons près de l'île de Capri, connue des touristes par le séjour de Tibère et la grotte d'azur. Nous sommes tous sur le pont, armés de nos lorgnettes afin de jouir de la vue splendide du golfe de Naples; mais, hélas! un brouillard très épais nous enlève en partie ce spectacle si varié et si enchanteur.

Cette baie tant vantée de la mer Tyrrhénienne, comprise entre le cap Misène et la pointe de la Campanella, possède trente kilomètres d'ouverture et vingt-deux de profondeur; elle forme à l'intérieur les baies de Pouzzoles, Naples, Castellamare et Sorrente; les îles de Capri, d'Ischia et de Procida en gardent l'entrée; au fond le Vésuve qui se couvre d'un panache intermittent; et sur les bords, des rives couvertes de superbes jardins.

Nous voici dans le port : tandis que s'accomplissent

les formalités sanitaires très longues et très minu-
tieuses, des barques tournent autour de nous ; elles
contiennent des Napolitains qui nous jouent des
aubades et des sérénades ; ces aimables chanteurs en
veulent surtout à nos gros sous, car ils s'escriment
du geste, de la voix et du violon.

Nous débarquons enfin dans cette ville de 5oo.ooo
habitants, qui passe pour l'une des plus belles de
l'Italie et même de l'univers. Pour nous rendre à la
basilique de Saint-Janvier, nous traversons une belle
et grande rue toute pavoisée de verdure, d'oriflammes
et de drapeaux, tout en veillant sur nos porte-mon-
naie, selon l'avertissement que nous avons reçu.

La cathédrale, de style ogival, remaniée aux xv⁰ et
xviii⁰ siècles, était pleine de monde. Ce peuple impres-
sionnable et enfant priait à haute voix selon l'usage
du pays, s'irritant ou chantant les louanges du saint.
Nous arrivions en effet le surlendemain de la fête du
grand protecteur des Napolitains.

Le miracle de la liquéfaction du sang venait de
s'accomplir ; on sait que pendant l'octave, on place la
fiole du sang desséché devant le chef du saint martyr.
Peu à peu, tandis que la foule est en prière, ce sang
prend une teinte vermeille et redevient liquide. La
libre-pensée a essayé de dénaturer ce fait qui, cependant ne s'explique ni par la physique, ni par la chimie.

Afin de baiser la relique, les fidèles se pressaient,
contenus par des pompiers municipaux ; nous nous
sommes approchés pour vénérer le sang du miracle
qui est vermeil et absolument liquéfié. Nous l'avons
vu de nos propres yeux.

Après avoir prié et invoqué le saint, nous visitons le Trésor et nous sortons pour monter dans des landaus. Cette suite de soixante-dix voitures, nos barbes et nos croix rouges étonnent les habitans; quelques-uns même insultent ou lancent des projectiles; c'est toujours l'Italien vantard et un peu gamin.

Nous avons vu San-Domenico Maggiore, là où on conserve le crucifix miraculeux de saint Thomas d'Aquin. Puis nous montons par le Corso Vittorio Emmanuele jusqu'au château Saint-Elme et à la chartreuse de Saint-Martid, désaffectée, c'est-à-dire volée aux religieux. Nous en visitons la splendide église et le superbe musée. On y voit des raretés de tous genres accumulées depuis longtemps.

Mais de cette hauteur, ce qu'il y a de plus beau, c'est le splendide panorama du golfe et de la ville; le coup d'œil est magique et unique au monde. Le soir, excursion au Pausilippe, aux Camaldules ou au musée, si riche en antiquités, en médailles et en tableaux, en camées et en inscriptions.

2. Pompeï.

Le véritable clou de la soirée pour les amateurs a été le départ en chemin de fer pour le Vésuve et Pompeï, une ville ressuscitée d'entre les mortes et dont l'aspect est si curieux.

Pompeï est à vingt kilomètres de Naples et au pied du Vésuve sous les laves duquel elle fut engloutie, il

y a plus de 1800 ans. Les fouilles continuent, et on
met encore à jour de nouvelles rues et de nouveaux
bâtiments. Des guides nous ont accompagné.

Quelle tristesse écœurante pour le touriste lorsqu'il
entre dans ces maisons romaines de l'ancien temps,
si bien conservées avec leur atrium, leur cour intérieure, leur fontaine de marbre et les cloîtres où s'ou-
vraient les divers appartements !

On trouve encore sur les murs et dans quelques
salles à manger des restes de peinture prouvant que
c'était une ville adonnée au luxe et au plaisir. Parmi
les principaux monuments déblayés, on voit le forum
triangulaire, le grand Forum, le forum boaricum ou
marché aux bœufs ; les temples de la Fortune, de
Jupiter, de Vénus, de Mercure, de Neptune, d'Auguste
et d'Isis ; une basilique dans la cour de laquelle on a
trouvé un arbuste encore vert; l'amphitéâtre, le grand
théâtre, les belles villas de Diomède, de Cicéron, de
Julia Félix, deux thermes, une prison, des arcs de
triomphe, des salles de bain, des tombeaux, etc. etc.

Les rues sont entièrement pavées et ont des trot-
toirs de chaque côté, tout cela, selon l'ancienne mode
Romaine. On voit encore des cadavres de gens et
d'animaux, des restes de nourriture, d'étoffes et de
vêtements, que l'on a retirés de dessous les cendres
et que l'on conserve en des vitrines ou dans un
musée.

Une ville avec ses habitants pleins de vie disparaissant sous un déluge de laves brûlantes ! Quel châti-
ment ! Combien terrible est la colère de Dieu ! Le
souvenir de cette activité d'autrefois, de ce silence et

de cette mort d'aujourd'hui, nous poigne le cœur. Nous quittons ces rues désertes, ces colonnes de marbre et ces maisons vides, l'esprit ému et troublé.

Cette visite intéressante est cependant un vrai régal, non seulement pour le touriste, mais aussi pour l'amateur d'antiquités.

Bientôt le train nous attend pour nous ramener à Naples; la voie ferrée est très pittoresque et côtoie le

UNE RUE DE POMPEI
(Cliché de Mlle Turpin.)

rivage, ce qui nous permet d'avoir une vue de la mer très agréable et très variée.

Après avoir dîné à bord, nous nous rendons à la gare, car nous allons à Rome en chemin de fer. Une nuit en voyage après tant de fatigues, nous rend bien un peu maussades, mais nous touchons au but; la ville éternelle est à la fois la fin et la couronne de notre pèlerinage, cela suffit pour nous ranimer.

En traversant les rues de Naples la nuit, on se rend compte des mœurs de ses habitants; partout grande animation, grande activité et grande joie, dans tous les quartiers on rencontre des orchestres, des joueurs de flûte, de guitare, de mandoline et de violon, des danseurs et des chanteurs dont il faut souvent se défier.

On voit que dans cette cité, l'oisiveté, le plaisir, le soleil, l'air, la joie et les fleurs sont à l'ordre du jour.

POMPÉI
(Cliché de M. Maillard.)

CHAPITRE XXXVII

1. Rome en cinq jours. — 2. L'Audience pontificale. — 3. Le Vatican.

Du vendredi 22 au mercredi 27 septembre.

ROME EN CINQ JOURS

« Dès l'aube, nous traversons la campagne Romaine ; ce sont des plaines immenses peu cultivées, de vastes champs d'herbes flétries. Point de villages, peu ou point de fermes ; quelques bouquets d'arbres, et ça et là des troupeaux qui errent à l'aventure. C'est presque aussi majestueux que le désert d'où nous venons ».

Voici les grands aqueducs de l'Agro Romano, et puis la gare centrale ; après Jérusalem, la cité des papes. Encore des joies et de pieuses émotions ! Il y en a pour l'intelligence, pour les yeux et pour le cœur. Nous sommes logés les uns au grand hôtel de la Minerve, les autres à Sainte-Marthe du Vatican avec le pèlerinage ouvrier organisé par M. Harmel. Nous aurons la satisfaction de nous réunir ensemble pour quelques repas plus solennels.

Décrire ce que j'ai vu à Rome ainsi que je l'ai fait pour la Palestine demanderait plusieurs volumes ; du reste cette ville étant plus facile à aborder que celles de l'Orient, a été visitée par des chercheurs, des savants et des chrétiens qui en ont fait connaître toutes les beautés et tous les détails. Dans ces conditions, le lecteur m'excusera si je me borne à lui faire part des quelques impressions et des quelques souvenirs qui me sont restés.

Les soldats d'Humberto ainsi que ses policiers sont répandus partout et donnent à la ville éternelle un air de ville conquise et opprimée; c'est ce qui convient à la plus illustre des cités, dans laquelle la majestueuse figure du vieillard prisonnier du Vatican domine tout. Malgré l'éclairage à l'électricité de quelques grands boulevards, qui lui donnent un faux air de ville moderne, Rome nous apparaît plus antique et plus en deuil que jamais.

Partout des pauvres, des mendiants qui, voyant des Français, nous croient riches et généreux; partout on rencontre des mains tendues ou des quémandeurs. Quelquefois de grandes dames ou de grands messieurs, richement habillés, nous abordent d'un air très aimable, très digne et très fier ; après un instant de conversation, ils demandent un « santo ». Des enfants souriants et gracieux en font autant : si on refuse, gare à leurs invectives! C'est comme à Saint-Janvier de Naples!...

Ce peuple est rodomont et insolent devant un ennemi vaincu : ainsi je me rappelle ma visite au *Campo Santo*, où il y a des chapelles, des pierres tombales et des statues superbes au point de vue de l'art. Un magnifique monument funèbre a été élevé à la mémoire des zouaves pontificaux, français en grande partie, et tués devant l'ennemi pendant le siège de Rome.

Au-dessous de l'inscription commémorative, le gouvernement italien a fait tracer ces quelques mots dont je ne puis garantir le texte, mais dont je traduis à peu près le sens. « Magnanimes et généreux, nous n'avons pas détruit ce monument ; nous le conservons afin de rappeler à tous un pouvoir théocratique et autoritaire. »

Partout, même chez les sauvages, on respecte, on honore les ennemis vaincus, surtout lorsqu'ils meurent glorieusement et volontairement pour la défense d'une bonne, juste et sainte cause. Ici ils sont insultés par des vainqueurs qui s'étaient battus dix contre un. Le pape que les vaincus ont défendu au prix de leur sang ne peut sans être bafoué, leur élever un mausolée comme remerciement.

Injurier le courage, la bravoure et l'honneur, c'est lâche, barbare et bassement cruel. On voit qu'ici comme ailleurs, le peuple et le roi réduits en esclavage, marchent sous la férule hypocrite de la franc-maçonnerie, de quelques cosmopolites juifs ou financiers véreux, gens qui savent s'enrichir au détriment du public.

Et cependant le peuple romain meurt de faim : c'est Léon XIII qui fait vivre avec leurs familles, ses gardes-nobles, gardes-suisses, gendarmes pontificaux et plus de trois cents gardiens installés au Vatican.

Les deux tiers des 3oo.ooo habitants de Rome, les fonctionnaires exceptés, vivent du bénéfice que leur procure avec la garde de plus de trois cents sanctuaires ou églises, les voyageurs catholiques, la charité et la religion.

Mais voilà des considérations générales qui me font oublier que je suis en pèlerinage : pendant quatre jours, nous allons visiter la ville dans de magnifiques landaus conduits par des cochers en livrée ; nous pourrons la connaître au moins dans ses monuments principaux ; comme vous le voyez, la Direction fait toujours bien les choses et nous installe de son mieux.

Le détail de tout ce que nous avons vu a été si souvent décrit par des artistes que j'aurais mauvaise grâce à l'entreprendre ; je me contenterai de tracer le programme que nous avons suivi ; ceux qui voudront s'instruire davantage pourront toujours consulter les auteurs compétents et autorisés :

Premier jour. — Vendredi : Visite de Saint-Jean-de-Latran (table de la Cène), Sainte-Croix-de-Jérusalem (relique de la Passion), Sainte-Marie-Majeure (crèche de Notre-Seigneur), Sainte-Praxède (colonne de la flagellation), Saint-Laurent hors-les-murs (tombeau de Pie IX), Campo-Santo, Trinité-des-Monts, *Mater admirabilis*. — Monte-Pincio, Saint-André-delle-Fratte (apparition au P. de Ratisbonne), Villa Pamphili.

Deuxième jour. — Samedi : Messe à Sainte-Marie in Campitelli, visite à Saint-Pierre, visite du Transtévère, Sainte-Marie du Transtévère, Saint-Pierre in Montorio, fontaine Pauline, Sainte-Cécile.

Le soir. — Saint-Ignace, collège Romain, chambre de saint Louis de Gonzague et de saint Jean Berchmans, Panthéon, Gesu, église de la Minerve, Santa-Maria in via Lata, au Corso, Saint-Augustin, Sainte-Marie-des-Monts (tombeau de saint Labre, patron des pèlerins), Sainte-Agnès-hors-les-murs.

Troisième jour. — Dimanche : Messe des deux pèlerinages à Saint-Pierre, célébrée par S. Em. le cardinal Rampolla. Vénération des reliques. Visite à Saint-Pierre-ès-liens (chaînes de saint Pierre, Moïse de Michel-Ange), au Capitole, Forum, Palatin, Colisée, Thermes de Dioclétien, à Saints-Jean et Paul, à Saint-Paul-hors-les-Murs, retour par les catacombes de Saint-Calixte et Saint-Sébastien. Le soir, dîner au belvédère du Vatican avec les pèlerins ouvriers.

Quatrième jour. — Lundi : Audience accordée par le Souverain Pontife, visite en détail de la basilique de Saint-Pierre de Rome, terrasses, dôme, musées du Vatican, chambres de Raphaël ; pinacothèque ; musée de sculptures, Arazzi, bibliothèque, jardins du Vatican. Dejeûner au belvédère du Vatican.

Cinquième jour. — Mardi : jour libre employé à visiter et à satisfaire ses dévotions ; mercredi : départ.

Le P. Bailly, l'âme et la vie des pèlerinages était venu nous rejoindre et présider à nos principales cérémonies. Les principaux sanctuaires nous étaient ouverts ; les principales reliques étaient visitées. A Saint-Jean-de-Latran, on découvre pour nous les chefs de saint Pierre et de saint Paul.

Nous pouvions voir la table de la Cène et la tou-

cher de nos mains. A Sainte-Marie-Majeure, on vé-
nère la Vierge de Saint-Luc, la sainte Crèche de
Notre-Seigneur, le corps de saint Pie V. A Saint-
Laurent-hors-les-Murs, se trouve le tombeau de
Pie IX, très humble, mais que les fidèles ont entouré
de merveilleuses ornementations. Aux catacombes de
Saint-Calixte et à Saint-Paul-des-Trois-Fontaines, les
pèlerins sont très cordialement accueillis par les
Trappistes français.

Pendant la messe célébrée par le cardinal Rampolla à l'autel de la chaire de saint Pierre, dans la
basilique Vaticane, nous avions déployé à côté des
bannières des ouvriers, le drapeau du Sacré-Cœur et
la bannière de l'hommage solennel. L'ostension des
grandes reliques nous fut faite du haut de la loggia de
gauche.

Autour de la Confession de Saint-Pierre, de ce roc
inébranlable, de cette tombe sacrée près de laquelle
Léon XIII est plus vivant que jamais, les nations
s'agitent. Comme au temps du Christ à Jérusalem,
on entend les clameurs de la Passion. « Il faut que
l'Eglise meure, que la Papauté disparaisse et que le
nom chrétien soit effacé. Il faut que le Christ ne règne
plus. *Nolumus hunc regnare super nos.* Et le Christ
règne toujours, et la Papauté qui est comme l'Incarnation continuée, est plus aimée que jamais. Et dans
cette France toujours troublée, toujours agitée, il y
des chrétiens qui franchissent les distances pour
prouver la vivacité de leur foi. »

Les repas que nous prenons ensemble avec les
1.200 ouvriers au Belvédère du Vatican, sont de vrais

repas de famille. Pour le dernier, le très Saint-Père nous avait accordé une gracieuseté : il avait fait tuer le veau gras venant de l'une de ses fermes, afin de nourrir et de fêter ses enfants ; à cela il avait ajouté au dessert de chaque convive du vin de Marsala.

Imaginez-vous un hall immense aménagé et décoré pour la circonstance ; il peut contenir de douze à quatorze cents invités. Des tables de quarante personnes occupent toute la largeur du bâtiment. De distance en distance, à des sortes de comptoirs, siègent des sœurs de Saint-Vincent-de-Paul qui dirigent et approvisionnent les servants volontaires, faisant partie de la commission et de l'aristocratie romaine.

Partout des drapeaux aux couleurs françaises et pontificales ; d'un côté les clefs de saint Pierre, de l'autre le buste de Léon XIII ; au fond de la salle la musique de la garde suisse fait entendre ses meilleurs morceaux, parmi lesquels plusieurs cantiques français. Une cantate à Jeanne d'Arc, chantée par la multitude et accompagnée par l'orchestre, produit le plus grand effet.

A la table d'honneur, le cardinal Cretoni, assisté du P. Bailly, de l'abbé Garnier et de M. Harmel, préside ce jour-là ; la prochaine fois, ce sera un autre cardinal et le dernier jour S. Em. le cardinal Ferrata dont l'éloquent discours est interrompu par d'enthousiastes applaudissements. Du reste tous les toasts et tous les discours religieux et patriotiques, échangés à cette occasion, ont été salués par les bravos de tous les pèlerins.

Il faudrait des mois entiers pour étudier les richesses

artistiques, et archéologiques de la Ville éternelle.
Aussi M. Roux me pardonnera facilement, si je prends
la liberté de citer quelques-unes de ses phrases à ce
sujet. On ne peut faire un pas dans cette antique cité
sans se heurter à un débris célèbre.

Tantôt ce sont des maisons qui sont comme encadrées dans les arceaux d'un cirque, tantôt c'est une
colonne qui s'élève isolée au milieu d'un groupe de
maisons. Il faudrait pouvoir étudier et savourer les
ruines augustes du Forum dont les fouilles continuent
activement, celles du Palatin aussi merveilleuses et
aussi importantes. Il faudrait admirer les proportions
gigantesques du palais de Domitien.

Le palais de Septime Sévère aux énormes substruc-
tions, possède encore, dominant la loge césarienne,
un stade impérial d'une incomparable et luxueuse
beauté. Quelles merveilles, si l'on pouvait reconstituer
ces marbres, ces peintures, ces statues et toutes ces
décorations évanouies !

Soit qu'on vienne du Capitole, où l'on peut voir
dans sa loge grillée la louve vivante, conservée en souvenir de Romulus, ou qu'on traverse les débris du
Forum ; soit qu'on longe les ruines imposantes du
Palatin, des Thermes de Caracalla, des Thermes de
Titus ou de la maison dorée de Néron, soit qu'on
s'arrête au milieu de l'immense Colisée ou sous l'arc
de triomphe de Constantin, on est toujours hanté par
cette pensée du colosse Romain agonisant au milieu
des derniers vestiges de sa gloire.

« Ces ruines cependant, comme Mgr Bougaud en a
fait la remarque, n'ont pas le froid de la mort; le

souffle chaud du christianisme les pénètre. Comme
ces ossements arides touchés par le prophète, la religion catholique a soufflé sur ces débris et leur a rendu
la vie en les employant au culte de Dieu. »

LE FORUM ROMAIN
(Cliché de M. Dauphin.)

Et c'est ainsi que presque dans toutes les églises de
Rome, si riches en mosaïques et en peintures, sous
l'habile organisation et l'intelligente direction des
souverains Pontifes, on a employé et on trouve des
marbres précieux, des basaltes et des porphyres pro-

venant des anciens théâtres ou palais et des temples
païens.

Mais à côté de ces souvenirs, il y a d'autres ruines
et d'autres cendres transfigurées par le martyre. Ce sont
dans les souterrains immenses et encore inconnus des
catacombes, les restes de ceux qui sont morts pour
Dieu, et dont le nombre ne peut se compter.

Là, c'était le néant des choses humaines ; ici, au
contraire, tout nous parle d'espérance et d'immor-
talité :

« Des cloches sur vos têtes et des cendres sous vos
pieds ! Le spectacle éloquent de ce qui se passe avec
la perpétuelle révélation de ce qui demeure à jamais !
Voilà Rome. Que c'est bien là la demeure du vicaire
de Jésus-Christ » (1).

2. L'AUDIENCE PONTIFICALE.

Mais le point culminant de notre séjour à Rome a
été l'audience pontificale de lundi matin ; ce sont là
d'inoubliables et d'impérissables souvenirs. Après
avoir suivi les pas du Christ, visiter le centre de la
catholicité et se prosterner aux pieds de son Vicaire,
de son représentant visible ici-bas, c'est le désir le
plus ardent de tout véritable chrétien, à plus forte
raison d'un prêtre de Dieu.

Avant neuf heures du matin, près de deux mille
personnes se pressaient dans la *Scala Régia ;* leur

(1) Mgr Bougaud.

impatience rendait l'ordre difficile à maintenir. Arrivés
dans la galerie des cartes géographiques, les pèlerins
prennent place sur les deux côtés, le milieu étant
laissé libre et protégé contre la foule par deux haies
de gardes suisses en grand costume de gala. Au fond,
près du trône de Sa Sainteté, est le comité du pèlerinage ouvrier ayant à sa tête M. Harmel; en face le
R. P. Bailly, le P. Marie-Léopold et un groupe choisi
de pèlerins.

La bannière de l'Hommage solennel flotte en regard
du drapeau national français portant l'image du
Sacré-Cœur. L'assemblée est recueillie, l'attente se
prolonge : enfin, tout à coup, du fond de la galerie
longue de 150 mètres, nous entendons des acclamations, qui jaillissent, brillantes et brûlantes, de toutes
les lèvres et de tous les cœurs. Et précédé des gardes-
nobles en grande tenue, entouré des cardinaux et des
prélats de sa noble cour, Léon XIII apparaît porté
sur la *sedia*.

Il domine cette foule qui l'acclame et lui tend les
mains ; il y a des larmes dans les yeux, un frisson qui
vous monte au cœur : « Vive le Pape ! Vive Léon XIII !
Vive le Pape Roi ! Vive le pape des ouvriers ! » Avec
quelle bonté paternelle l'auguste Vieillard se penchait
à droite et à gauche pour sourire et répandre ses
bénédictions ! Bien que très pâle, il paraissait plein de
vie et d'ardeur.

C'est le Pape, le représentant de Dieu sur la terre et
le Vicaire de Jésus-Christ. C'est Léon XIII, le Père ;
le Docteur infaillible, l'arbitre des peuples, l'homme
en qui règne la haute sagesse, le Pape des ouvriers.

Léon XIII est vieilli sans doute, mais dans ce corps diaphane, dans cette silhouette blanche, dans cette apparition idéale et vaporeuse, un regard étincelle, un sourire affable attire irrésistiblement.

Aussi, comme on l'aime, l'ami de la France, le Père des âmes, le Pontife-Roi! Qu'on me permette de citer ici quelques fragments du beau portrait qu'en a tracé Séverine, dans les *Pages blanches* :

« Très pâle, très droit, très mince, à peine accessible au regard, tant il reste peu de matière terrestre en cette gaîne de drap blanc, le Saint-Père siège au fond de la pièce, dans un vaste fauteuil adossé à une console que surmonte un Christ douloureux.

« Pour rendre mon impression, je dirai que j'ai trouvé le Pape *plus blanc*, d'un rayonnement plus intime et plus émouvant, moins souverain, davantage apôtre, — presqu'aïeul ! Une bonté attendrie, timide, semblerait-il, est tapie dans la moue des lèvres et se dénoue dans le sourire seulement. Et en même temps, le nez long, solide, révèle la volonté, une volonté inflexible — qui sait attendre !

« Léon XIII ressemble aux modèles du Pérugin et à tous ces portraits de donateurs qu'on voit dans les tableaux de sainteté, sur les vitraux des antiques cathédrales, agenouillés, de profil, en leurs habits de laine, les doigts allongés et humblement rejoints, parmi les Apothéoses, les Nativités, le triomphe des saints et la gloire de Dieu.

« Il me paraît aussi incarner les armes de sa maison, le blason des Pecci, avec sa taille aussi svelte, aussi altière que le pin qui se silhouette en *i* sur le ciel bleu, et entre ces paupières, cette clarté d'étoile matutinale et précurseuse d'aurore, qui tremble à la cime du grand arbre héraldique.

« Mais ce qui, presqu'autant que le visage, attire et retient l'attention, ce sont les mains ; les mains longues, fines, diaphanes, d'une pureté de dessin incomparable ; des mains qui semblent avec leurs ongles d'agate, des ex-voto d'un ivoire très précieux, sortis pour quelque fête de leur écrin. »

Quand le Saint Père est assis sur son trône, M. Harmel s'avance et lit l'adresse suivante :

ADRESSE AU SAINT-PÈRE

Lue par M. Léon HARMEL

« Très Saint Père,

« En amenant pour la sixième fois la France du tra« vail aux pieds de Votre Sainteté nous nous félicitons « d'être unis à nos frères du pèlerinage de pénitence à « Jérusalem conduits par nos intrépides pères de « l'Assomption.

« Notre premier devoir est de proclamer notre pro« fonde reconnaissance à Notre Maître et Roi Jésus-« Christ qui a conservé Votre vie et qui prolonge à « travers les années une santé si précieuse au monde « entier, surtout aux ouvriers.

« Ne leur avez-vous pas prodigué Votre tendresse « paternelle ? Avec la puissante autorité de Votre « parole et l'irrésistible logique de Vos arguments, « vous avez montré le relèvement moral et matériel

« des masses populaires comme un devoir de l'ordre
« social.

« En face des nombreuses difficultés, vous n'avez
« cessé de faire entendre Votre voix à travers le
« monde, pour proclamer que légitimement en vertu
« de la justice et de la charité, une place convenable
« doit être donnée au bien-être des classes infé-
« rieures.

« Grâce à Votre sollicitude l'immense multitude des
« prolétaires, qui a une soif inconsciente de Jésus-
« Christ, commence de nouveau à comprendre ce
« qu'on n'aurait jamais dû oublier, et ce que l'Eglise
« n'a jamais cessé d'inculquer aux peuples chrétiens :
« que le véritable esprit de l'Evangile ne se borne pas
« à l'exercice de vertus privées, aux actes de piété
« purement religieux, mais qu'il consiste encore dans
« une aide effective donnée aux petits et aux humbles,
« par la pratique de la justice et de l'amour fraternel.

« Nous le répétons souvent aux foules ouvrières :
« L'Eglise est une mère ; tout en s'occupant de l'in-
« térêt supérieur des âmes, elle se fait un devoir de
« s'occuper de vos intérêts temporels, prenant en
« main vos légitimes aspirations pour l'honneur et la
« sécurité de vos foyers, pour la dignité et la fructi-
« fication de votre travail. »

« Et voilà que Vous qui êtes le Chef suprême de
« l'Eglise vous appelez dans Votre royale demeure les
« humbles délégués des travailleurs, pour épancher
« Votre cœur dans leurs cœurs, pour vous incliner
« avec amour vers eux et pour leur prodiguer Votre
« paternelle sollicitude.

« Et nous, fils humblement et complètement sou-
« mis à toutes vos directions, nous jurons ici d'être
« partout l'écho de Votre parole libératrice, de faire
« aimer en Votre auguste personne non-seulement un
« père tendrement affectueux, mais aussi le docteur
« infaillible et le pilote des nations.

« Nous ne cesserons de demander à Dieu qu'Il vous
« conserve au monde et qu'Il console Votre grand
« Cœur en Vous accordant la réalisation de vos vœux.
« — Pour rendre notre action et nos prières plus ef-
« ficaces, daignez, très Saint-Père, mettre le comble
« à Vos bontés en nous accordant la bénédiction apo-
« stolique. Vive Léon XIII ! »

Sa Sainteté écoute avec attention, souligne certaines
phrases ; son regard s'illumine à certains mots. —
En son nom, Mgr de Croy, camérier, lit la réponse
suivante :

RÉPONSE DE SA SAINTETÉ LE PAPE LÉON XIII

« Très chers Fils,

« C'est pour Nous une grande joie de vous revoir
« une fois encore ramenés ici par l'élan spontané de
« votre filial amour, et de retrouver dans vos rangs
« les pèlerins de la pénitence qui reviennent de Jéru-
« salem. Ils se sont joints à vous pour Nous rendre
« hommage, après avoir vénéré, sous la conduite des
« si distingués Pères de l'Assomption, les terres
« sanctifiées par la vie et la mort du Rédempteur.

« Notre joie s'est encore accrue, en entendant les
« paroles que vous venez de Nous adresser. — Celui
« qui parlait en votre nom offre aux patrons chrétiens
« un rare exemple de bonté et de sagesse ; depuis de
« longues années vous saluez en lui, plus qu'en nul
« autre, l'ami vigilant, soucieux de tous vos vérita-
« bles intérêts.

« En fils tendrement dévoués, après avoir témoigné
« à Dieu votre reconnaissance de Nous avoir, dans sa
« bonté, prolongé le bienfait de la vie, vous revenez
« sur ce que Notre paternelle sollicitude Nous a in-
« spiré pour relever, suivant les règles de la justice et
« de la charité, la condition morale et matérielle des
« ouvriers.

« Notre plus grand désir en effet, c'est de bien
« faire voir dans l'Eglise la véritable mère des peuples.
« Son affection n'a point de limites : elle guide les
« âmes vers le ciel par le chemin de la foi et de la vertu;
« mais en même temps elle n'a garde de dédaigner
« sur cette terre les intérêts du temps ; elle les sanc-
« tifie, lorsqu'elle ennoblit le travail des humbles et
« qu'elle incline à faire du bien la puissance des plus
« élevés. S'il s'agit de maintenir l'ordre social, dans la
« diversité des classes, seule elle a le secret d'assurer,
« même ici-bas, autant que c'est possible, la félicité
« de tous.

« Continuez donc, très chers fils ; montrez un em-
« pressement tout spécial à rester fidèles aux exhorta-
« tions, aux conseils, aux prescriptions que Nous ne
« Nous lassons pas d'adresser à la noble France, qui
« sont la preuve de Notre affection particulière pour

« elle, et que, ces jours derniers, Nous venons de
« confirmer dans une nouvelle encyclique à votre
« clergé.

« Unissez-vous étroitement sur le terrain religieux
« et social, dans l'obéissance à vos évêques, pleins de
« confiance à l'égard de vos patrons chrétiens ; et tra-
« vaillez tous d'accord au bien général, à la paix et à
« l'harmonie entre toutes les classes, condition essen-
« tielle du bonheur des peuples et de la prospérité
« des nations. Pour être dignes de votre titre de
« vrais ouvriers catholiques, usez de la puissance
« de l'exemple et de la parole pour ramener à
« Jésus-Christ ceux qui dans votre cher pays sont,
« pour leur malheur, éloignés du Maître adorable.
« — C'est ainsi que vous pourrez consoler Notre
« vieillesse ; c'est ainsi que vous pourrez, en ce qui
« vous concerne, concourir à détourner les calamités
« sociales qui menacent l'avenir.

« Et maintenant, portez une fois de plus à vos com-
« patriotes le souvenir du Père commun des fidèles.
« Portez-leur l'assurance de Notre constant amour :
« et comme gages des grâces de choix, recevez la bé-
« nédiction, que Nous vous accordons de cœur à
« vous tous ici présents, à vos familles, à vos amis,
« et à la France entière. »

Le Saint-Père se lève alors, et il donne la bénédiction apostolique d'une voix pleine, sonore et vibrante, forte, grave et très impressionnante. Cette
voix plane sur l'assistance recueillie ; on l'entend
jusqu'aux lointaines extrémités de la galerie.

Le geste de Léon XIII est large et hardi : on sent

que sa bénédiction va jusqu'aux extrémités du monde; en ce moment, il nous semble qu'elle embrasse la France entière, notre bien-aimée patrie.

Toujours prudent, le docteur Lapponi interrompt les présentations; le pape remonte sur la Sedia, et traverse encore la foule, lui tendant ses mains bénissantes, tandis que les acclamations retentissent plus vigoureuses et plus émues que jamais.

3. Le Vatican.

Après l'audience et le déjeuner, nous avons pu visiter le Vatican et ses incomparables musées où, dit M. Roux, sont entassés les plus grands chefs-d'œuvre de sculpture et de peinture qu'il y ait au monde. Un mot seulement sur le plus grand palais du monde : « Le Vatican a plus de 250 mètres de longueur ; on y compte vingt cours, huit escaliers d'honneur, deux cents escaliers de service, et onze mille chambres environ.

« Les plus grands architectes y ont travaillé pendant quatre cents ans, et, avec Michel-Ange et Raphaël, tous les plus grands artistes ont contribué à sa décoration. »

Mais dans cet immense palais, le Pape occupe quelques chambres à peine et les plus modestes de toutes. Disons un mot encore de cette merveilleuse basilique de Saint-Pierre dont le Vatican n'est que le prolongement.

C'est la plus vaste et la plus riche de toutes les

églises du monde : « Elle a 139 mètres de hauteur totale et 187 mètres de longueur. Plusieurs des plus belles basiliques connues n'égalent pas le simple vestibule. Les plus longues n'iraient à partir de l'abside que jusqu'au transept, ou tout au plus jusqu'après la première ou la seconde travée de la nef. Les portes seraient encore à une belle distance.

« Et cependant l'harmonie de toutes les parties de l'édifice est si parfaite, que lorsqu'on entre dans

LE VATICAN
(Cliché de M. Poncet.)

Saint-Pierre de Rome, on n'est pas frappé de ses dimensions. Immense, ce temple paraît ordinaire ; c'est à force de revenir et de marcher dans ses nefs qu'on s'aperçoit qu'il est plus grand qu'il ne paraît.

« Quand on compte les 748 colonnes qui portent ou qui ornent l'édifice, les 389 statues, les chapelles dont

une seule est grande comme une cathédrale (1). »
Quand on s'arrête par curiosité à tel ou tel détail : les
anges du bénitier ou les pieds des statues qui planent
entre chaque entre-colonnement, surtout quand on
fixe les yeux sur la coupole, le sentiment de l'immensité revient dans toute sa force.

Ce qui ajoute à l'admiration que procure la vue des
dimensions de Saint-Pierre du Vatican, c'est la beauté
des matériaux qui ont été employés. On a écarté la
pierre pour n'employer que le marbre, la mosaïque
et le bronze doré.

Au centre de la basilique, sous un immense baldaquin en bronze couvert de dorures, se trouve la *Confession* de Saint-Pierre. 172 lampes y brûlent nuit et
jour autour du tombeau du Prince des Apôtres. C'est
là en effet, que repose depuis 1800 ans le corps du
premier Pape. On y descend par un vaste et double
escalier ovale en marbre blanc.

La statue de Pie VI est agenouillée, les mains jointes,
en face de la porte en bronze derrière laquelle est la
crypte. C'est là que tous les papes sont venus prier
pour demander les lumières, les grâces et les forces
surnaturelles dont ils avaient besoin.

Nulle part, on ne sent mieux qu'ici la perpétuité,
la sainteté, la force et l'éternelle beauté de l'Eglise
catholique. Et lorsqu'on sort de Saint-Pierre de Rome,
on s'en va ému, enthousiasmé, répétant dans son
cœur cette parole d'espérance gravée à la naissance de
la grande coupole et qui frappe tous les regards :

(1) De Brosses.

« Tu es Pierre, et sur cette pierre, je bâtirai mon église, et les portes de l'enfer ne prévaudront pas contre elle. » Chaque lettre à deux mètres de longueur ; on peut s'en rendre compte, après avoir visité les salles, les musées, et les galeries, en faisant l'ascension de la coupole.

Les statues des douze apôtres qui surmontent le frontispice de la façade ont six mètres de hauteur ; on peut monter même jusque dans la *Palla,* ou Boule de Saint-Pierre. J'ai connu une pèlerine qui n'a pas voulu, parce qu'elle avait peur de *perdre la boule.* De là on a une vue splendide sur la ville de Rome et sur le château Saint-Ange qui est à quelques pas seulement.

SAINT-PIERRE DE ROME
(Cliché de M. Poncet.

CHAPITRE XXXVIII.

1. Départ.

Mercredi, 27 septembre.

I. DÉPART.

OICI arrivé le moment du départ. Nous allons rejoindre notre bateau à Civita-Vecchia. Détail piquant : on avait annoncé sur un faux renseignement que les pèlerins ouvriers pourraient revenir par mer en France, et remplacer les pèlerins de pénitence qui préféreraient la voie de terre. Il n'y eut personne pour la voie de terre et deux cents candidats pour la *Nef*. Vive Notre-Dame de Salut !

Mercredi 27 septembre, nous sommes à la gare vers neuf heures du matin. Le train va nous emporter. Nous jetons un dernier regard sur Saint-Pierre et sur le Vatican ; nous prions pour le Pape et pour l'Eglise ; puis c'est le Tibre, et *l'agro Romano*, plaine morne où la malaria est chez elle, car ici, il pleut très souvent. Voici la mer, saluons le port de Civita-Vecchia.

Nous embarquons aussitôt ; derrière la grosse tour

du môle se cache notre navire avec ses mâts pavoisés. Nous sommes heureux de le retrouver et impatients de terminer un voyage aussi long que fatigant. La mer est belle, nous filons à toute vapeur. A la séance des projections, notre Directeur nous explique le jubilé des pèlerinages à Lourdes et la célèbre procession des miraculés en 1897. Le père Théophile chante de gais et spirituels couplets que je regrette de ne pas avoir.

A la fin, M. de Bréon prend la parole au nom de tous : avec un langage aussi choisi que délicat, il remercie le P. Bailly, le P. Marie-Léopold, ainsi que les autres PP. de l'Assomption du bon pèlerinage qui s'achève et du dévouement religieux qu'ils ont apporté pendant tout ce voyage si splendide et si beau.

Le P. Marie-Léopold, dans sa réponse, dit que les pèlerins lui ont rendu sa tâche très facile par leur bienveillance et leur union. Le P. Bailly ajoute une spirituelle causerie de son crû : il prédit que tous ceux qui font le pèlerinage de Terre Sainte sont assurés de leur salut ! Nous ajoutons : « Ainsi soit-il ! »

On ne lira pas sans émotion cette lettre qui a été remise aux PP. Augustiniens par M. Segundo Alvarez, prêtre de l'Equateur, exilé de son pays par la Révolution.

« Très Révérend Père Directeur,

« Révérends Pères de l'Assomption,

« Messieurs et Mesdames,

« Proscrit, sans famille et sans foyer, moissonneur « inconnu dans le champ fécond de la foi, je ne me

« serais pas cru le droit de parler devant vous jusqu'à
« présent ; mais à la fin de ce saint pèlerinage, je ne
« puis me dispenser de le faire.

« Pendant le cours des jours et des nuits, sur terre
« comme sur mer, partout où j'ai eu le bonheur d'être
« avec vous, j'ai appris à vous connaître et à vous
« aimer ; toutefois, je le déclare avec plaisir, je vous
« aimais déjà sans vous connaître, et cela unique-
« ment parce que vous êtes Français.

« Bien plus : j'ai trouvé tant de charité parmi vous ;
« vous êtes si sincères et d'une si parfaite loyauté,
« que déjà je m'étais habitué à vous regarder comme
« mon père et comme mes frères ; votre bonté pour
« moi m'a fait oublier les douleurs de l'exil et les
« amertumes de l'isolement, dans lequel, loin de
« l'Equateur, ma douce patrie, je vois s'écouler mes
« jours.

« Mais comme cet heureux voyage doit bientôt,
« hélas ! arriver à son terme, et comme je suis obligé
« à me séparer de vous, j'ai voulu, pour n'avoir après
« aucun regret dans mon cœur, vous dire aujourd'hui,
« avec toute la force de mon âme, merci, et mille fois
« merci ! Que le bon Dieu vous bénisse et vous récom-
« pense pour moi, puisque moi-même je ne puis rien !

« Je vous disais tout à l'heure que je vous aimais,
« même sans vous connaître, parce que vous étiez des
« vrais Français, et je dis la vérité ; car, bien que
« j'eusse l'honneur d'être un ancien et enthousiaste
« souscripteur du *Pèlerin* et de la *Croix*, et de diffé-
« rents journaux et revues français, je ne vous connais-
« sais, pour ainsi dire, qu'en théorie.

« Il était nécessaire de prendre avec vous le bâton
« de pèlerin et de vous suivre en Orient, à travers la
« mer et les montagnes, sur la *Nef* comme à l'église,
« pendant la prière comme pendant les gracieuses
« veillées, et pendant les séances instructives, pour
« bien savoir ce que vous êtes et ce que valent vos
« œuvres; et enfin ce qu'ont le droit d'attendre de
« vous la France et l'Eglise, bien plus... le monde...
« et Dieu!... Et ce n'est pas d'aujourd'hui, mais depuis
« de longs siècles que l'histoire de l'Eglise et des
« intérêts de Dieu sur la terre a intercalé ses pages
« avec celles de l'histoire de France.

« C'est pourquoi, nous qui suivons le mouvement
« catholique de votre pays, nous attendons avec
« anxiété l'heure de son salut; parce que nous savons
« que son exemple entraînera avec une force irrésis-
« tible une foule nombreuse d'autres peuples et
« nations.

« Que l'on dise ce que l'on voudra, la France est
« la tête et le cœur du monde; aussi j'ai toujours cru
« que prier pour elle, c'était bien prier pour l'Eglise
« et pour ma patrie.

« Je vous salue donc, et je vous remercie comme
« mes bienfaiteurs! En me séparant de vous, nobles
« Français, je porte la lumière, une grande lumière
« dans mon esprit, et, dans mon cœur, un feu inex-
« tinguible de charité..... Adieu!

« Segundo Alvarez y Artéta,

« *Prêtre de l'Equateur.*

« 26 septembre 1899. »

Du reste, l'amour de la France, nous l'avons trouvé
partout où nous avons passé : sur le navire même,
de jeunes étudiants syriens, que leur évêque en-
voyait à Rome, ont eu l'amabilité de nous chanter
dans la langue de leur pays, une ode qu'ils avaient
composée eux-mêmes en notre honneur. Un pèlerin
nous en faisait la traduction.

Avant de nous quitter, les Canadiens aussi ont
voulu, pendant l'une de nos séances récréatives,
adresser à la France une cantate que nous avons
vigoureusement applaudie.

CHAPITRE XXXIX

1. Arrivée à Marseille.

Jeudi, 28 septembre.

ARRIVÉE A MARSEILLE

C'EST le dernier jour de la traversée; nous arriverons ce soir à Marseille, assez tôt pour pouvoir débarquer, passer à la douane... et rentrer chez soi par un train de nuit.

Malgré les joies du pèlerinage, quarante jours d'absence, c'est un peu long; on est heureux de retrouver son foyer. La chapelle ne désemplit pas; nombreuses communions à la dernière messe dite par le R. P. Bailly. Voici la fièvre des bagages.

De la cale, il en sort de toutes les formes; certains paquets respectables représentent probablement tous les magasins de Jérusalem. Gare à la douane! On nous prévient que les objets de piété paient un droit d'entrée, et sont considérés comme des œuvres d'art.

Le bois d'olivier est coté de deux à trois francs le

kilog. et la nacre de quatorze à seize francs; c'est effrayant, et bien plus cher que chez le fabricant; et puis nous ne sommes pas marchands !...

Qu'importe ! En France, c'est presque toujours l'indigène qui est plus imposé que l'étranger, et souvent plus maltraité; il ne faut pas s'étonner si nous marchons à la ruine.

Un ennui se présente tout à coup : le temps devient sombre; de gros nuages noirs sont sillonnés par les éclairs; le tonnerre gronde et roule au dessus de nous; c'est un orage terrible qui se déchaîne sur la Méditerranée et qui vient de la terre, s'il vous plaît !

Donc nous allons au-devant de lui; il y aurait matière à description. Nous sommes rassurés par les officiers; il n'y aura pas de tempête heureusement. Le bateau est inondé; la pluie tombe à torrents; on ne voit pas à vingt mètres, tant le brouillard est épais. La sirène ne siffle pas; d'où cela vient-il?

Rassurons-nous : La *Nef* a stoppé, sous les ordres du commandant; elle est sortie de la route ordinaire suivie par les vaisseaux, et, comme dans une sorte de rade, elle attend la fin des ondées, afin d'éviter les rencontres et d'y voir plus clair.

C'est un léger retard que nous rattraperons. La foudre a touché le malheureux chat du bord qui, *mouillé comme un rat*, reçoit les soins et les consolations d'une pèlerine compatissante.

Enfin l'orage s'apaise, la pluie cesse et le soleil reparaît. Vite nous nous rendons à la chapelle pour la bénédiction du Saint Sacrement, pour une dernière et solennelle cérémonie avant la séparation. Il est quatre heures du soir.

Notre Directeur prononce une allocution émue dans laquelle il fait revivre les grands souvenirs de Rome et de Jérusalem. Les pèlerins sont tous debout devant Jésus-Hostie : on entonne le psaume *Super flumina Babylonis*. Après chaque verset, tandis que le chœur redit la strophe : « *Si oblitus fuero tui Jerusalem*, Si jamais je t'oublie, ô Jérusalem » etc., nous avons tous la main droite étendue vers l'autel.

C'est impressionnant; les larmes coulent de tous les yeux pendant le chant de l'*Ecce quam bonum!* etc. Nous avons vécu comme des frères et nous allons nous quitter.

Devant le Saint Sacrement, le père Bailly prononce encore la parole de l'hommage solennel que nous répétons après lui avec plus de ferveur et de foi que jamais : « Loué soit le divin Cœur, qui nous a donné le salut ! A lui gloire et honneur dans tous les siècles des siècles ! Ainsi soit-il ! »

C'est fini; Jésus bénit ceux qui l'ont si bien glorifié. Puisse notre vie être la traduction fidèle de cette invocation redite si souvent ! Puissions-nous remercier longtemps encore le divin Sauveur pour nous avoir procuré la joie de fouler le sol sacré de la Palestine, et d'admirer les merveilles de l'antiquité dans les principaux sanctuaires de Constantinople, d'Athènes et de Rome !

www.ingramcontent.com/pod-product-compliance
Lightning Source LLC
Chambersburg PA
CBHW052104230326
41599CB00054B/3746